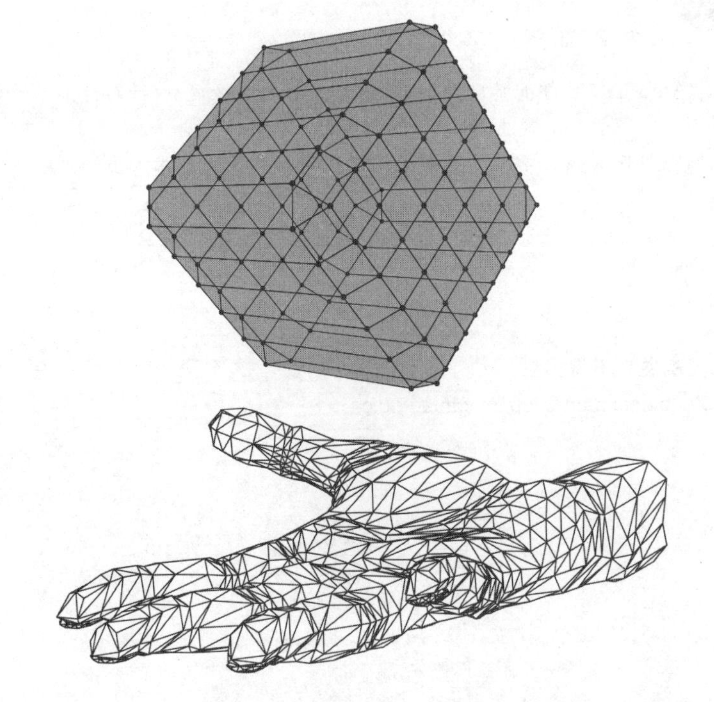

AutoCAD 简明教程与上机练习

肖 斌 田 密 ■主 编
杨迎新 谭欣珍 ■副主编

清華大学出版社
北 京

内容简介

本书内容丰富,注重实践,不仅涵盖了AutoCAD软件的基础知识,还结合大量的实际案例,针对性地介绍了软件的主要功能和新特性,帮助读者深入理解并掌握AutoCAD的应用。

本书可作为工程设计领域的基础教材,也可作为高等学校计算机绘图课程教材和工程技术人员绘图应用参考用书。

图书在版编目(CIP)数据

AutoCAD简明教程与上机练习 / 肖斌,田密主编.
北京 :清华大学出版社,2024. 8. -- ISBN 978-7-302
-67083-4

Ⅰ. TP391.72

中国国家版本馆CIP数据核字第2024X064V8号

责任编辑: 郭丽娜
封面设计: 曹　来
责任校对: 刘　静
责任印制: 杨　艳

出版发行: 清华大学出版社
网　　址: https://www.tup.com.cn,https://www.wqxuetang.com
地　　址: 北京清华大学学研大厦A座　　**邮　　编:** 100084
社 总 机: 010-83470000　　**邮　　购:** 010-62786544
投稿与读者服务: 010-62776969,c-service@tup.tsinghua.edu.cn
质量反馈: 010-62772015,zhiliang@tup.tsinghua.edu.cn
课件下载: https://www.tup.com.cn,010-83470410
印 装 者: 天津安泰印刷有限公司
经　　销: 全国新华书店
开　　本: 185mm×260mm　　**印　　张:** 11.75　　**字　　数:** 280千字
版　　次: 2024年9月第1版　　**印　　次:** 2024年9月第1次印刷
定　　价: 49.00元

产品编号:105986-01

FOREWORD 前言

在计算机技术越来越普及的今天，计算机绘图已成为工程技术人员要掌握的一项基本技能，大部分高等学校工科类专业学生也需掌握这一技能。在各高校的课程体系中，计算机绘图是工程制图的一项重要内容。现已出版的计算机绘图教材大都介绍了一些计算机绘图的知识，内容上各有侧重。有的分成教材和练习册两部分，不够统一；有的对软件的二维和三维绘图功能都进行了讲解，内容较多，但在三维绘图上 AutoCAD 并不占优势。目前各高等学校都在推进教学改革，修订人才培养方案，要求压缩学分以优化课程设置。基于此，市场对少学时且内容精炼的教材的需求更为明显。编者将多年教学经验中积累的教学素材，经过归纳总结编写了本书。

在教学实践中，计算机绘图教学质量的高低在很大程度上取决于上机练习和综合应用，为此，本书在选择内容和编排顺序上有以下几个特点。

(1) 遵循读者的认知规律，由易到难，简繁得当，实用易学，注重绘图要点提炼和技巧归纳，方便读者快速掌握。

(2) 注重二维绘图功能的实际应用，以基础理论适度够用为原则，简要介绍了三维绘图部分，适用于本科教学少课时、学分不多的情况。

(3) 采用现行计算机绘图国家标准和绘制工程图样的国家标准。按照绘制工程图样的规范要求，指导读者按照国家标准规范绘图。

(4) 图文并茂，通俗易懂，实例丰富。可以引导读者绘制和输出符合国家标准规范的工程图样。

(5) 部分章后附有练习题，可供读者自学或上机练习使用。

本书由江西理工大学肖斌、广安开放大学田密任主编，江西理工大学杨迎新、谭欣珍任副主编，在编写过程中得到了编者所在单位和同行的大力支持，在出版过程中得到了清华大学出版社的帮助，在此表示真挚的感谢。另外，本书在编写过程中，参考了相关资料，但未能在注释或参考文献中一一列出，在此表示由衷的感谢！

由于编者水平有限，书中难免存在不妥之处，敬请广大读者批评指正。

编　者

2024 年 3 月

CONTENTS 目录

第1章 基本知识介绍

本章要点

本章主要讲述了 AutoCAD 2023 绘图界面的命令位置，使读者对 AutoCAD 2023 有一个整体性的认识，引导读者熟悉整个绘图界面，为后续的学习做好准备。

- 认识开始工作界面和绘图工作界面。
- 掌握文件的打开、新建和保存的操作方法。
- 掌握命令的执行、图形的选取的方法，以及数据参数的输入方式。

1.1 工作界面介绍

通过桌面上的快捷方式或开始菜单中 AutoCAD 2023 应用程序启动 AutoCAD 2023 后，将出现如图 1-1 所示的开始工作界面。

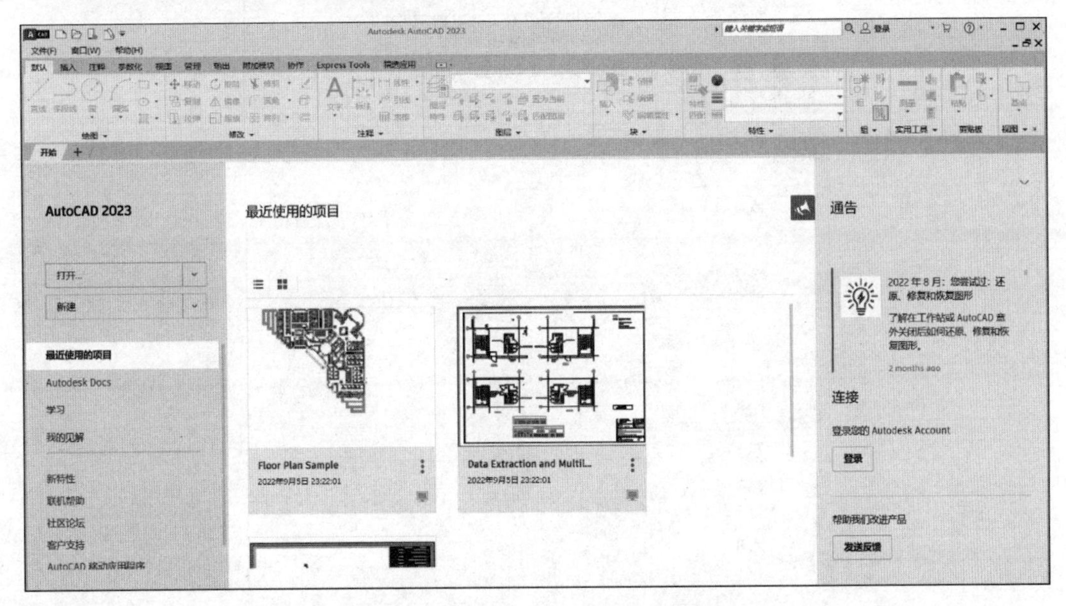

图 1-1 AutoCAD 2023 开始工作界面

AutoCAD 2023 软件打开后进入开始界面，这个界面方便查看过往打开过的图形文件，作为进入工作界面的过渡。单击“新建”按钮进入如图 1-2 所示的绘图工作界面，此界面为 AutoCAD 2023 的主要显示和工作界面。本章将介绍此界面中各区域的功能。

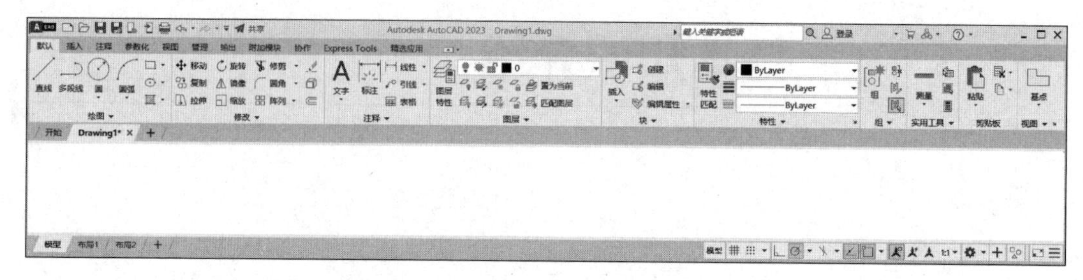

图 1-2 AutoCAD 2023 绘图工作界面

1.1.1 程序按钮

单击 AutoCAD 2023 绘图工作界面左上角的程序按钮 ，弹出如图 1-3 所示的界面。在此界面中可以执行“新建”“打开”“保存”等命令，在界面的底端有“退出 Autodesk AutoCAD 2023”软件的功能按钮。

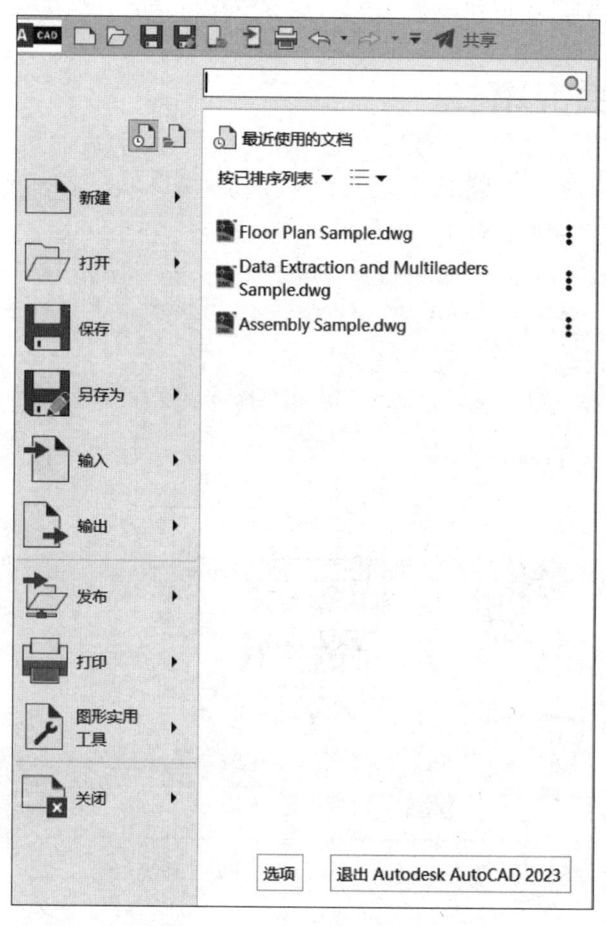

图 1-3 AutoCAD 2023 的程序图标按钮界面

【注意】 在此界面的右半部分还显示用户最近使用过的图形，单击后便可打开相应的图形文件，这是快速打开并预览最近使用图形的快捷方式。

1.1.2　快速访问工具栏

图 1-4 所示的是 AutoCAD 2023 的快速访问工具栏，此工具栏的位置在程序图标按钮的右边，它提供了“新建”“打开”“保存”“另存为”等快捷操作按钮。

在快速访问工具栏的最右端，有一个倒三角按钮 ▼，单击此按钮打开新的界面，可以对快速访问工具栏的显示内容进行自定义设置，以及对快速访问工具栏的位置进行调整。可以把快速访问工具栏设置在“功能区上方”或者“功能区下方”，如图 1-5 所示，也可以勾选“显示菜单栏”按钮，这样和传统版本显示菜单一致。

图 1-4　AutoCAD 2023 的快速访问工具栏

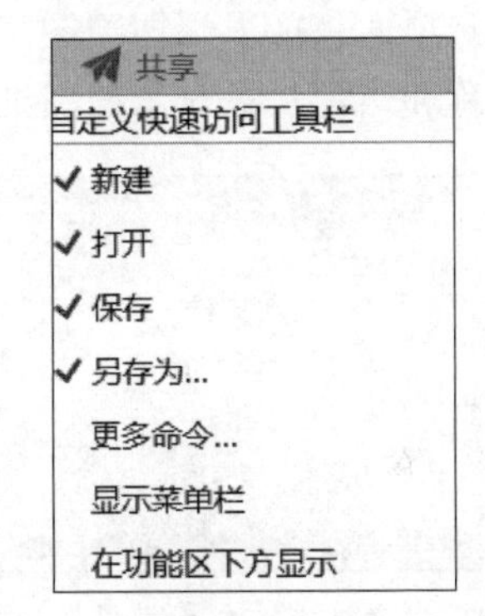

图 1-5　自定义快速访问工具栏的界面

1.1.3　菜单栏

菜单栏的位置在快速访问工具栏的下面，如图 1-6 所示。菜单栏中包含了 AutoCAD 2023 软件中所有的命令，如果其他方式无法进行命令操作，用户可以在菜单栏中找到所需要的命令。

文件(F)	编辑(E)	视图(V)	插入(I)	格式(O)	工具(T)	绘图(D)	标注(N)	修改(M)

图 1-6　AutoCAD 2023 的菜单栏

AutoCAD 2023 软件默认不显示菜单栏，在快速访问工具栏中有一个倒三角按钮 ▼，单击此按钮，可以对菜单栏进行“显示”或“不显示”设置。

1.1.4　选项面板区

AutoCAD 2023 的选项面板区如图 1-7 所示，选项面板区提供了在绘图过程中一些经常用到的操作按钮，通过单击便可直接执行相关操作，方便又快捷。

有时用户为了使用更大的绘图工作空间，在选项面板使用频率较少时，往往会设置选项面板区不显示。单击选项功能区右侧小三角形按钮 ▲，对选项面板的显示内容进行设置（见图 1-8）。

图 1-7　AutoCAD 2023 的选项面板区

1.1.5　图纸名称

图纸名称有两个位置,一个是位于整个工作界面的顶端显示的当前图纸的名称;另一个是在选项面板区下端即绘图工作区的上端。如图 1-9 所示的区域,包含了全部打开的图纸的名称和当前正在显示的图纸的名称。

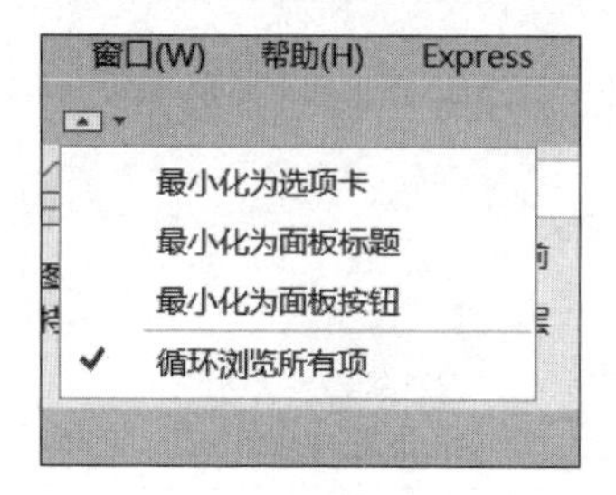

图 1-8　选项面板内容设置界面

图 1-9　AutoCAD 2023 的"图纸名称"显示位置

小贴士:通过单击操作可以切换不同的图纸文件,例如,单击右侧"＋"按钮可以新建一张空白图纸。

1.1.6　绘图工作区

在整个工作界面中,占工作界面最大空间的是使用最频繁的绘图工作区,如图 1-10 所示。绘图工作区是在整个绘图过程中常用到的区域,中间的十字靶被称作"十字光标",其随着鼠标的移动而移动。中间的小方框为节点拾取框,它可以拾取线条节点,便于精准选择。

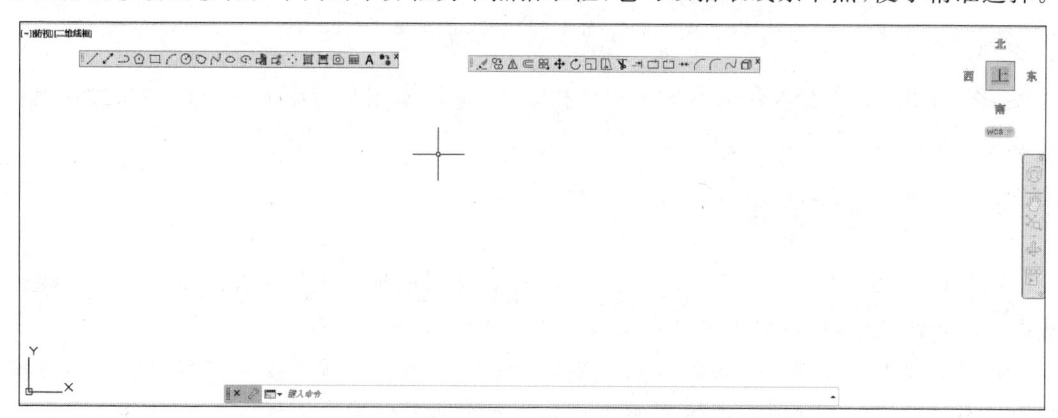

图 1-10　AutoCAD 2023 的"绘图工作区"界面

1.1.7　命令行

命令行不仅是键盘输入命令的窗口，也是提醒用户操作的提示窗口，如图1-11所示。命令行显示了在工作过程中所有执行过的命令，在需要的情况下，可以通过查看命令行执行过的命令来检查前面的操作。

图1-11　AutoCAD 2023的“命令行”

命令行的位置可以通过单击进行拖动，可以放置在绘图工作区中，也可以放在绘图工作区的最底端。当整个绘图工作区空间足够时，建议通过鼠标把命令行放在绘图工作区的最底端并把命令行进行拉伸以增加显示的行数。

1.1.8　状态栏

状态栏是系统为用户提供的一些实用的系统状态控制功能，如图1-12所示，这些功能在绘制图形时可以提高用户绘图的精度。

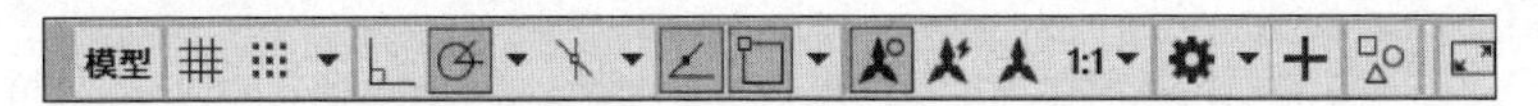

图1-12　AutoCAD 2023的“状态栏”界面

(1)“栅格”按钮：控制栅格的开关。打开后绘图工作区会显示细小的网格，以便绘图过程中进行参照。

(2)“捕捉”按钮：控制栅格捕捉和极轴捕捉的开关。

(3)“正交”按钮：控制正交模式的开关。正交模式打开后，只能在水平和竖直方向绘制图形。

(4)“极轴追踪”按钮：控制极轴追踪模式的开关。在极轴追踪模式下，可以设定追踪的角度，在绘图时将会出现此角度的参照线。

(5)“对象捕捉追踪”按钮：控制对象捕捉追踪的开关。开启后可在捕捉到对象点后，在水平和竖直延伸出参照线。

(6)“对象捕捉”按钮：控制对象捕捉功能的开关。开启后可以自动捕捉到对象的控制点，保证绘图的精度。

1.2　命令的执行途径

1.2.1　菜单栏执行命令

通过菜单栏可以对文件进行操作，如编辑、格式修改、绘图、标注和修改等操作。单击菜单栏选项即可执行对应的命令。

菜单栏包括所有的操作命令，如果其他途径无法有效执行命令，则可以重返菜单栏搜寻需要的命令,然后执行。

1.2.2 选项面板区执行命令

在选项面板中有很多方便快捷的选项卡,最常用的"默认"选项卡可以进行"绘图""修改""注释""图层"等命令的执行。同时还有"注释"选项卡可以提供详细的"注释"命令,如图 1-13 所示。

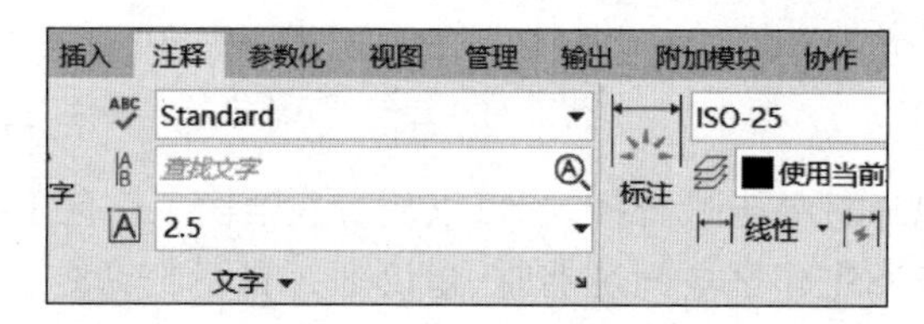

图 1-13 选项面板中"注释"命令

1.2.3 键盘输入执行命令

在整个绘图过程中,键盘是必不可少的操作输入工具,不仅可以输入绘图的执行操作命令,也可以使用快捷键进行命令输入。此外键盘在绘图过程中可完成数据参数,标注数据的输入。

1.2.4 右键快捷执行

当鼠标光标处于十字光标时,可以通过鼠标右键打开快捷命令栏,如图 1-14 所示。常用的命令如下。

(1) 重复:重复上一个执行的命令。

(2) 最近的输入:执行最近的某一项命令。

(3) 放弃命令组:放弃上一步的命令操作。

(4) 选项:打开选项设置对话框。

图 1-14 AutoCAD 2023 的快捷弹窗

1.3　参数的输入及控制方法

1.3.1　键盘执行参数的输入

在整个绘图过程中，键盘不仅可以用来执行命令，还可以进行参数的输入，无论是尺寸还是角度大小，都离不开键盘输入的操作。另外，尺寸标注、文字输入都需要用键盘输入。

1.3.2　相对坐标

在键盘输入数据的过程中，要深刻理解相对坐标的概念，才能对输入的数据进行准确的控制。

相对坐标参数的概念是指在对当前坐标参数进行控制时，参考的坐标是上一个坐标的参数，即当前坐标参数相对于上一个坐标参数的坐标。

例 1-1　*A* 点的坐标参数是原点(0,0)，如果要把 *B* 点的坐标参数设置为(5,5)，则可以在输入 *A* 点坐标后，确定 *B* 点坐标时输入“@5,5”，则 *B* 点的坐标参数即为(5,5)。

例 1-2　*A* 点的坐标参数是(5,5)，如果在确定 *B* 点坐标时输入数据参数“@5,5”，则此时的 *B* 点就是在 *A* 点坐标的(5,5)之上再向右移动“5”，向上移动“5”，此时 *B* 点的坐标参数则是(10,10)，即 *B* 点相对于 *A* 点的坐标为(5,5)。

【注意】　“@”符号是相对坐标的辨识符号，有“@”前缀的才会被系统辨识为相对坐标，没有符号前缀的数据坐标则是绝对坐标。

1.4　文件的操作简介

1.4.1　开始界面与样板文件

打开 AutoCAD 2023 软件，并不是直接进入一张图纸进行绘图，而是一个“开始”界面，如图 1-15 所示。

图 1-15　AutoCAD 2023 的“开始”界面

在系统提供的开始界面中，用户可以选择打开文件、下拉右侧三角按钮打开图纸集或选择样板文件。

1.4.2 新建文件

新建文件的操作方式有以下三种。

(1) 使用菜单栏：选择“文件”→“新建”命令。

(2) 使用组合键：Ctrl+N。

(3) 使用快速访问工具栏：单击“新建”按钮。

新建文件后弹出“选择样板”对话框，如图 1-16 所示。在弹出的对话框中选择样板，此处选择一个公制基础样板 acadiso.dwt。

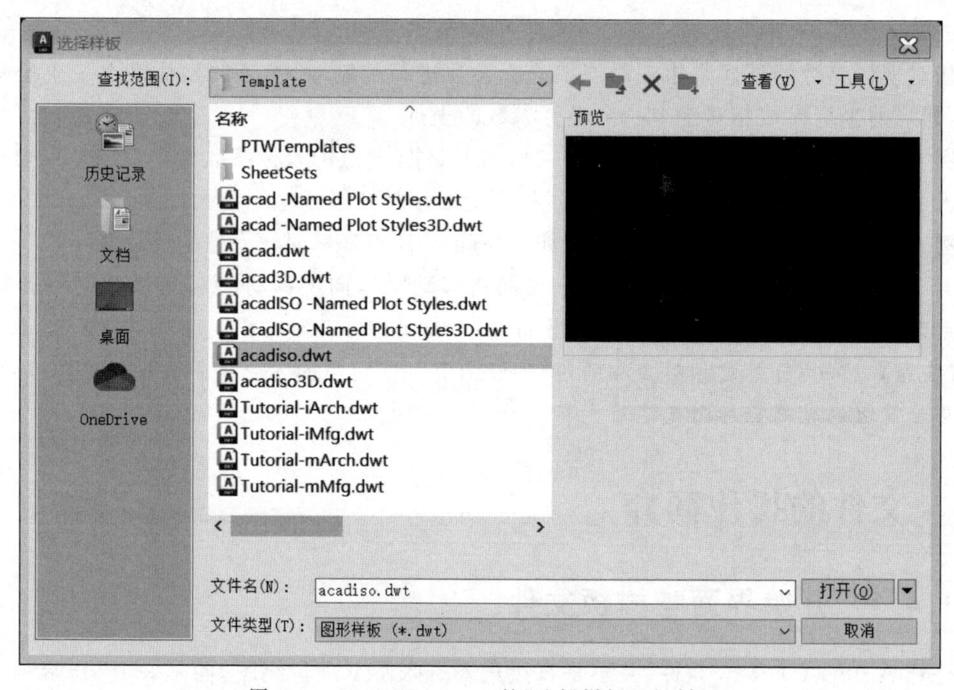

图 1-16 AutoCAD 2023 的“选择样板”对话框

在“选择样板”对话框中可以选定新建的图形文件的文件名和文件类型，单击文件名可以修改新建的文件名，单击文件类型可以修改文件的保存类型。

样板可以使用 AutoCAD 2023 提供的标准样板，用户也可以绘制自己的样板文件，并保存为“.dwt”格式，后续绘图便可在样板文件的基础上进行绘制。

1.4.3 文件的保存和另存

保存文件的操作方式有以下三种。

(1) 使用菜单栏：选择“文件”→“保存”命令。

(2) 使用组合键：Ctrl+S。

(3) 使用快速访问工具栏：单击“保存”按钮。

在绘制图形结束后或者绘制中途暂停时，即可立即执行一次保存命令，以防图形文件因为意外事件造成丢失。此外在绘制大量图形时，每隔一段时间亦可保存一次，这里可以在选项中进行自动保存时间的设置。

另存文件的操作方式有以下三种。

(1) 使用菜单栏：选择“文件”→“另存为”命令。

(2) 使用组合键：Ctrl＋Shift＋S。

(3) 使用快速访问工具栏：单击“另存为”按钮。

另存文件建议保存为低版本文件，以便低版本的应用软件可以打开高版本的图形文件，也可设置自动保存时间。设置方式：右击文件后选择“选项”→“打开和保存”命令，设置相关选项后，单击“确定”按钮即可完成文件的另存(见图 1-17)。

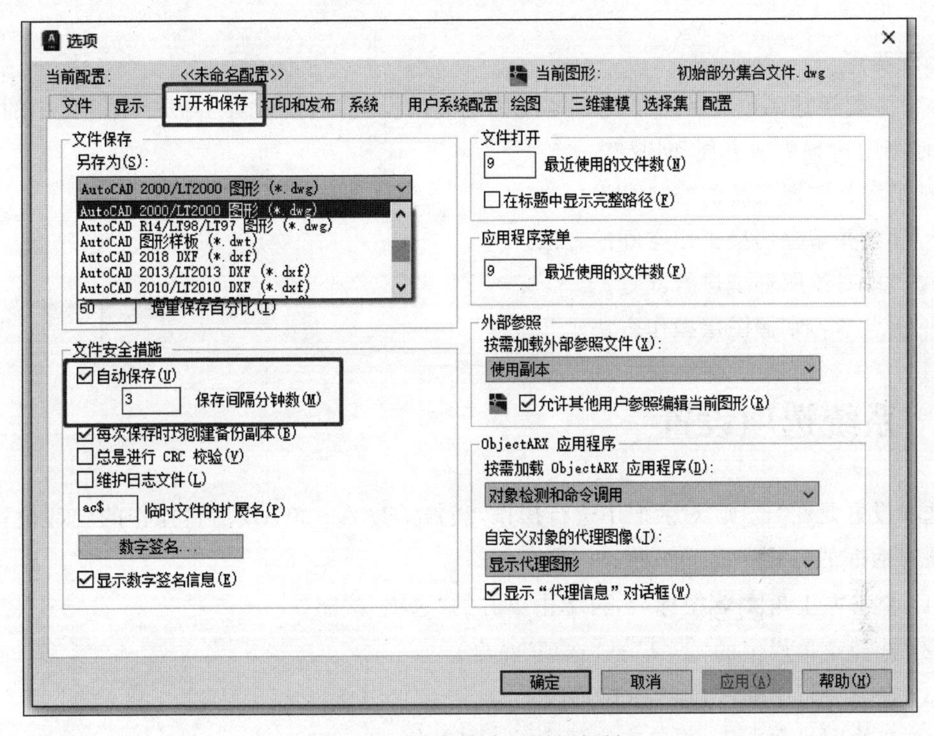

图 1-17 “文件保存”设置对话框

1.5 退出程序

直接单击右上角的“关闭”按钮，如果存在图形未保存的情况，系统会提示是否保存文件，操作后程序会自动关闭。

第2章 基本绘图环境设置

本章要点

本章主要讲述 AutoCAD 2023 基本绘图环境的设置，以便读者了解绘图过程中的各项设置，使绘图过程更加方便和快捷。

- 了解并掌握系统的“选项”设置方法。
- 学会并掌握切换工作空间的方法。
- 简单对绘图环境进行配置。
- 重点学习掌握图层操作方法。

2.1 系统选项设置

选项设置是在“选项”对话框中进行操作，涵盖了对 AutoCAD 后台操作的全部设置，进入选项对话框的方式有以下四种。

(1) 单击左上角图标后，再单击下方的“选项”按钮。

(2) 选择菜单栏中的“工具”→“选项”命令。

(3) 在命令行中输入命令：OPTION。

(4) 在绘图界面右击，再单击底部的“选项”按钮。

选择以上四种中的任意一种方式进入“选项”对话框，“选项”对话框如图 2-1 所示。

“选项”对话框包含对“文件”“显示”“打开和保存”“打印和发布”“系统”“用户系统配置”“绘图”“三维建模”“选择集”“配置”共 10 个标签的全部设置，现对其主要绘图设置进行介绍。

2.1.1 “显示”设置

用户可以在“显示”选项卡中对窗口元素进行设置(见图 2-2)，主要是对整个界面颜色的设置，满足用户的不同需求。

AutoCAD 2023 绘图画布有两个常用颜色选择：一个是系统默认的、以黑色为背景色的图形画布；另一个是系统提供的白色画布，满足用户对手工白纸绘图的需求。此功能可

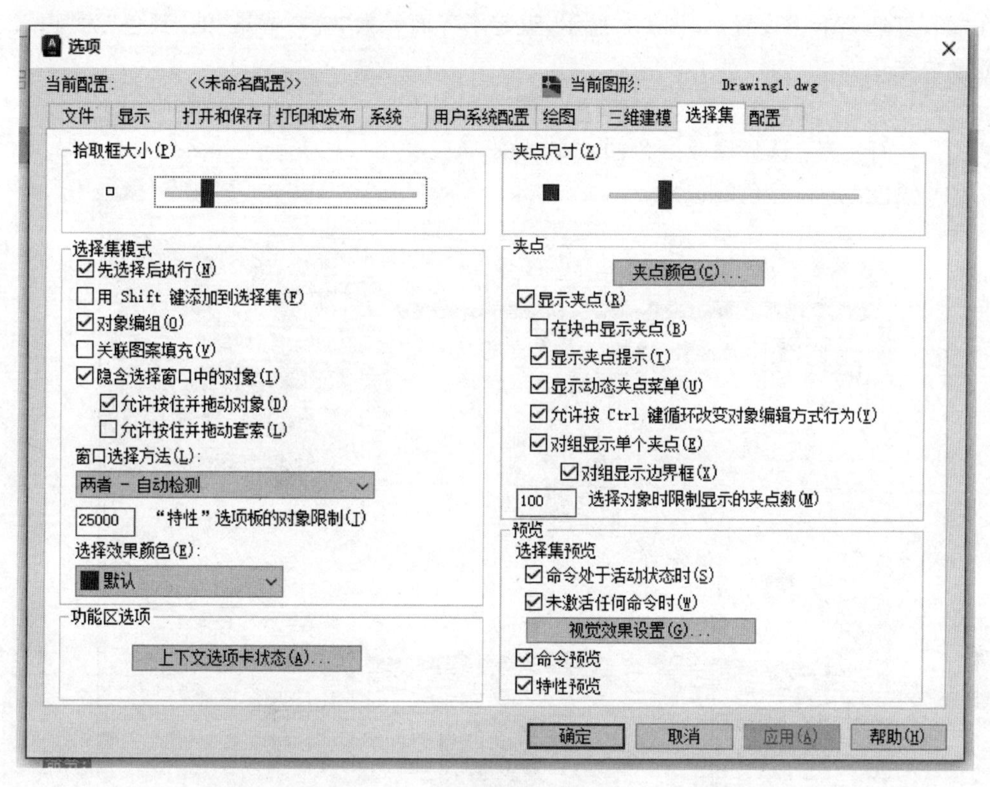

图 2-1　"选项"对话框

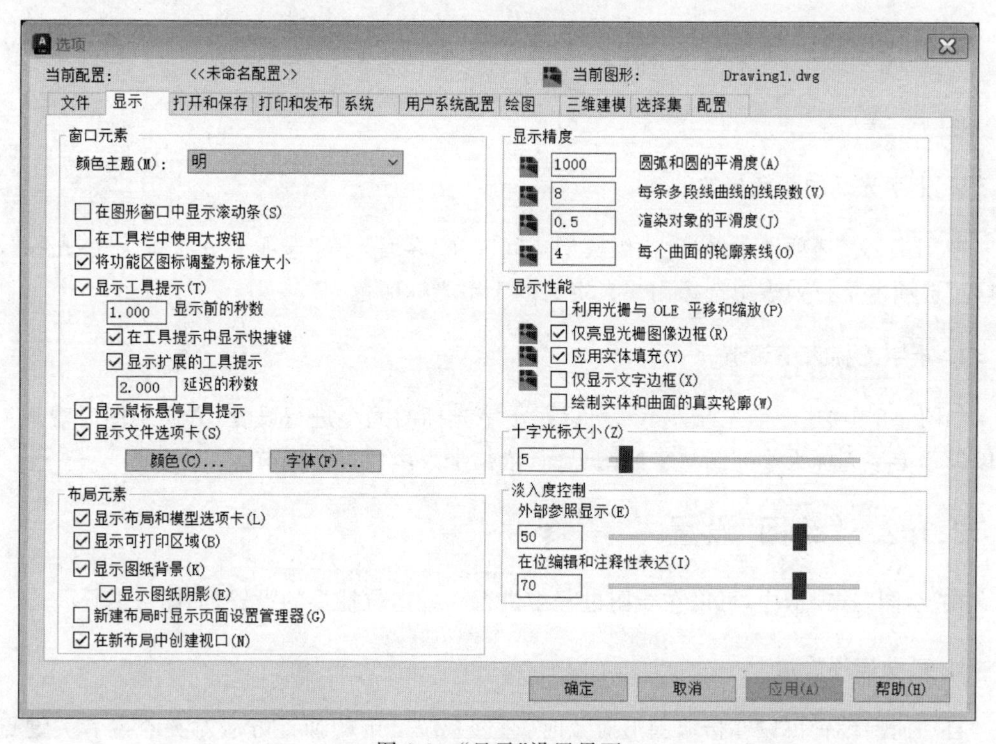

图 2-2　"显示"设置界面

以在“颜色”选项卡中设置，如图 2-3 所示，设定了界面元素“统一背景”的“颜色”为“白”。各功能模块作用如下。

(1) 上下文：选择修改颜色的绘图空间。

(2) 界面元素：选择修改颜色的控制对象。

(3) 颜色：进行颜色的选择。

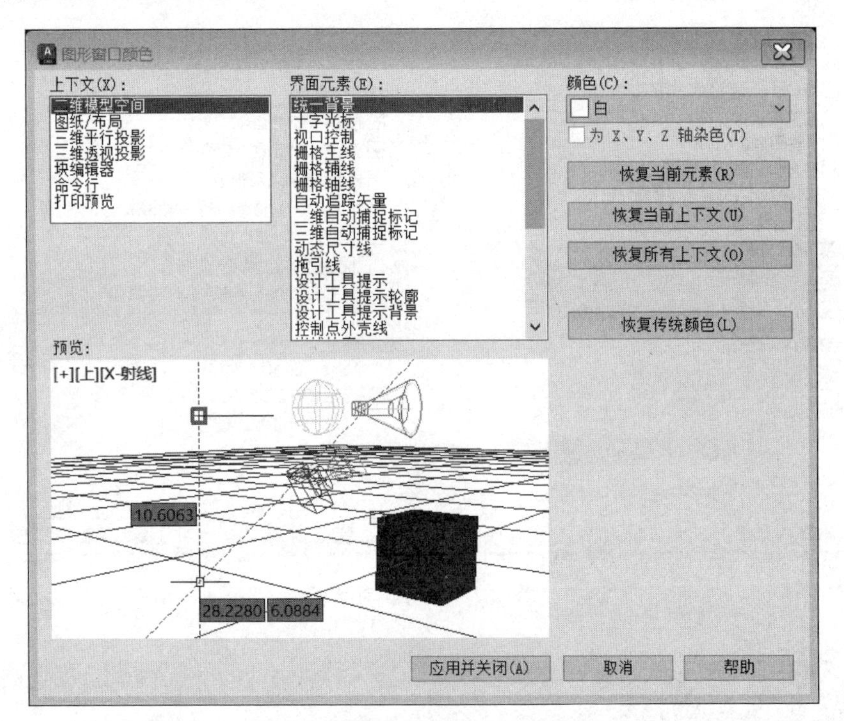

图 2-3 “图形窗口颜色”设置界面

1. 十字光标的颜色修改

在“上下文”选项卡中选择“二维模型空间”，在“界面元素”选项卡中选择“十字光标”，在“颜色”选项卡下拉列表中选择用户自定义的十字光标颜色。

2. 十字光标大小调节

如图 2-2 中的“十字光标大小”，可以对十字光标的大小进行设置，方便绘图时观察；也可以设置十字光标大小充满整个绘图界面，依据个人习惯进行调节。

2.1.2 “绘图”设置

在“绘图”选项卡中，可以在绘图过程中进行一些定位捕捉的设置，如图 2-4 所示。

1. 自动捕捉设置

自动捕捉设置可以在拾取图形对象时，通过系统设定的捕捉方法对夹点或者关键点进行捕捉。“颜色”可以对捕捉到的夹点颜色进行自定义设置。

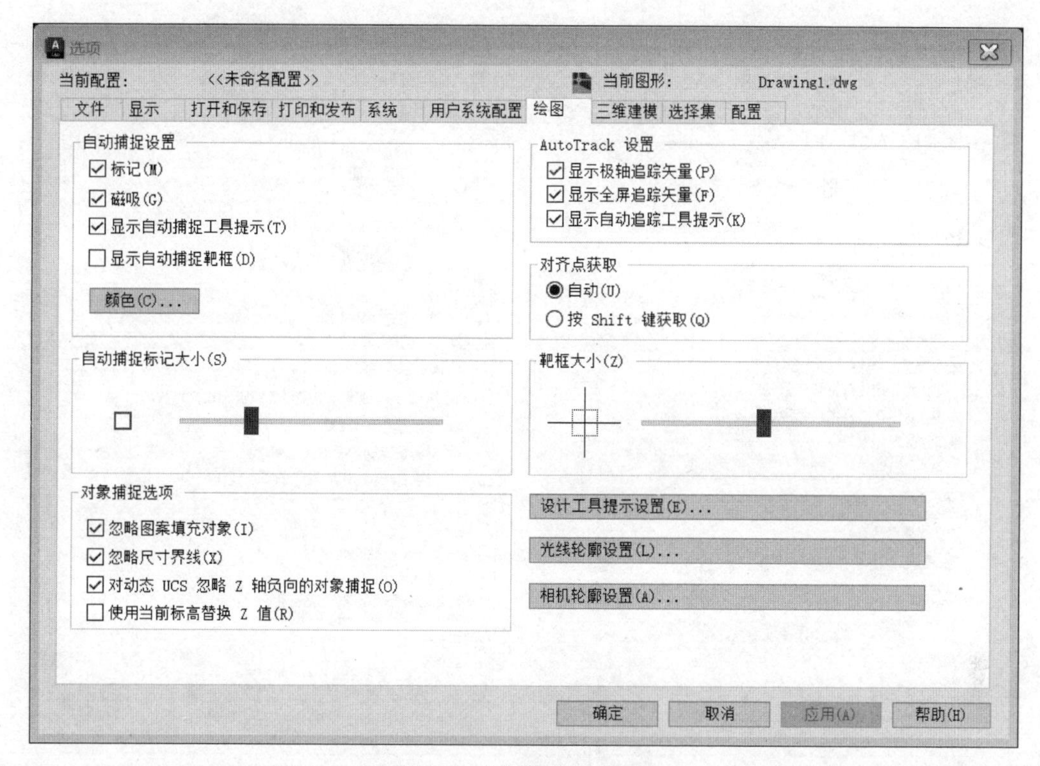

图 2-4　“绘图”设置界面

2. 自动捕捉标记大小

调整自动捕捉标记大小,可以方便用户更加迅速地捕捉到夹点对象。

3. AtuoTrack 设置

AutoTrack 设置可以打开或关闭用户在绘图时系统自动提供的参考追踪标记,如极轴追踪矢量的显示与自动追踪工具的提示操作。

4. 靶框大小

靶框大小设置可以调节十字光标在移动状态时显示中间类似拾取框的大小,系统默认可以使用,若不适合可进行大小调节。

2.1.3　“选择集”设置

在“选择集”选项卡中主要对拾取框的大小和夹点的尺寸进行设置,如图 2-5 所示。

1. 拾取框大小

拾取框大小的设置可以方便用户更加精准地拾取到图形对象的夹点。拾取框越大,越方便拾取捕捉,但考虑图形对象交错复杂的情况,用户可以根据个人需要对拾取框大小进行调整。

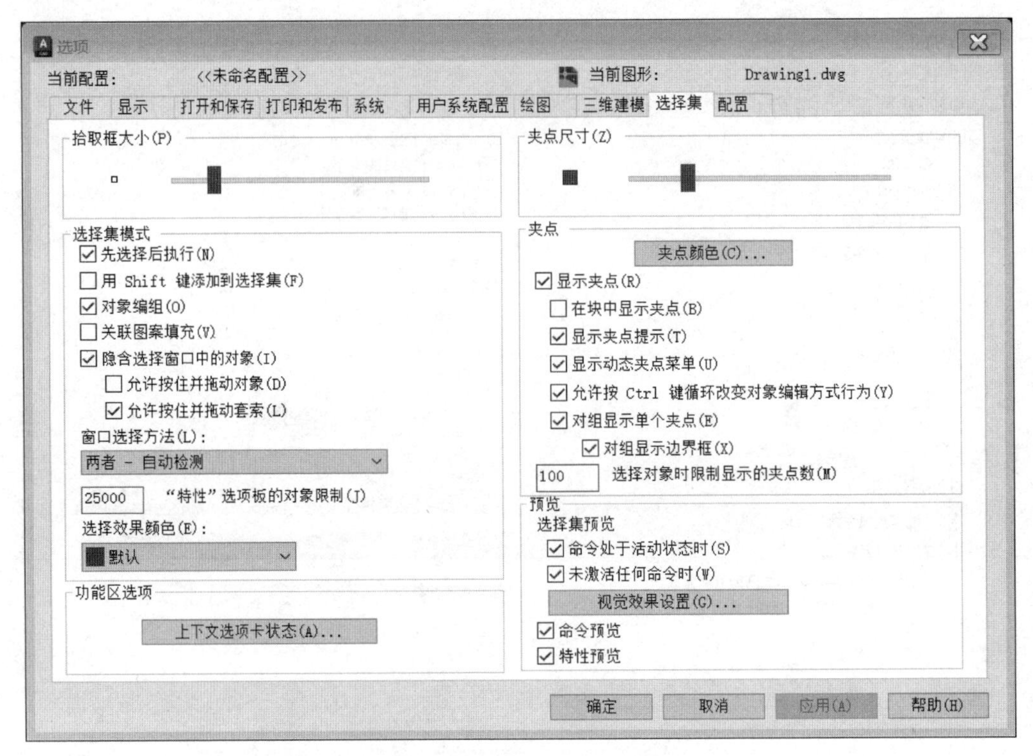

图 2-5 “选择集”设置界面

2. 夹点尺寸和夹点

“夹点尺寸”的设置可根据用户个人需求来设置，一般采取比系统默认状态稍大的夹点尺寸即可，夹点的颜色也可根据用户的使用习惯设置。

2.2 工作空间切换

如图 2-6 所示是 AutoCAD 2023 的快速访问工具栏，单击此工具栏最右端的下拉箭头，选择“工作空间”命令，会弹出一个工作空间切换的按钮，即可在“草图与注释”“三维基础”“三维建模”三个工作空间中进行切换。

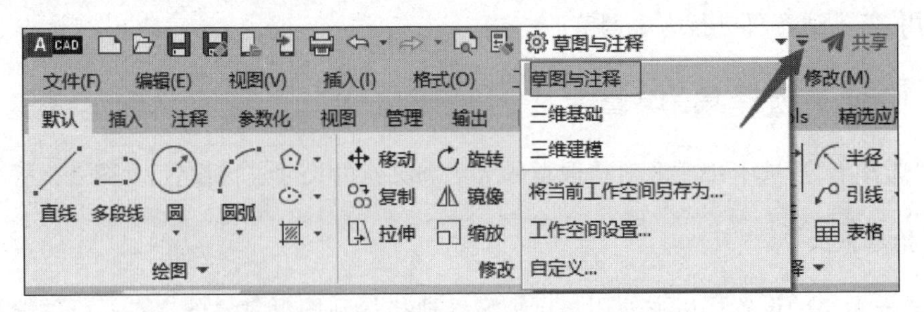

图 2-6 AutoCAD 2023 的快速访问工具栏

2.3　绘图界限设置

2.3.1　绘图精度设置

选择菜单栏中的"格式"→"单位"命令，弹出"图形单位"对话框，如图 2-7 所示，可以设置长度的类型和精度，角度的类型和精度，以及角度的方向(默认是逆时针方向)。长度和角度的精度根据小数点后"0"的个数来确定，当小数点后"0"的个数是 4 个时，就代表精确到了 1/10000。

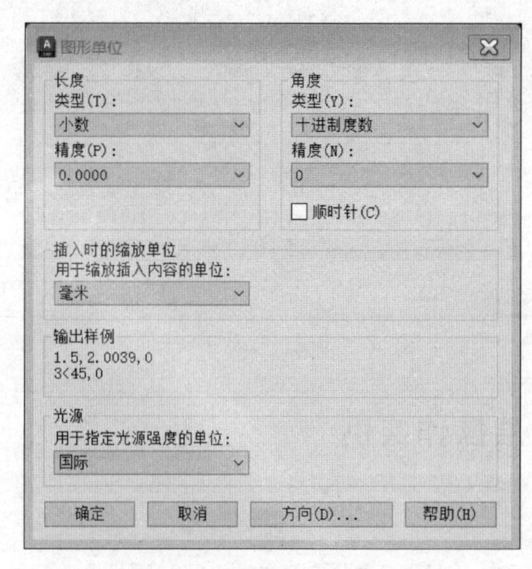

图 2-7　"图形单位"设置界面

2.3.2　十字光标和拾取框大小设置

十字光标和拾取框大小设置操作方式如下。

(1) 选择"选项"命令，弹出"选项"对话框。

(2) 调节十字光标大小，建议设置为"15"。十字光标和拾取框是相互联系的，在选择集中适当调节拾取框的大小，如图 2-8 所示。

图 2-8　十字光标和拾取框大小调节

2.4　图层设置

图层作为每张图纸必须拥有的元素，在整个 AutoCAD 2023 绘图的前期准备中是最为重要的一部分。图层的概念等同于手工绘图时不同型号的铅笔，每一张图层都对本图层内所有的图形对象元素作了严格的规定，处在同一图层的对象的颜色、线型、线宽、透明度等是完全相同的。图层的功能即把相同格式的图形对象绘制在同一个图形，然后用投影的方式把多个图形投影在一起，组合成完整的图形。

2.4.1 图层特性的命令

下述两种方式均可调出图层特性对话框，以便进行图层设置。

(1) 在菜单栏中，选择“格式”→“图层”命令。

(2) 选择选项面板中的“图层”→“图层特性”命令，打开“图层特性”对话框，如图 2-9 所示。

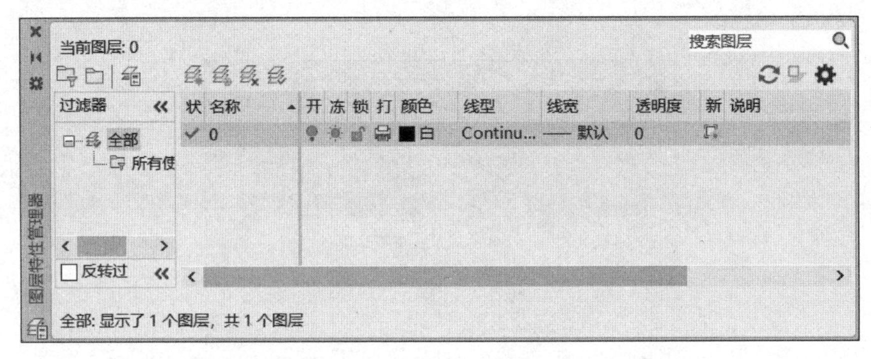

图 2-9 “图层特性”对话框

2.4.2 创建图层操作实例

1. 创建三个图层

单击“新建”按钮三次，创建三个图层，如图 2-10 所示。

2. 定义图层名称

单击“图层 1”按钮，按 F2 键进入名称编辑状态，输入文字“中心线层”；继续修改“图层 2”名称为“粗实线层”，如图 2-11 所示。

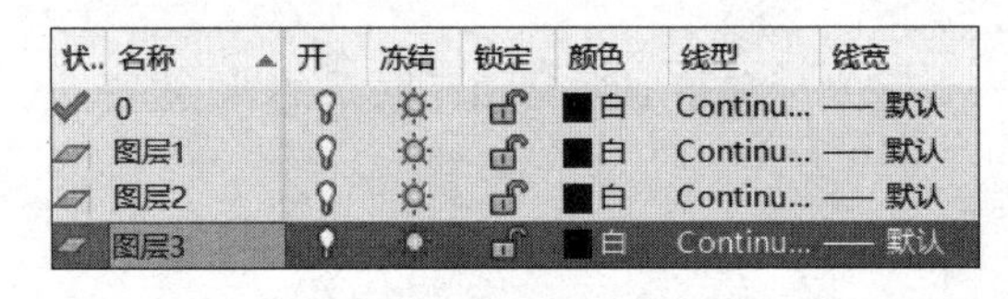

状..	名称	开	冻结	锁定	颜色	线型	线宽
✔	0				白	Continu...	—— 默认
	图层1				白	Continu...	—— 默认
	图层2				白	Continu...	—— 默认
	图层3				白	Continu...	—— 默认

图 2-10 图层创建后界面

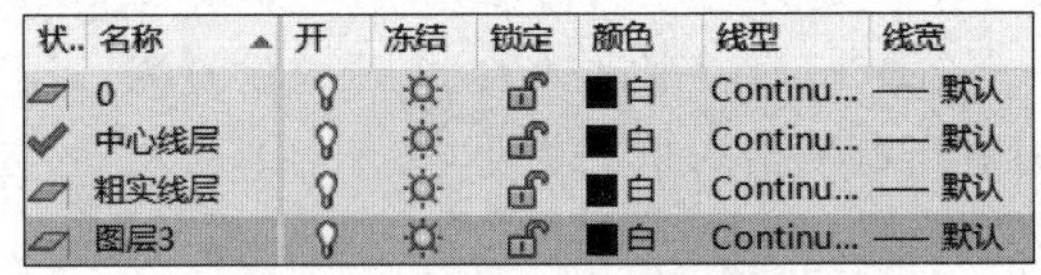

状..	名称	开	冻结	锁定	颜色	线型	线宽
	0				白	Continu...	—— 默认
✔	中心线层				白	Continu...	—— 默认
	粗实线层				白	Continu...	—— 默认
	图层3				白	Continu...	—— 默认

图 2-11 编辑图层名称界面

【注意】 修改图层名称时，前方有显示“√”的图层无法修改名称，必须把“√”所表示的当前图层定义为不需要修改名称的图层。

3. 修改图层颜色

单击图 2-11 中“中心线层”的颜色，在打开的“选择颜色”对话框中选中红色，如图 2-12 所示。

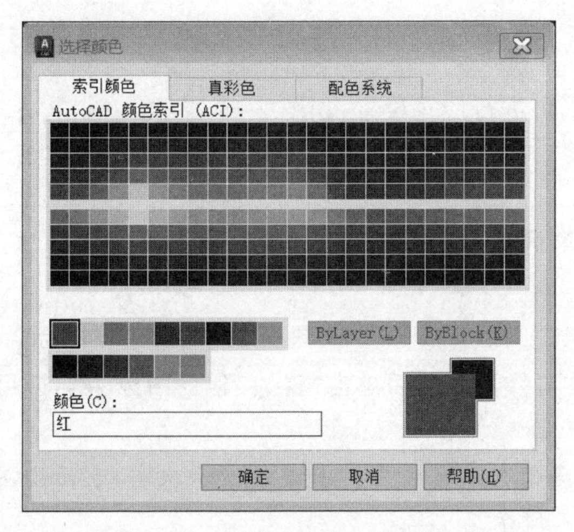

图 2-12　编辑图层线条颜色界面

4. 修改图层线型

单击图 2-11 中“中心线层”的线型，在打开的“选择线型”对话框中单击“加载”按钮，弹出加载的线型，在加载出的线型中选中中心线 ACAD_ISO004W100，如图 2-13 所示。

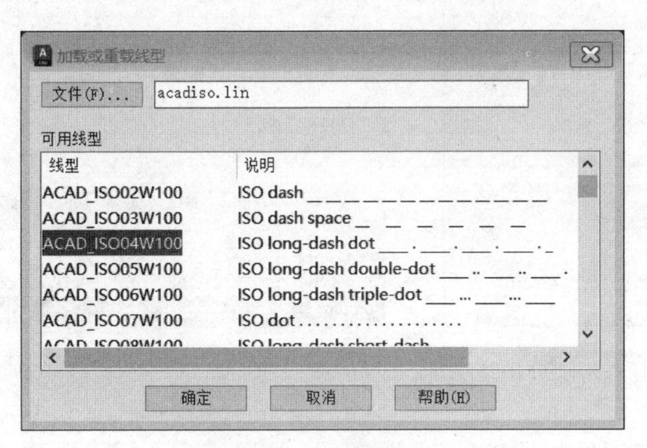

图 2-13　加载线型界面

单击“确定”按钮返回如图 2-14 所示的“选择线型”对话框，在此对话框中需要再一次选中中心线，然后单击“确定”按钮，如图 2-14 所示。

图 2-14　“选择线型”对话框

5. 修改图层的线宽

打开当前图层界面,可进行线宽设置,如图 2-15 所示。

(1) 单击“中心线层”的线宽,在弹出的对话框中选择线宽为“默认”,单击“确定”按钮,如图 2-15 所示。

(2) 单击“粗实线层”的线宽,在弹出的对话框中选择线宽为“0.30 mm”,单击“确定”按钮。

(3) 若要删除图 2-11“图层 3”,则选中“图层 3”,然后单击图标即可。

(4) 选中图 2-11“中心线层”,然后单击“置为当前”图标,即可更改“中心线层”为当前图层。

【注意】 当图层前面有“√”代表当前图层是显示状态,表面绘图时使用的参数为此图层设定的参数,如图 2-16 所示。

图 2-15 “线宽”界面

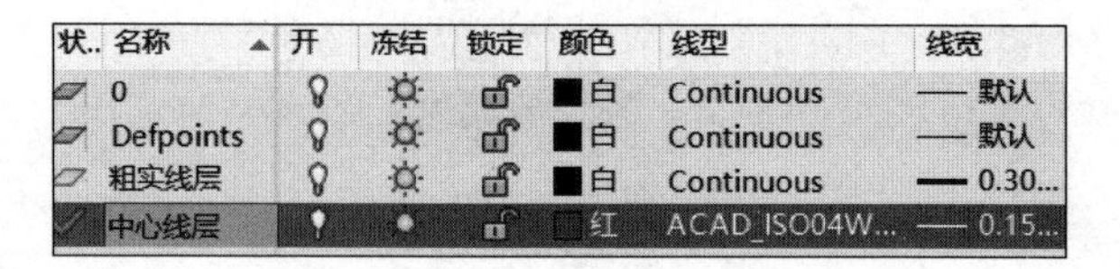

图 2-16 选中当前图层界面

2.4.3 图层状态控制

图层的“开关”“冻结”“锁定”状态,可以通过以下方式控制。

(1) 默认状态下图层是打开状态,单击“关闭”按钮之后,图层将被隐藏,无法修改和打印。

(2) 默认状态下图层是解冻状态,单击“冻结”按钮之后,图层隐藏,无法选中。

(3) 默认状态下图层是解锁状态,单击“锁定”按钮之后,图层依然显示,但无法被选中。

2.4.4 图层参数参考

如表 2-1 所示是国家标准的图层设置参数,用户在设置图层时,图层的参数颜色适当区分即可,线宽应符合规定。

表 2-1　图层设置(供参考)

序号	名　称	颜　色	线　型	线宽/mm
1	点划线	红色	Center	0.05
2	粗实线	黑色	Continuous	0.4
3	细实线	黑色	Continuous	0.05
4	虚线	品红色	ACAD_ISO02W100	0.05
5	尺寸线	蓝色	Continuous	0.05
6	剖面线	蓝色	Continuous	0.05
7	文字	蓝色	Continuous	0.05
8	公差	蓝色	Continuous	0.05

第3章 基本绘图命令

本章要点

本章将详细介绍 AutoCAD 2023 的基本绘图功能。对每一个绘图命令，本章将结合实例为用户展示如何操作。

- 绘制直线对象，如绘制线段、射线、构造线。
- 绘制矩形和等边多边形。
- 绘制曲线对象，如绘制圆、圆环、圆弧、椭圆及椭圆弧。
- 设置点的样式并绘制点对象，如绘制点、绘制定数等分点、绘制定距等分点。

3.1 常用绘图命令组

进入 AutoCAD 2023 的“草图与注释”工作空间，单击快速访问工具栏中下三角按钮，选择“显示菜单栏”命令，菜单栏显示结果如图 3-1 所示。

图 3-1 AutoCAD 2023 的菜单栏

常用的绘图命令在“默认”选项面板中可以找到，其样式如图 3-2 所示，选择文字提示的命令可执行相应命令的输入。

每个命令都代表不同的含义，除图 3-2 所示的“直线”“多段线”“圆”“圆弧”命令外，余下的图标名称为“绘制矩形/多边形”“绘制圆弧/椭圆弧”和“图案填充”。单击“绘图”下三角按钮则有更多的绘图功能(见图 3-3)，每个图标可执行相应命令输入。

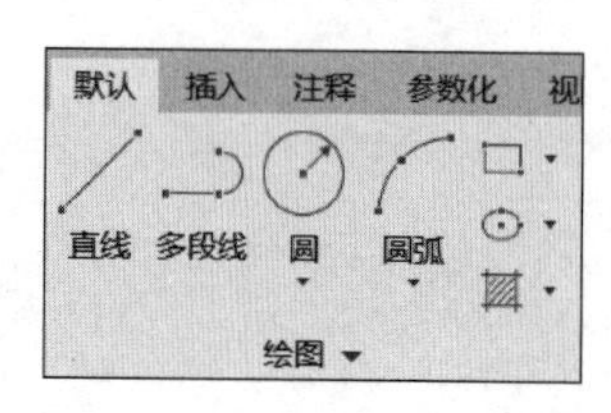

图 3-2 “默认”选项面板

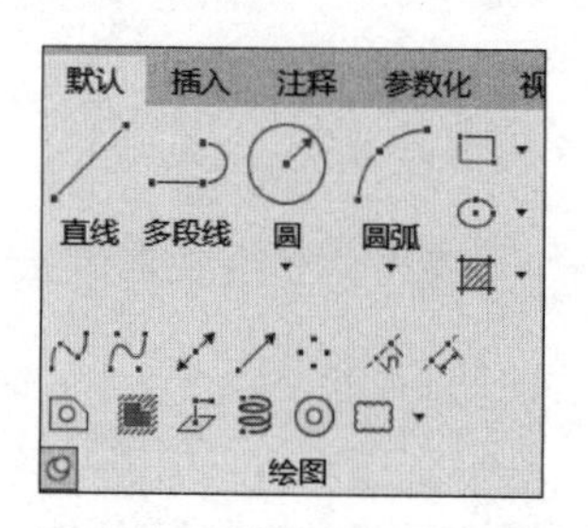

图 3-3 “默认”界面全部的绘图功能按钮

常用的绘图命令在“默认”界面便可以找到，如果此界面不能满足绘图的需要，更多的绘图命令在菜单栏中的“绘图”中可找到。

为了便于操作，下面简单介绍几个常用的 AutoCAD 2023 操作。

1. 删除命令

删除命令可以把选中拾取到的图形删除。在执行删除命令时有如下三种执行途径。

(1) 输入命令：Erase。根据提示选取删除目标，然后按 Enter 键即可完成操作。

(2) 单击“默认”选项面板中“修改”页的“删除”按钮，根据提示选取擦除目标，然后按 Enter 键即可完成操作。

(3) 选取图形实体，按 Delete 键，完成删除操作。

【注意】 综合考虑操作的方便性与实效性，建议选取第(3)种删除操作为宜。

2. 设置对象捕捉

对象捕捉功能可以捕捉可见实体上的节点，节点是控制线条的控制点。此命令可以设置一种或多种捕捉方式，用于准确地捕捉图形上的某些特殊点(如端点、圆心、交点等)，以便画出精确的图形。设置对象捕捉的操作如下。

(1) 输入命令：Osnap。

(2) 单击状态栏中的“对象捕捉”按钮右侧的下三角按钮(见图 3-4)，选择“对象捕捉设置”命令。

选择“对象捕捉设置”命令后弹出“草图设置”对话框，在该对话框下的选项卡中，有 14 种可供选择的对象捕捉方式，勾选每个选项卡前的复选框，即可实现特殊点的捕捉。对象捕捉设置如图 3-5 所示。

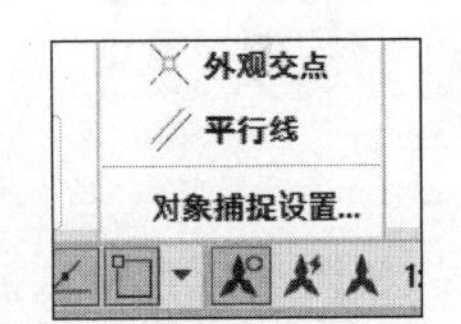

图 3-4　状态栏“对象捕捉设置”

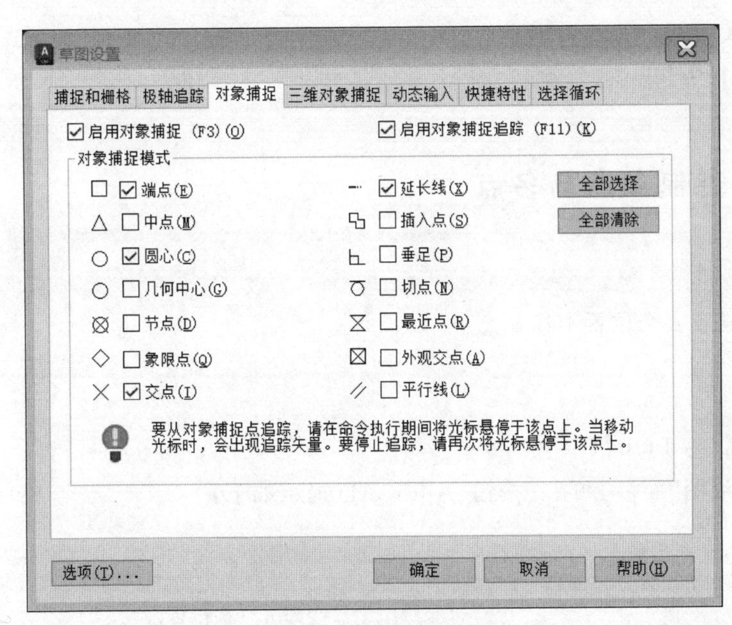

图 3-5　对象捕捉设置

此外，也可使用“对象捕捉”工具条，单击状态栏“对象捕捉”按钮右侧的▾按钮，打开“对象捕捉”工具条，如图 3-6 所示。在该工具条中，有 14 种有关特殊点的捕捉操作功能，需要使用时可以在此快速打开需要的对象捕捉类型。

此外，在绘图过程中若需要选取一个特殊点，可以按“Shift＋右键”组合键打开一个临时对话框，在此对话框中可以选择需要的点，但是只能捕捉一次。

图 3-6 “对象捕捉”工具条

3. 图形显示大小变化

在绘图过程中，往往需要在图纸的整体形状和局部细节之间多次切换，这里需要对图形的局部进行放大和缩小的操作。这种操作对图形的尺寸是不产生影响的，只是改变图形在视窗中显示的大小，从而可以方便地观察当前视窗中图形的细节。

执行显示放大和缩小的命令有多个，但是从效率上来看，用鼠标滚轮进行放大或缩小是最直接、最快捷的操作，其操作方法如下。

（1）鼠标滚轮向上滑动，图形视窗放大。

（2）鼠标滚轮向下滑动，图形视窗缩小。

（3）双击鼠标滚轮，显示全部图形。

（4）按压鼠标滚轮，对图形视窗进行拖动。

鼠标滚轮执行图形的放大和缩小时，中心位置是鼠标光标所在位置。如果想从视窗右侧的局部细节转向左侧的局部细节，需要先把鼠标光标放在右侧局部细节处，向下滑动滚轮缩小视窗，同时也把左侧的图形向右侧进行缩小；然后移动鼠标光标至左侧需要的位置，向上滑动滚轮对局部进行放大。在进行局部细节转换时，鼠标滚轮的滑动以及拖动需要相互配合使用，会有更高效的操作。

3.2 点的绘制

3.2.1 绘制单点与多点

1. 功能

在一个位置或多个位置上绘制点。

2. 方法

（1）输入命令：POINT。

（2）单击“绘图”面板上的⁘按钮，AutoCAD 提示如下：

```
命令: POINT,↓
当前点模式: PDMODE = 0 PDSIZE = 0.0000
Point 指定点:                              //用光标或输入坐标位置//
…
Point 指定点: 按 Enter 键或者 Esc 键       //结束点绘制//
```

3.2.2 设置点样式

AutoCAD 2023 提供了 20 种点的标记符号，如图 3-7 所示，用于设置点样式。调用点样式的方法有以下两种。

(1) 输入命令：DDPTYPE。

(2) 选择菜单栏中的“格式”→“点样式”命令。

此时弹出“点样式”对话框，如图 3-7 所示。通过操作，可以设置点的类型和大小。

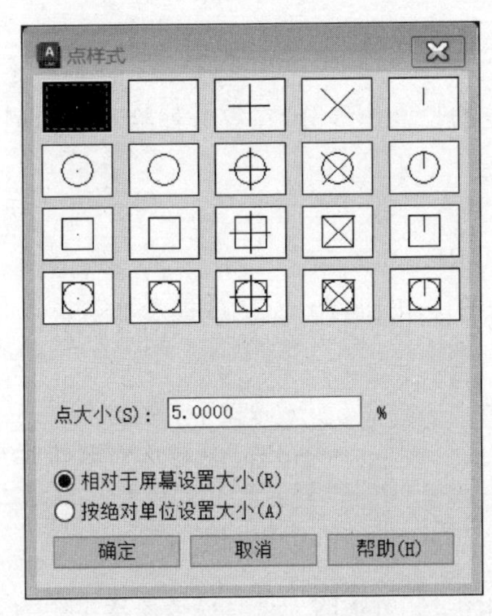

图 3-7 “点样式”对话框

3.2.3 设置定数等分点

1. 功能

对选定的实体作 n 等分，在等分处绘制点标记或插入块。

2. 方法

(1) 输入命令：DIVIDE。

(2) 单击“绘图”面板上的按钮，AutoCAD 提示如下：

```
命令：DIVIDE,↓
选择要定数等分的对象：                    //选择等分对象//
输入线段数目或 [块(B)]：                  //输入需要等分的数目//
```

3. 操作实例

设置点样式为，将如图 3-8 所示的一条直线按要求进行五等分，AutoCAD 提示如下：

```
命令：DIVIDE,↓
```

```
选择要定数等分的对象:                    //选定直线//
输入线段数目或 [块(B)]: 5,↓
```

若选择"块(B)"后,将在等分点处插入一个块标记。

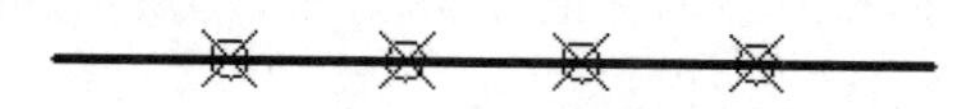

图 3-8 将已知直线进行五等分

3.2.4 设置定距等分点

1. 功能

在选定的实体上按给定的长度作等分,在等分处绘制点标记或插入块。

2. 方法

(1) 输入命令:MEASURE。

(2) 单击"绘图"面板上的按钮,AutoCAD 提示如下:

```
命令: MEASURE,↓
选择要定距等分的对象:                    //选择等分对象//
指定线段长度或 [块(B)]:                  //输入需要等分的线段长度//
```

3. 举例

设置点样式为⊠,将如图 3-9 所示的一条直线按要求定距为 5mm,AutoCAD 提示如下:

```
命令: MEASURE
选择要定距等分的对象:     //选定直线//
指定线段长度或 [块(B)]: 5,↓
```

若选择"块(B)"后,将在等分点处插入一个块标记。

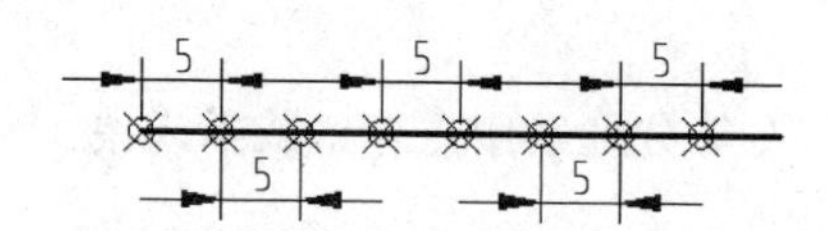

图 3-9 将已知直线定距为 5mm 等分

3.3 绘制直线

1. 功能

根据指定的端点绘制一系列直线段。

2. 方法

(1) 输入:L。

(2) 单击"绘图"面板上的按钮,AutoCAD 提示如下:

```
第一点:                               //确定直线段的起始点//
指定下一点或 [放弃(U)]:               //确定直线段的另一端点位置,或执行"放弃(U)"选项重
                                        新确定起始点//
指定下一点或 [放弃(U)]:               //可直接按 Enter 或 Esc 结束命令,或确定直线段的另一
                                        端点位置,或执行"放弃(U)"选项取消前一次操作//
指定下一点或 [闭合(C)/放弃(U)]:       //可直接按 Enter 或 Esc 结束命令,或确定直线段的另一
                                        端点位置,或执行"放弃(U)"选项取消前一次操作,或执
                                        行"闭合(C)"选项创建封闭多边形//
```

执行结果：AutoCAD 绘制出连接相邻点的一系列直线段。

3. 说明

(1) 在提示"指定第一点"时按 Enter 键，系统以上一次绘制的直线的终点为本直线段的起点。

(2) 输入 U，将当前"直线"命令所绘制的最后一条线段删除，并可继续绘制线段。其功能与撤销组合键 Ctrl＋Z 类似。

【注意】 绘图时，如果要删除或撤销最后一步所绘制图形，使用 Ctrl＋Z 组合键最为常见，也最为实用。

4. 动态输入

按 F12 键，或单击底部工具条上动态输入按钮，会启动动态输入功能。启动动态输入并执行 LINE 命令后，AutoCAD 在命令窗口提示"指定第一个点"，同时在光标附近显示出一个提示框(称为"面板提示")。面板提示会显示出对应的 AutoCAD 提示"指定第一个点"和光标的当前坐标值，如图 3-10 所示。

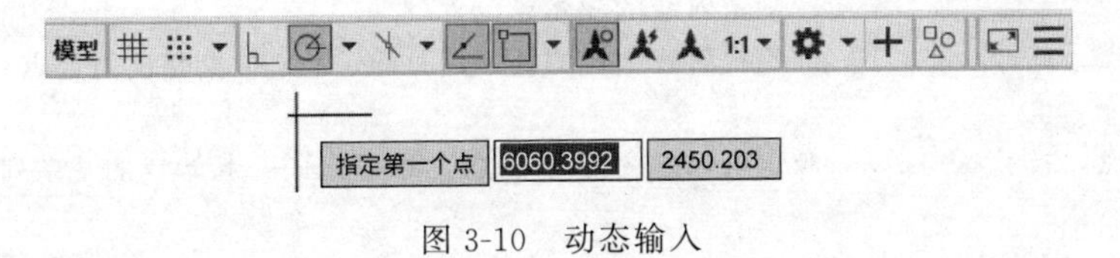

图 3-10　动态输入

【注意】 动态输入能观察实时输入的具体数值，非常实用，常开启。

5. 操作实例

绘制由端点坐标为(20,15)、(50,15)、(70,50)、(48,60)、(30,50)组成的五边形，如图 3-11 所示，操作过程如下。

单击"直线"按钮，AutoCAD 提示如下：

```
指定第一个点: 20,15↓
指定下一个点或[放弃(U)]: @30,00↓   //相对坐标输入//
指定下一个点或[放弃(U)]: 70,50↓     //此时软件默认继续用相对坐标,必须把动态输入关闭,才
                                      能继续输入绝对坐标//
指定下一个点或[闭合(C)/放弃(U)]: 48,60↓
指定下一个点或[闭合(C)/放弃(U)]: 30,50↓
指定下一个点或[闭合(C)/放弃(U)]: C↓
```

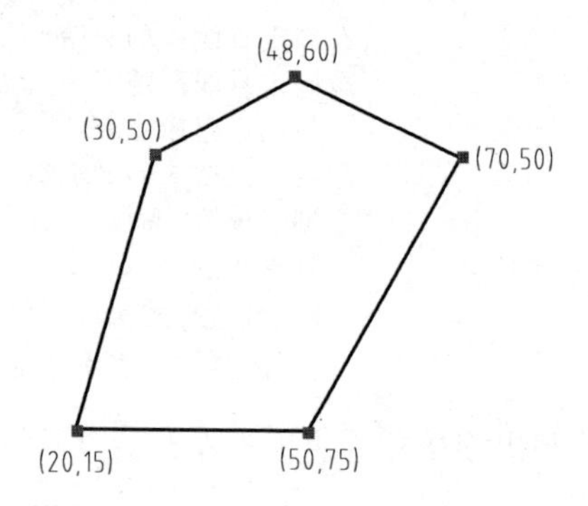

图 3-11　用 LINE 命令绘制的五边形

3.4　绘制射线和构造线

3.4.1　绘制射线

1. 功能

射线又称单向构造线，一般用作辅助线，绘制射线即绘制沿单方向无限延长的直线。

2. 方法

(1) 输入命令：RAY。
(2) 单击“绘图”面板上的“射线”按钮，AutoCAD 提示如下：

```
指定起点:                //确定射线的起始点位置//
指定通过点: ↓            //确定射线通过的任一点。确定后 CAD 绘制出过起点与该点的射线//
…
指定通过点: ↓            //也可以继续指定通过点，绘制过同一起始点的一系列射线//
```

3.4.2　绘制构造线

1. 功能

绘制沿两个方向无限延长的直线。构造线一般用作辅助线。

2. 方法

(1) 输入命令：XLINE。
(2) 单击“绘图”面板上的“射线”按钮，AutoCAD 提示如下：

```
指定点或 [水平(H)垂直(V)角度(A)二等分(B)偏移(O)]:
```

3. 选项说明

- “指定点”选项用于绘制通过指定两点的构造线。

- “水平”选项用于绘制通过指定点的水平构造线。
- “垂直”选项用于绘制通过指定点的垂直构造线。
- “角度”选项用于绘制沿指定方向或与指定直线之间夹角为指定角度的构造线。
- “二等分”选项用于绘制平分由指定的 3 个点所确定角的构造线。
- “偏移”选项用于绘制与指定直线平行的构造线。

4. 操作实例

(1) 绘制如图 3-12(a)所示某角度的二等分线，操作如下。

输入命令：XLINE。

AutoCAD 提示如下：

```
指定点或 [水平(H)垂直(V)角度(A)二等分(B)偏移(O)]: B↓
指定角的顶点: 选择 A 点,↓
指定角的起点: 选择 B 点,↓
指定角的端点: 选择 C 点,↓
指定角的端点: Esc 键取消
```

(2) 利用构造线绘制如图 3-12(b)所示 30°角，操作如下。

输入命令：XLINE。

AutoCAD 提示如下：

```
指定点或 [水平(H)/垂直(V)/角度(A)/二等分(B)/偏移(O)]: A↓
输入构造线的角度 (0) 或 [参照(R)]: 30↓
指定通过点:鼠标选择任意一点
指定通过点: Esc 键取消
```

【注意】 在刚开始指定点时不能单击，鼠标光标悬空状态直接输入角度提示符 a。

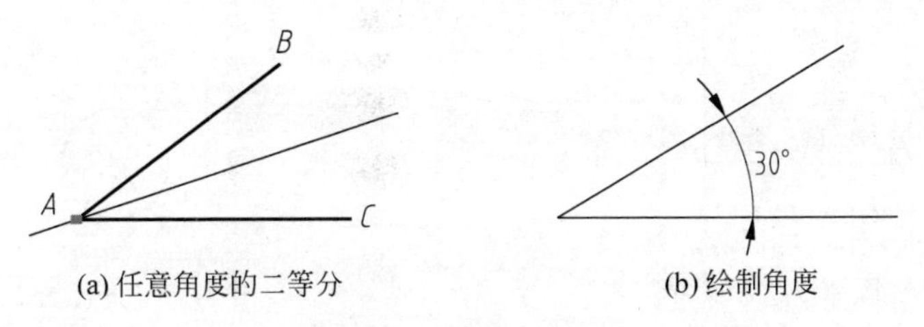

(a) 任意角度的二等分　(b) 绘制角度

图 3-12　构造线举例

3.5　绘制圆

1. 功能

圆的绘制。

2. 方法

(1) 输入命令：CIRCLE。

（2）单击“绘图”面板上的按钮下方的小倒三角按钮，有六种绘图方式，如图3-13所示。

3. 选项说明

1）圆心，半径

单击“圆心，半径”按钮，命令行提示如下：

CIRCLE 指定的圆心或[三点(3P)二两(2P)切点、切点、半径(T)]：[在屏幕上取一点(A)]
指定圆的半径或[直径(D)]：5↓

结果如图3-14所示。

2）圆心，直径

单击“圆心，直径”按钮，命令行提示如下：

CIRCLE 指定的圆心或[三点(3P)两点(2P)相切、相切、半径(T)]：[在屏幕上取一点(A)]
指定圆的半径或[直径(D)]：D↓
指定圆的直径：10↓

结果如图3-15所示。

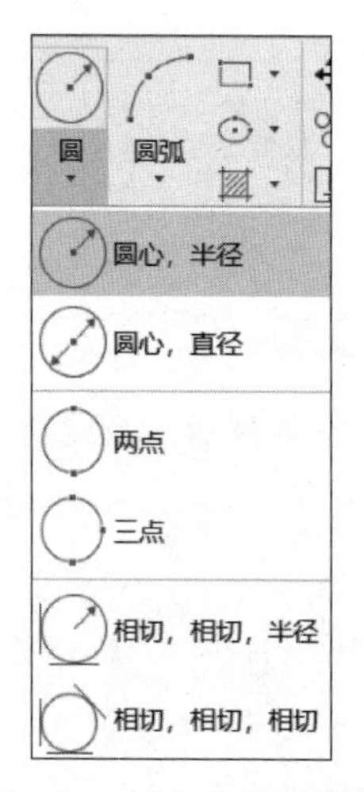

图3-13 圆命令选项菜单

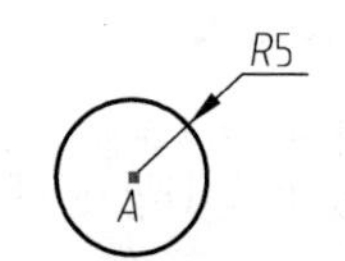

图3-14 半径为5的圆

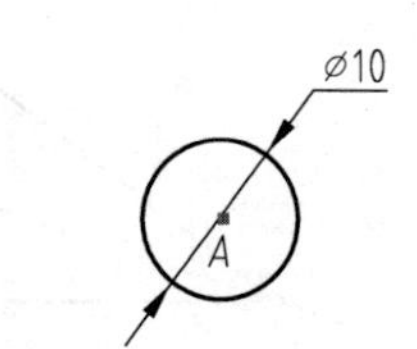

图3-15 直径为10的圆

3）两点

单击“两点”按钮，命令行提示如下：

CIRCLE 指定的圆心或[三点(3P)两点(2P)相切、相切、半径(T)]：2P，↓
指定圆直径的第一端点：在屏幕上点取一点
指定圆直径的第二端点：在屏幕上再点取一点

4）三点

单击“三点”按钮，命令行提示如下：

CIRCLE 指定的圆心或[三点(3P)两点(2P)相切、相切、半径(T)]：3P，↓
指定圆上的第一个点：在屏幕上点取一点 A
指定圆上的第二个点：在屏幕上点取一点 B

指定圆上的第三个点：在屏幕上点取一点 C

结果如图 3-16 所示。

5）相切、相切、半径

按给定半径作两个已有实体的公切圆（TTR），单击"相切、相切、半径"按钮，命令行提示如下：

```
CIRCLE 指定的圆心或[三点(3P)两点(2P)相切、相切、半径(T)]: T ↓
指定对象与圆的第一个切点：选定直线
指定对象与圆的第一个切点：选定左边圆
指定圆的半径：5 ↓
```

结果如图 3-17 所示。

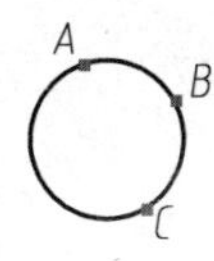

图 3-16 使用 A、B、C 三点画圆

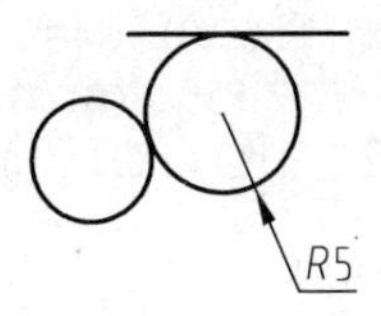

图 3-17 使用"相切、相切、半径"画圆

【注意】 画公切圆时，输入的公切圆半径必须大于或等于两实体间最小距离的一半，否则画不出公切圆，而且在命令提示区会显示错误信息：圆不存在。

6）相切、相切、相切

例 3-1 求三角形内切圆（见图 3-18（a）），求 3 个圆的共切圆（见图 3-18（b））。

单击"绘图"菜单→"圆（C）"→"相切、相切、相切（A）"按钮，然后进行下述操作。

（1）指定圆上的第一个点：单击 A 点。

（2）指定圆上的第二个点：单击 B 点。

（3）指定圆上的第三个点：单击 C 点。

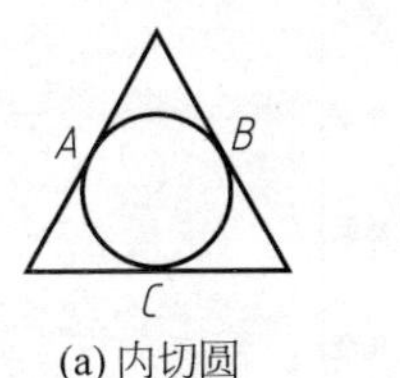

(a) 内切圆　(b) 共切圆

图 3-18 使用"相切、相切、相切"画圆

【注意】 输入快捷键 C 时，命令行和右键提示中都没有"相切、相切、相切（A）"这个选项，这个时候就要从"绘图"菜单栏里逐步选取"相切、相切、相切（A）"了。

3.6 绘制圆弧

1. 功能

按用户指定的方法绘制圆弧。用户可根据自己的需要和已知条件来选择不同的方法。

2. 方法

（1）输入命令：ARC。

（2）单击"绘图"面板上的按钮下方的倒三角按钮，有 11 种绘图方式，圆弧命令的选项如图 3-19 所示。

3. 选项说明

1）三点

执行“三点”绘制圆弧命令，命令行提示如下：

ACR 指定圆弧的起点或[圆心(C)]：在屏幕上点取一点(A)
指定圆弧的第二点或[圆心(C)或端点(E)]：在屏幕上点取一点(B)
指定圆弧的端点：在屏幕上点取一点(C)

结果如图 3-20 所示。

2）起点、圆心、端点

执行“起点、圆心、端点”命令画弧，命令行提示如下：

指定圆弧的起点或 [圆心(C)]：A 点
指定圆弧的第二个点或 [圆心(C)/端点(E)]：C 指定圆弧的圆心：B 点
指定圆弧的端点或 [角度(A)弦长(L)]：C 点

结果如图 3-21 所示。

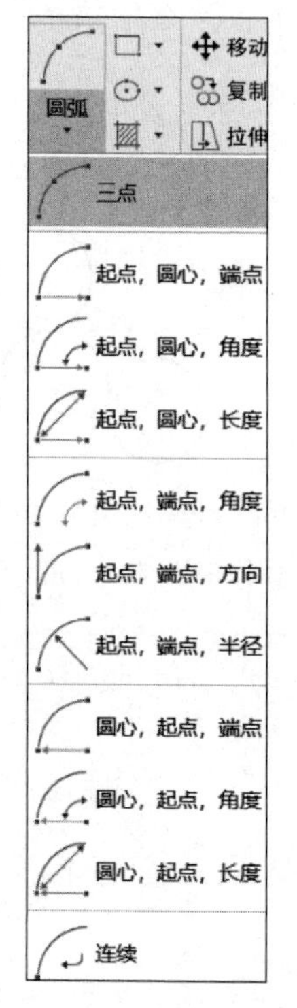

图 3-19　圆弧命令选项菜单

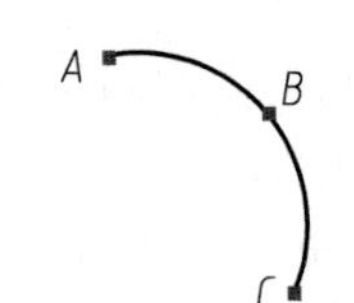

图 3-20　三点画弧

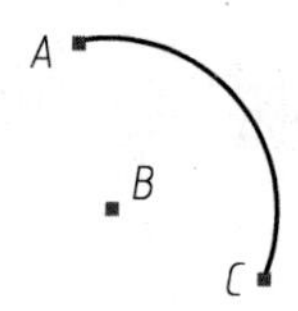

图 3-21　使用“起点、圆心、端点”画弧

3）起点、圆心、角度

执行“起点、圆心、角度”命令画弧，命令行提示如下：

指定圆弧的起点或 [圆心(C)]：A 点
指定圆弧的第二个点或 [圆心(C)/端点(E)]：C 指定圆弧的圆心：B 点
指定圆弧的端点或 [角度(A)弦长(L)]：A 指定包含角：129

结果如图 3-22 所示。

4）起点、圆心、长度

如果存在可以捕捉到的起点和圆心，并且已知弦长，可使用“起点、圆心、长度”或“圆心、起点、长度”选项。弧的弦长决定包含角度，如图 3-23 所示。

5）起点、端点、方向/半径

如果存在起点和端点，可使用“起点、端点、方向”或“起点、端点、半径”选项，如图 3-24 所示。

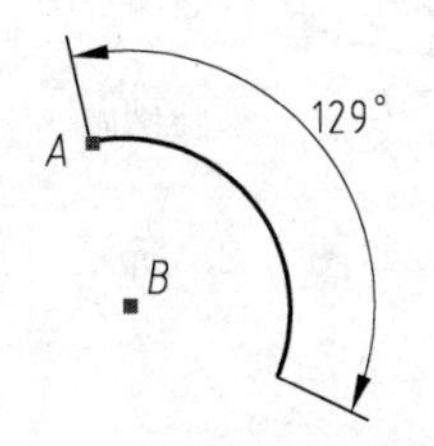

图 3-22　使用“起点、圆心、角度”画弧

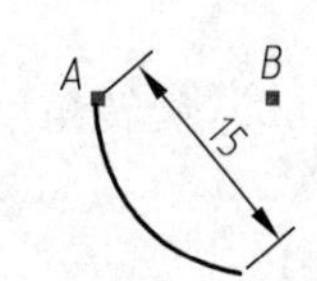

图 3-23　使用“起点、圆心、长度”画弧

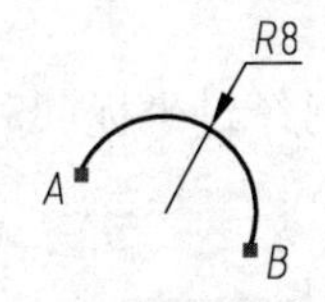

图 3-24　使用“起点、端点、半径”画弧

以上仅列出了五种绘制圆弧的方法，其余画弧方式与之类似。

3.7　绘制椭圆及椭圆弧

1. 功能

根据需要和已知条件来绘制不同的椭圆及椭圆弧。

2. 方法

(1) 输入命令：ELLIPSE。

(2) 单击“绘图”面板上的 按钮右侧的倒三角按钮 ，有三种绘图方式，如图 3-25 所示。

3. 选项说明

1）圆心

使用此功能绘制椭圆，命令行提示如下：

```
命令: ELLIPSE,↓
指定椭圆的轴端点或 [圆弧(A)/中心点(C)]: C
指定椭圆的中心点: A 点
指定轴的端点: B 点
指定另一条半轴长度或 [旋转(R)]: 5↓
```

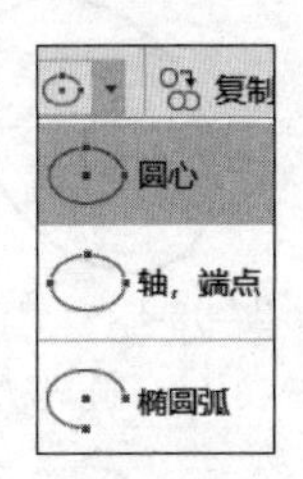

图 3-25　椭圆命令选项菜单

结果如图 3-26 所示。

2）轴，端点

使用“轴，端点”绘制椭圆，命令行提示如下：

命令：ELLIPSE,↓
指定椭圆的轴端点或[圆弧(A)/中心点(C)]：E点
指定轴的另一个端点：F点
指定另一条半轴长度或[旋转(R)]：5↓

结果如图3-27所示。

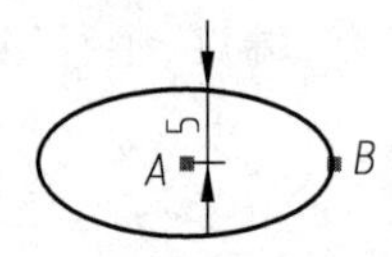

图3-26 使用“圆心”命令绘制椭圆

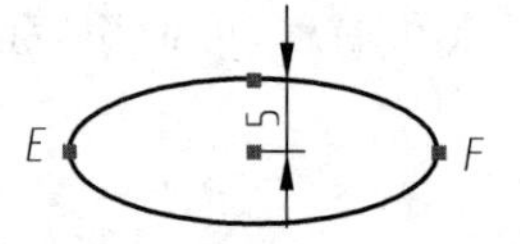

图3-27 使用“轴，端点”命令绘制椭圆

绘制经过坐标(35,30)和坐标(60,60)，旋转角度为45°的椭圆，如图3-28所示。命令行提示如下：

命令：ELLIPSE,↓
指定椭圆的轴端点或[圆弧(A)/中心点(C)]：35,30↓
指定轴的另一个端点：60,60↓
指定另一条半轴长度或[旋转(R)]：R↓
指定绕长轴旋转的角度：45↓

3）椭圆弧

绘制经过坐标(30,20)和坐标(60,60)，旋转角度为60°，起始角度为30°，终止角度为270°的椭圆弧，如图3-29所示。命令行提示如下：

命令：ELLIPSE,↓
指定椭圆的轴端点或[圆弧(A)/中心点(C)]：A
指定椭圆弧的轴端点或[中心点(C)]：30,20↓
指定轴的另一个端点：60,60↓
指定另一条半轴长度或[旋转(R)]：R↓
指定绕长轴旋转的角度：60↓
指定起点角度或[参数(P)]：30↓
指定端点角度或[参数(P)/包含角度(I)]：270↓

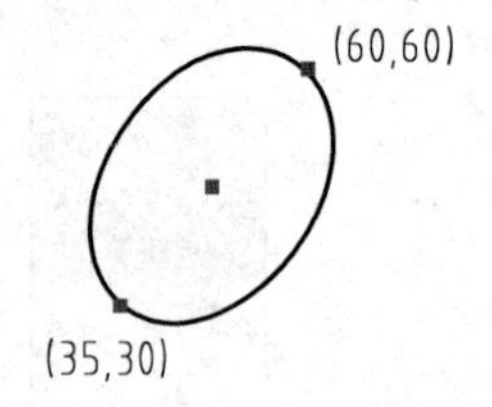

图3-28 旋转方式画椭圆

图3-29 按起始角和终止角绘制的椭圆弧

3.8 绘制圆环

1. 功能

绘制空心的圆环。

2. 方法

输入命令：DONUT。

3. 操作实例

绘制内径为 30，外径为 40 的圆环，如图 3-30(a)所示。操作过程如下：

命令：DONUT↙
指定圆环的内径 <0.5000>：30↙
指定圆环的外径 <1.0000>：40↙
指定圆环的中心点或 <退出>：//屏幕上任取一点//
…//可作 N 个相同的圆环或圆//

当内径为 0 时，可绘制出实心圆，如图 3-30(b)所示。当内径和外径相等时，可作出圆。

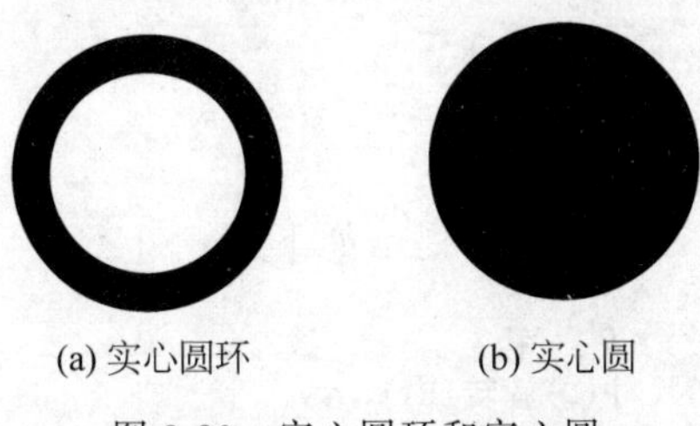

(a) 实心圆环　　(b) 实心圆

图 3-30　实心圆环和实心圆

3.9　绘制矩形和正多边形

3.9.1　绘制矩形

1. 功能

根据指定的尺寸或条件绘制矩形。该命令在绘制机械图样时非常有用。学会灵活使用，可显著提高绘图速度。

2. 方法

(1) 输入命令：REC。
(2) 单击“绘图”面板上的□按钮，AutoCAD 提示如下：

指定第一个角点或 [倒角(C)/标高(E)/圆角(F)/厚度(T)/宽度(W)]：

3. 选项说明

下面每项操作都是在先执行矩形命令后执行。

(1) 指定第一个角点。用鼠标在绘图区域任取一点或输入某坐标值后，AutoCAD 提示如下：

指定另一个角点或 [面积(A)尺寸(D)旋转(R)]：

(2) 指定另一角点。直接输入第二个角点,完成矩形绘制,如图 3-31 所示。

(3) 面积。例如,输入 A,AutoCAD 提示如下:

```
输入以当前单位计算的矩形面积<100.0000>: 100
计算矩形标注时依据 [长度(L)宽度(W)] <长度>: L,↓
输入矩形长度<0.0000>: 20↓
```

结果如图 3-32 所示。

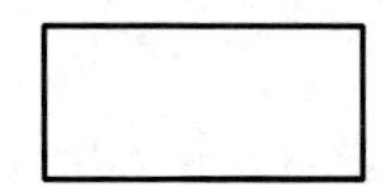

图 3-31 任意两(对角)点绘制矩形

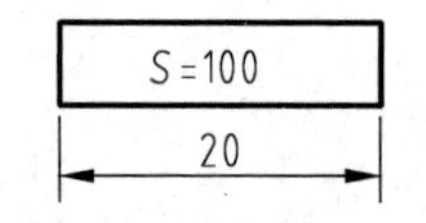

图 3-32 根据面积绘制矩形

(4) 尺寸。例如,输入 D,AutoCAD 提示如下:

```
输入矩形长度: 20↓
输入矩形宽度: 5↓
```

结果如图 3-33 所示。

(5) 旋转。例如,输入 R,AutoCAD 提示如下:

```
指定旋转角度或 [拾取点(P)] <0>: 45↓
指定另一个角点或 [面积(A)尺寸(D)旋转(R)]: A↓
输入以当前单位计算的矩形面积<100.0000>: 100↓
计算矩形标注时依据 [长度(L)宽度(W)] <长度>: L↓
输入矩形长度<0.0000>: 20↓
```

结果如图 3-34 所示。

(6) 倒角。例如,输入 C,AutoCAD 提示如下:

```
指定第一个倒角距离<0.0000>: 2↓
指定第一个倒角距离<2.0000>: 2↓
指定第一个角点或 [倒角(C)标高(E)圆角(F)厚度(T)宽度(W)]:
```

其余三个倒角的绘制方式同第一个倒角,如图 3-35 所示。

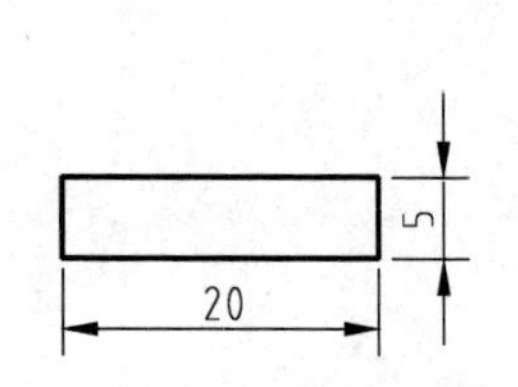

图 3-33 根据尺寸绘制矩形

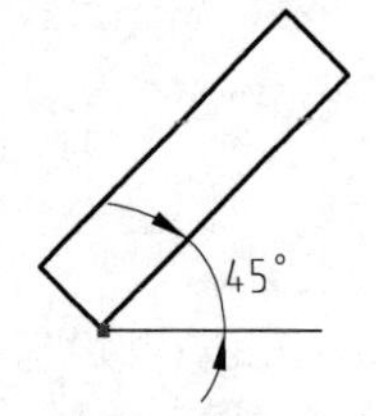

图 3-34 根据旋转角度绘制矩形

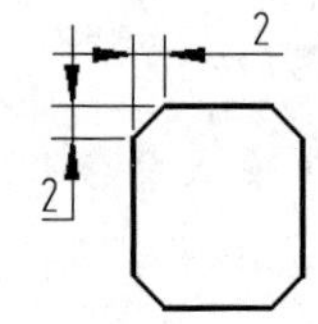

图 3-35 倒角距离 2 的任意矩形

其余矩形画法请读者自行尝试,在此不一一列举。

3.9.2 绘制正多边形

1. 功能

根据给定的条件绘制正多边形。

2. 方法

(1) 输入命令：POLYGON。

(2) 单击“绘图”面板上的按钮，AutoCAD 提示如下：

```
输入侧面数<5>: 6,↓
指定正多边形的中心点或[边(E)]:
```

3. 选项说明

(1) 指定正多边形的中心点：光标在屏幕上拾取正多边形的中心点。

```
输入选项 [内接于圆(I)外切于圆(C)] <I>: ↓        //外切于圆方法类似//
指定圆的半径: 10,↓
```

结果如图 3-36 所示。

【注意】 第一行命令中，如果没有参照圆，可直接按 Enter 键，有的话就选择相内切圆（外切圆方法类似）。

(2) 边。例如，输入 E，AutoCAD 提示如下：

```
指定边的第一个端点: 屏幕上任取一点
指定边的第二个端点: 10↓
```

结果如图 3-37 所示。

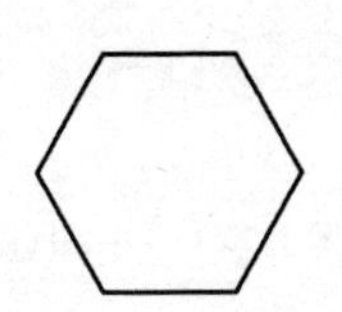

图 3-36　内接圆半径为 10 的正六边形

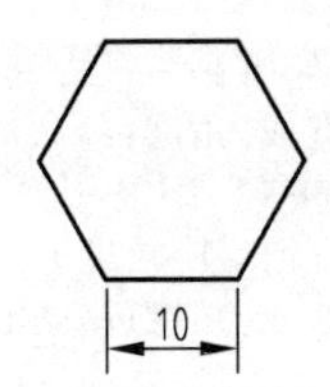

图 3-37　边长为 10 的正六边形

小贴士：正多边形图标由矩形图标右侧的小三角进行切换。

3.10　绘制多段线与编辑多段线

3.10.1　绘制多段线

1. 功能

绘制出由直线段和圆弧段连续组成的一个图形实体，又称为多义线。

2. 方法

(1) 输入命令：PLINE。

(2) 选择菜单栏“绘图”→“多段线(P)”命令。

(3) 单击“绘图”面板上的“多段线”按钮，AutoCAD 提示如下：

指定起点：
指定下一点或[圆弧(A)半宽(H)长度(L)放弃(U)宽度(W)]：
指定下一点或[圆弧(A)闭合(C)半宽(H)长度(L)放弃(U)宽度(W)]：↓

【注意】 也可以继续确定端点位置、执行“放弃(U)”选项、执行“闭合(C)”选项。

3. 说明

与直线段组成的图形不同，多段线组成的图形是一个连续实体，可用作整体编辑，并且可以由不同的线宽组成。

4. 操作实例

绘制如图 3-38 所示图形，操作过程如下：

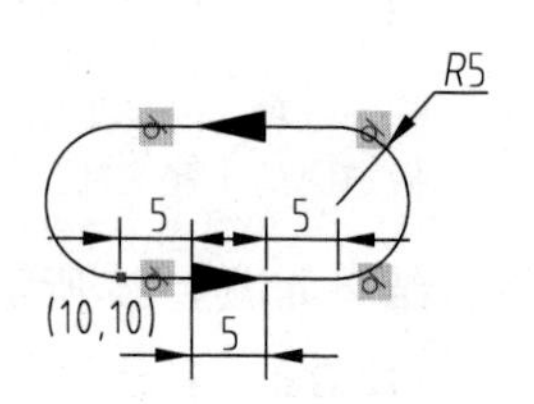

图 3-38　多段线图例

指定起点：10,10↓
指定下一点或[圆弧(A)半宽(H)长度(L)放弃(U)宽度(W)]：5↓(水平)
指定下一点或[圆弧(A)闭合(C)半宽(H)长度(L)放弃(U)宽度(W)]：W↓
指定起点宽度<0.0000>：2↓
指定端点宽度<2.0000>：0↓
指定下一点或[圆弧(A)闭合(C)半宽(H)长度(L)放弃(U)宽度(W)]：5↓(水平)
指定下一点或[圆弧(A)闭合(C)半宽(H)长度(L)放弃(U)宽度(W)]：5↓(水平)
指定下一点或[圆弧(A)闭合(C)半宽(H)长度(L)放弃(U)宽度(W)]：A↓
指定圆弧的端点或[角度(A)圆心(CE)闭合(CL)方向(D)半宽(H)直线(L)半径(R)第二个点(S)放弃(U)宽度(W)]：R↓
指定圆弧的半径：5↓
指定圆弧的端点或[角度(A)]：A↓
指定包含角：180↓
指定圆弧的弦方向<0>：90↓
指定圆弧的端点或[角度(A)圆心(CE)闭合(CL)方向(D)半宽(H)直线(L)半径(R)第二个点(S)放弃(U)宽度(W)]：L↓
指定下一点或[圆弧(A)闭合(C)半宽(H)长度(L)放弃(U)宽度(W)]：5↓(水平)
指定下一点或[圆弧(A)闭合(C)半宽(H)长度(L)放弃(U)宽度(W)]：W↓
指定起点宽度<0.0000>：2↓
指定端点宽度<2.0000>：0↓
指定下一点或[圆弧(A)闭合(C)半宽(H)长度(L)放弃(U)宽度(W)]：5↓(水平)
指定下一点或[圆弧(A)闭合(C)半宽(H)长度(L)放弃(U)宽度(W)]：5↓(水平)
指定下一点或[圆弧(A)闭合(C)半宽(H)长度(L)放弃(U)宽度(W)]：A↓
指定圆弧的端点或[角度(A)圆心(CE)闭合(CL)方向(D)半宽(H)直线(L)半径(R)第二个点(S)放弃(U)宽度(W)]：CL↓

3.10.2 编辑多段线

1. 功能

将由直线段和圆弧段组成的图形变成一个连续实体。

2. 方法

(1) 输入命令：PEDIT。

(2) 选择菜单栏“修改”→“对象”→“多段线”命令。

3. 操作实例

如图 3-39(a)所示，图形是由不同的直线和圆弧组成的线段，现将其编辑成多段线，操作过程如下：

命令: PEDIT,↓
选择多段线或 [多条(M)]: (拾取图形上任意一条直线或圆弧)
是否将其转换为多段线? <Y>↓
输入选项 [闭合(C)合并(J)宽度(W)编辑顶点(E)拟合(F)样条曲线(S)非曲线化(D)线型生成(L)反转(R)放弃(U)]: J
选择对象: (选择其余的直线或弧线)
…
选择对象: 找到 1 个,总计 19 个
多段线已增加 19 条线段
输入选项 [闭合(C)合并(J)宽度(W)编辑顶点(E)拟合(F)样条曲线(S)非曲线化(D)线型生成(L)反转(R)放弃(U)]: J↓
输入选项 [闭合(C)合并(J)宽度(W)编辑顶点(E)拟合(F)样条曲线(S)非曲线化(D)线型生成(L)/反转(R)/放弃(U)]: Esc 键取消

编辑后如图 3-39(b)所示。

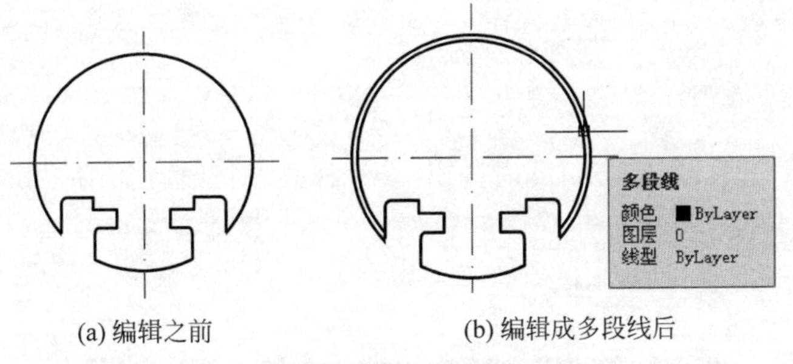

(a) 编辑之前　　(b) 编辑成多段线后

图 3-39　编辑多段线图例

3.11　绘制多线、设置多线与编辑多线

3.11.1　绘制多线

1. 功能

MLINE 命令用于绘制多线。多线是由多条平行直线组成的对象，最多可包含 16 条平行线，线间的距离、线的数量、线条颜色、线型等都可以调整。该命令常用于绘制墙体、公路、管道等。

2. 方法

(1) 键盘输入命令：MLINE。
(2) 选择菜单栏“绘图”→“多线”命令。命令行提示如下：

指定起点或 [对正(J)/比例(S)/样式(ST)]:

3. 选项说明

(1) 对正(J):设定多线对正方式,即多线中哪条线段的端点与鼠标指针重合并随鼠标指针移动。该选项有以下 3 个子选项。

① 上(T):若从左往右绘制多线,则对正点将在最顶端线段的端点处。

② 无(Z):对正点位于多线中偏移量为 0 的位置处。多线中线条的偏移量可在多线样式中设定。

③ 下(B):若从左往右绘制多线,则对正点将在最底端线段的端点处。

(2) 比例(S):指定多线宽度相对于定义宽度(在多线样式中定义)的比例因子,该比例不影响线型比例。

小贴士:两相邻线间的偏移距离之差乘以比例就是两多线间的实体距离。

(3) 样式(ST):该选项使用户可以选择多线样式,默认样式是 STANDARD。

3.11.2 设置多线

1. 功能

设置多线的样式。

2. 方法

(1) 输入命令:MLSTYLE。此时弹出"多线样式"对话框,如图 3-40 所示。

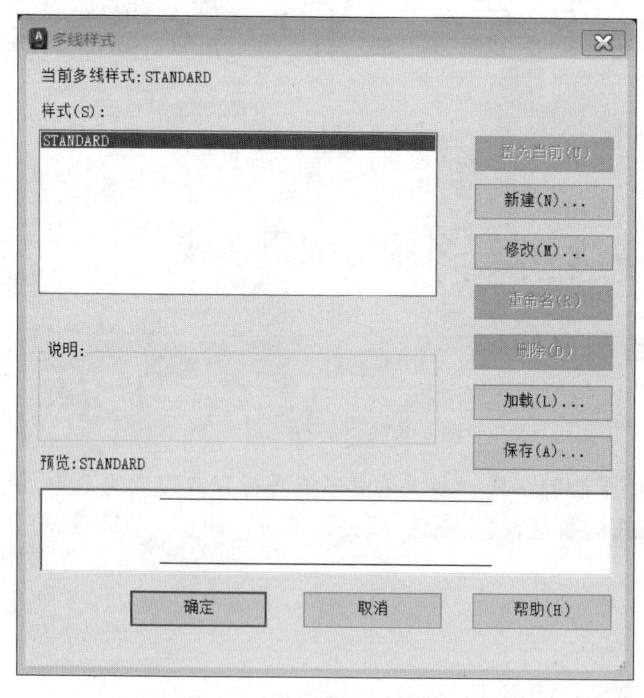

图 3-40 "多线样式"对话框

(2) 选择菜单栏"格式"→"多线样式(M)"命令。

3. 新建样式

单击"新建"按钮,可以创建新的多线样式,如图 3-41 所示。新样式名可根据需要命名。单击"继续"按钮,弹出如图 3-42 所示的对话框。

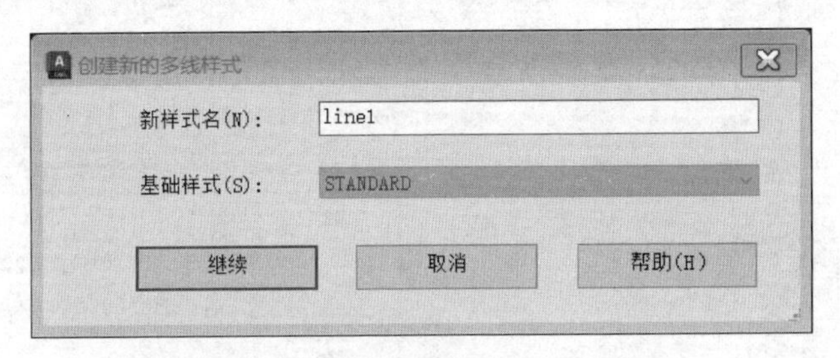

图 3-41　"创建新的多线样式"对话框

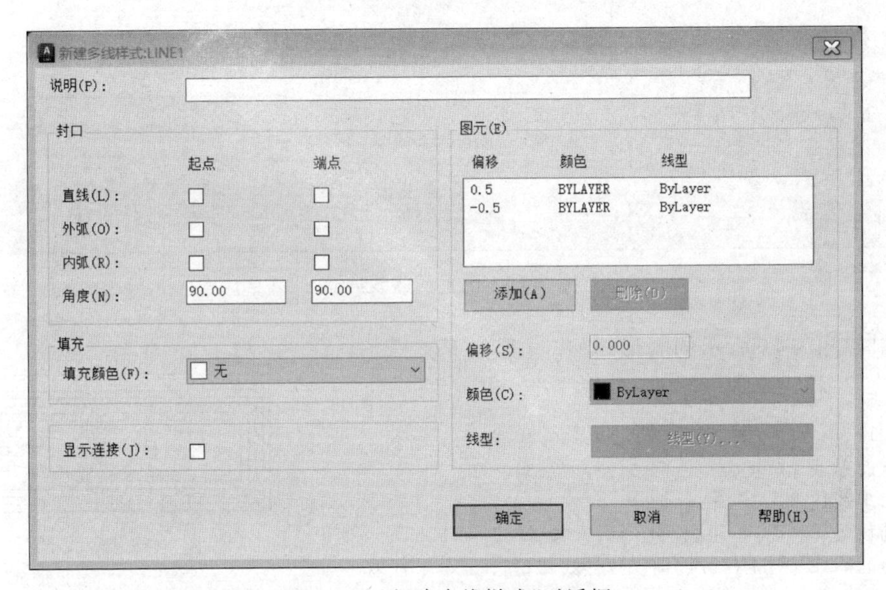

图 3-42　"新建多线样式"对话框

4. "新建多线样式"对话框说明

(1) "说明"文本框中用以输入多线样式的说明信息。

(2) "封口"主要有以下几种样式。

① 直线:整个多线的端点处直线连接。

② 外弧:连接最外层元素的端点。

③ 内弧:连接成对元素,如果有奇数个元素,则中心线不相连,如图 3-43 所示。

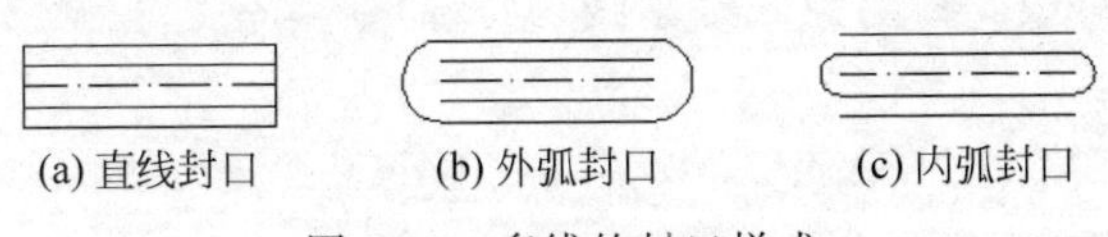

图 3-43　多线的封口样式

5. 操作实例

按图 3-44 所示设置多线样式，其中“图元”窗口添加了 2 条线，与 0 线分别偏移 0.25 距离。0 线线型设置为 ACAD_ISO04W100，“封口”形式“起点”和“端点”均设置为“直线”。

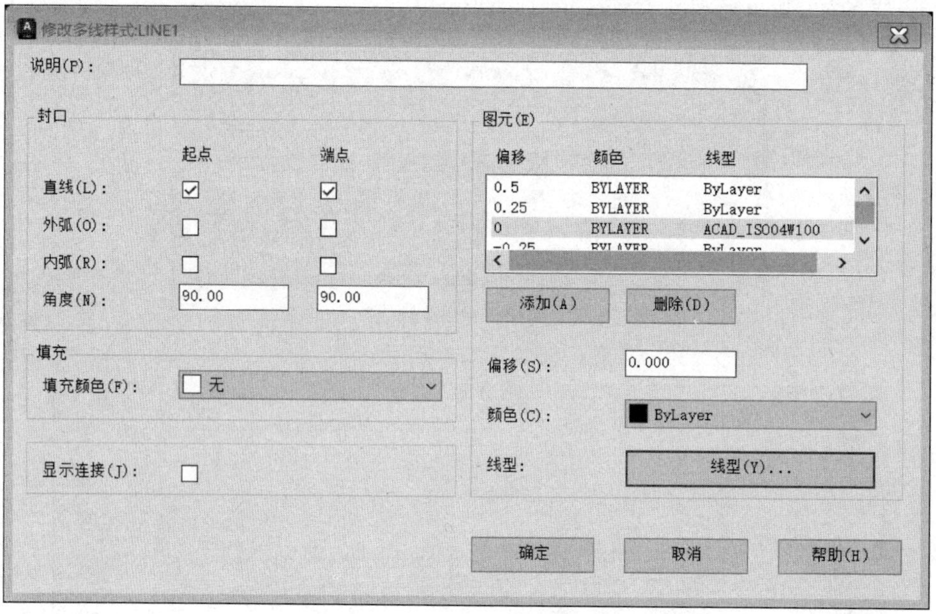

图 3-44　设置的多线样式

绘制如图 3-45 所示的图形，操作过程如下：

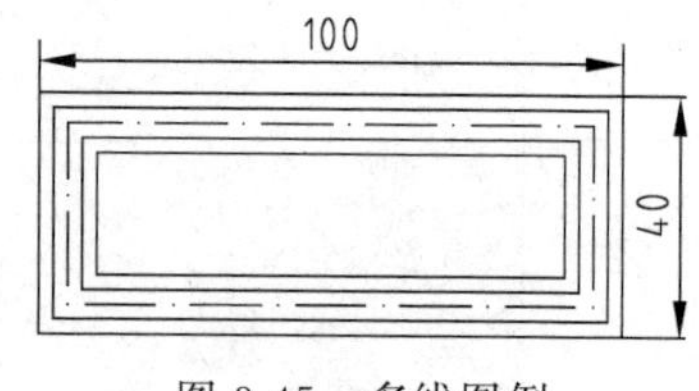

图 3-45　多线图例

命令：ML，↓
当前设置：对正 ＝ 上，比例 ＝ 20.00，样式 ＝ 1
指定起点或［对正(J)/比例(S)/样式(ST)］：SS
输入多线比例 <10.00>：10
当前设置：对正 ＝ 上，比例 ＝ 10.00，样式 ＝ 1
指定起点或［对正(J)/比例(S)/样式(ST)］：屏幕上任取一点
指定下一点：100（水平）
指定下一点或［放弃(U)］：40（竖直）
指定下一点或［闭合(C)/放弃(U)］：100（水平）
指定下一点或［闭合(C)/放弃(U)］：CU

3.11.3 编辑多线

1. 格式

(1) 输入命令：MLEDIT。此时弹出“多线编辑工具”对话框，如图 3-46 所示。
(2) 选择菜单栏“修改”→“对象”→“多线(M)”命令。

2. 操作实例

如图 3-47(a)所示左上角没有合并，现通过“角点结合”工具编辑成图 3-47(b)所示样式，再把图 3-47(b)所示的图形通过“十字合并”工具编辑成图 3-47(c)。

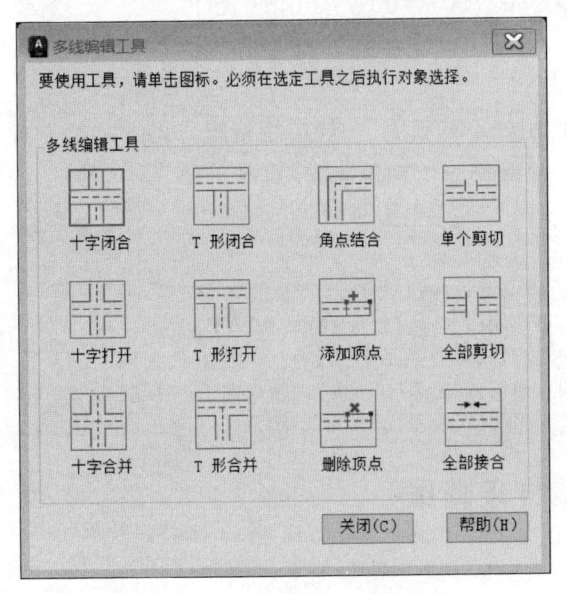

图 3-46 “多线编辑工具”对话框

图 3-47 多线编辑具体应用

3.12 绘制样条曲线与编辑样条曲线

3.12.1 绘制样条曲线

1. 功能

绘制一条平滑相连的样条曲线。

2. 方法

(1) 输入命令：_SPLINE。

(2) 单击“绘图”面板上的 按钮，AutoCAD 提示如下：

```
命令: _SPLINE, ↓
当前设置: 方式 = 拟合 节点 = 弦
指定第一个点或 [方式(M)节点(K)对象(O)]:
输入下一个点或 [起点切向(T)公差(L)]:
输入下一个点或 [端点相切(T)公差(L)放弃(U)]:
```

输入下一个点或 [端点相切(T)公差(L)放弃(U)闭合(C)]:
输入下一个点或 [端点相切(T)公差(L)放弃(U)闭合(C)]:

3. 操作实例

上述的各选择项的用处不是很大,一般应用指定点的方式绘制样条曲线最为常用。通过 P_1、P_2、P_3、P_4、P_5 点绘制一条样条曲线,如图 3-48 所示。操作过程如下:

命令: _SPLINE, ↓
当前设置: 方式 = 拟合 节点 = 弦
指定第一个点或 [方式(M)节点(K)对象(O)]: (拾取 P_1 点) ↓
输入下一个点或 [起点切向(T)公差(L)]: (拾取 P_2 点) ↓
输入下一个点或 [端点相切(T)公差(L)放弃(U)]: (拾取 P_3 点) ↓
输入下一个点或 [端点相切(T)公差(L)放弃(U)闭合(C)]: (拾取 P_4 点) ↓
输入下一个点或 [端点相切(T)公差(L)放弃(U)闭合(C)]: (拾取 P_5 点) ↓

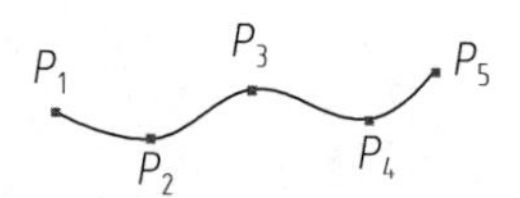

图 3-48 样条曲线图例

3.12.2 编辑样条曲线

1. 功能

对已经绘制好的样条曲线进行编辑。

2. 方法

(1) 输入命令: SPLINEDIT。
(2) 通过相条曲线上的蓝色夹点进行编辑。
【注意】 通过夹点编辑非常快捷方便。

3. 操作实例

图 3-49 的上半部分为原图,下半部分为通过蓝色夹点进行编辑后的图。通过拖动夹点,可使样条曲线任意变化,直至符合需要为止。

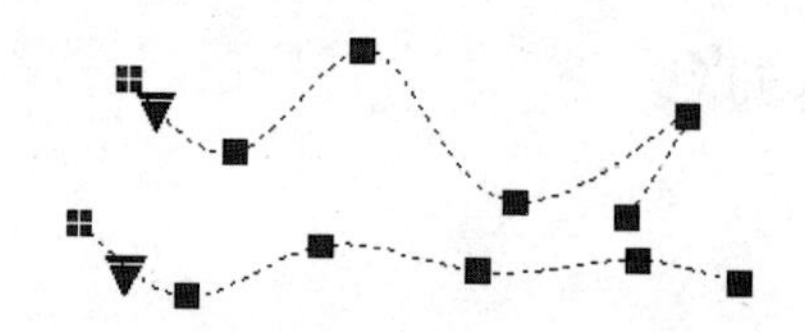
图 3-49 利用夹点编辑样条曲线图例

3.13 绘制面域

3.13.1 创建面域

1. 功能

面域是使用形成闭合环的对象创建的二维闭合区域,它可以是直线、多段线、圆弧和样条曲线的组合。组成环的对象必须闭合或通过与其他对象首尾相接而形成闭合的区域。

2. 方法

(1) 输入命令：REGION。

(2) 单击“绘图”面板上的按钮。

(3) 输入命令 BOUNDARY 并按 Enter 键，创建边界，再创建面域。

3. 操作实例

(1) 如图 3-50 所示为一直线段构成的任意三角形，现在此基础上创建一面域，操作过程如下：

```
命令: REGION,↓
选择对象: 找到 1 个(选定三角形第一条边)
选择对象: 找到 1 个,总计 2 个(选定三角形第二条边)
选择对象: 找到 1 个,总计 3 个(选定三角形第三条边)
选择对象:
已提取 1 个环
已创建 1 个面域
已删除 3 个约束
```

(2) 如图 3-51 所示“井”字形图案，需在中间 A 字区域创建面域。

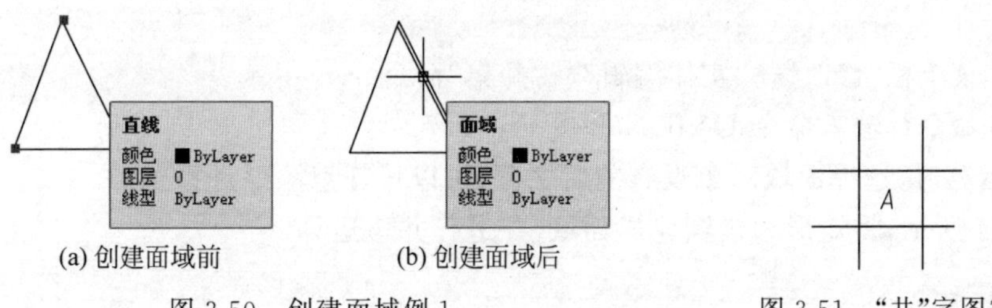

(a) 创建面域前　(b) 创建面域后

图 3-50　创建面域例 1　　图 3-51　“井”字图案

先创建边界，再创建面域。输入命令：Boundary，弹出“边界创建”对话框，如图 3-52 所示。

图 3-52　“边界创建”界面

单击“拾取点”按钮，命令行提示如下：

拾取内部点：(选取 A 区域)正在选择所有对象……
正在选择所有可见对象……
正在分析所选数据……
正在分析内部孤岛……

拾取内部点：Boundary 已创建 1 个多段线(即创建好边界)，在创建好边界的基础进一步创建面域，方法同上。创建好的面域如图 3-53 所示。

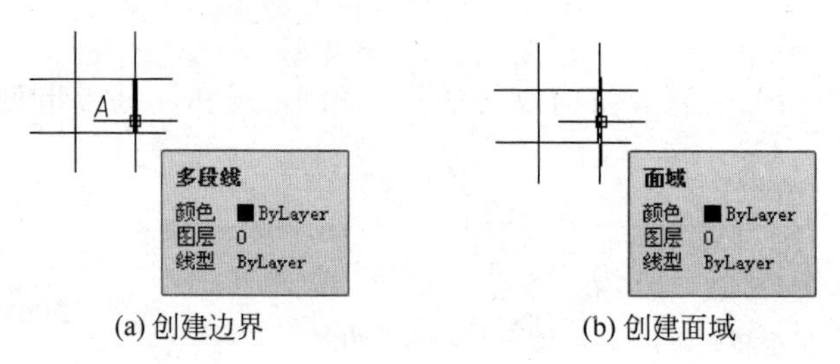

(a) 创建边界　(b) 创建面域

图 3-53　创建面域例 2

3.13.2 面域操作

1. 并集运算

并集运算就是将两个或多个面域进行合并成为一个面域。可以通过下列命令激活并集运算命令。

(1) 选择菜单栏“修改”→“实体编辑”→“并集”命令。

(2) 通过命令行输入命令 UNION 并按 Enter 键。

作并集运算时，选择面域对象没有前后之分，可以按任意顺序选择。

如图 3-54 所示，将矩形和椭圆建成面域，并进行并集运算。

2. 差集运算

差集运算就是从一些面域中去掉一些面域而得到一个新面域。可以通过下列命令激活差集运算命令。

(1) 选择菜单栏“修改”→“实体编辑”→“差集”命令。

(2) 通过命令行输入命令 SUBTRACT 并按 Enter 键。

首先选取减法运算中被减数位置上的面域，按 Enter 键，再选取减法运算中减数位置上的面域，计算结果得到一个新面域。

将矩形和椭圆建立面域并求差，如图 3-55 所示。

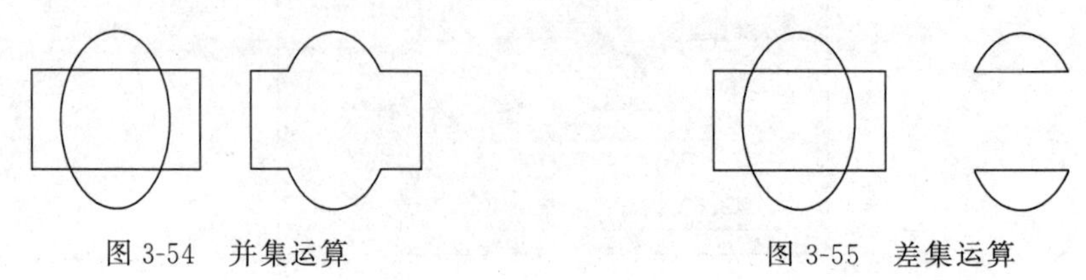

图 3-54　并集运算　　图 3-55　差集运算

3. 交集运算

交集运算就是求两个或多个面域的交集，即它们的公共部分。可以通过下列命令激活交集运算命令。

(1) 选择菜单栏“修改”→“实体编辑”→“交集”命令。

(2) 通过命令行输入命令 INTERSECT 并按 Enter 键。

将其中的矩形和椭圆建立面域并进行交集运算，如图 3-56 所示。

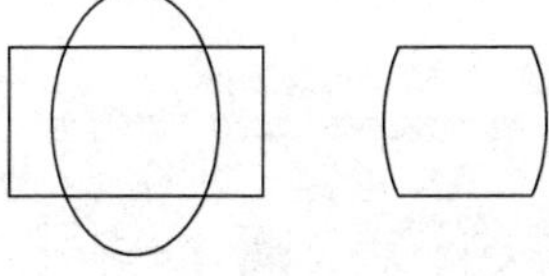

图 3-56 交集运算

3.13.3 面域查询

用户在建立面域或构造面域之后，AutoCAD 2023 会自动计算出面域的质量特性，如面积、周长、质量、惯性矩等特性。

可通过下列操作显示面域质量特性。

(1) 选择菜单栏“工具”→“查询”→“面域/质量特性”命令。

(2) 通过命令行输入命令 MASSPROP 并按 Enter 键。

对图 3-57 查询质量特性后，得到的结果如下：

```
命令: MASSPROP,↓
选择对象: 找到 1 个
选择对象:
  ---------------- 面域 ----------------
面积:                        905.8172
周长:                        197.1239
边界框:                    X: 2669.0191   --    2719.0191
                           Y: 1211.1207   --    1254.4219
质心:                      X: 2694.0191
                           Y: 1225.5544
惯性矩:                    X: 1360632814.3926
                           Y: 6574294656.9989
惯性积:                    XY: 2990706605.5813
旋转半径:                  X: 1225.6041
                           Y: 2694.0417
主力矩与质心的 X-Y 方向:
                           I: 110278.6756 沿 [1.0000 0.0000]
                           J: 110278.6756 沿 [0.0000 1.0000]
```

图 3-57 面域/质量特性查询

基本绘图命令是学习 AutoCAD 的基础，是绘制零件图案的基本几何单元，在实际使用中务必灵活运用，在练习中应当扎实刻苦，牢记各项命令，做到熟能生巧，融会贯通。

3.14 图案填充

1. 功能

对图形进行图案填充，常用来填充颜色/图案或用于机械剖视图中，表明材料类型。

2. 方法

(1) 选择菜单栏“绘图(D)”→“图案填充(H)”命令，弹出“图案填充创建”选项板，如图3-58所示。

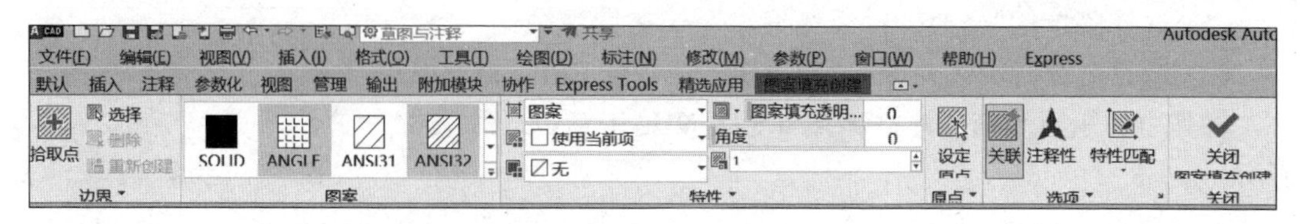

图3-58 “图案填充创建”选项板

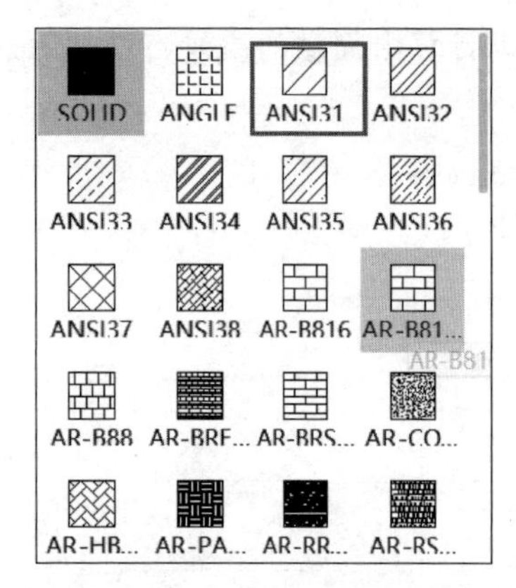

图3-59 “图案填充图案”列表框

(2) 通过键盘输入命令H，然后按Enter键或空格键确认执行。

在机械制图中，通常选用斜45°线用来标示金属材料，图3-59中框选的ANSI31，若要填充实体，则选择Solid图案。

实际应用中，通过图3-60中的添加“拾取点”按钮，可选择填充区域，在角度中可选择要填充的角度，值得注意的是，显示“0”时，实际线条是左斜45°，若要换成右斜45°，只要在角度中选择90°即可。

角度下面的“1”表示填充线条疏密程度，数值越大越稀，反之越密。

图3-60 填充设置框

3. 操作实例

填充图3-61所示的图形，在矩形框中样条曲线右侧填充左斜45°直线。具体操作如下：单击“拾取点”按钮，选择右侧区域空白处，即完成区域填充。

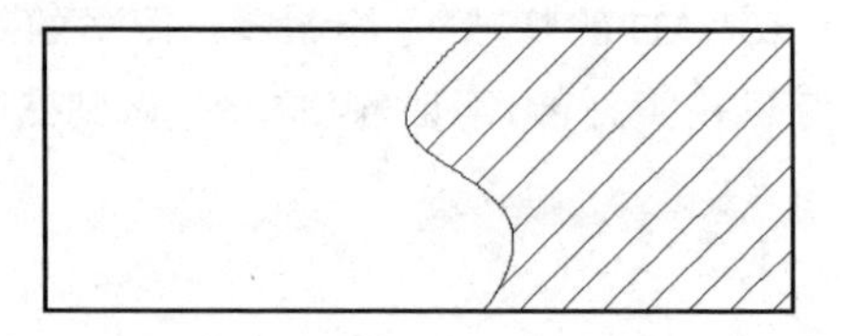

图3-61 填充左斜45°示例

【注意】 图案填充区域必须为封闭图形，否则不能填充。

3.15　常用绘图命令快捷输入

表 3-1 为常用绘图命令快捷输入，供读者灵活运用。

表 3-1　常用绘图命令快捷输入一览表

命令	全拼	快捷输入	命令	全拼	快捷输入
直线	LINE	L	圆	CIRCLE	C
多段线	PLINE	PL	圆弧	ARC	A
编辑多段线	PEDIT	PE	圆环	DONUT	DO
构造线	XLINE	XL	椭圆	ELLIPSE	EL
样条曲线	SPLINE	SPL	点	POINT	PO
编辑样条曲线	SPELINEDIT	SPE	矩形	RECTANG	REC
多线	MLINE	ML	正多边形	POLYGON	POL
面域	REGION	REG	定距等分	MEASURE	ME
中心标记	DIMCENTER	DCE	定数等分	DIVIDE	DIV
图案填充	BHATCH	H			

3.16　随堂练习

对以下给出的图样进行练习绘制。

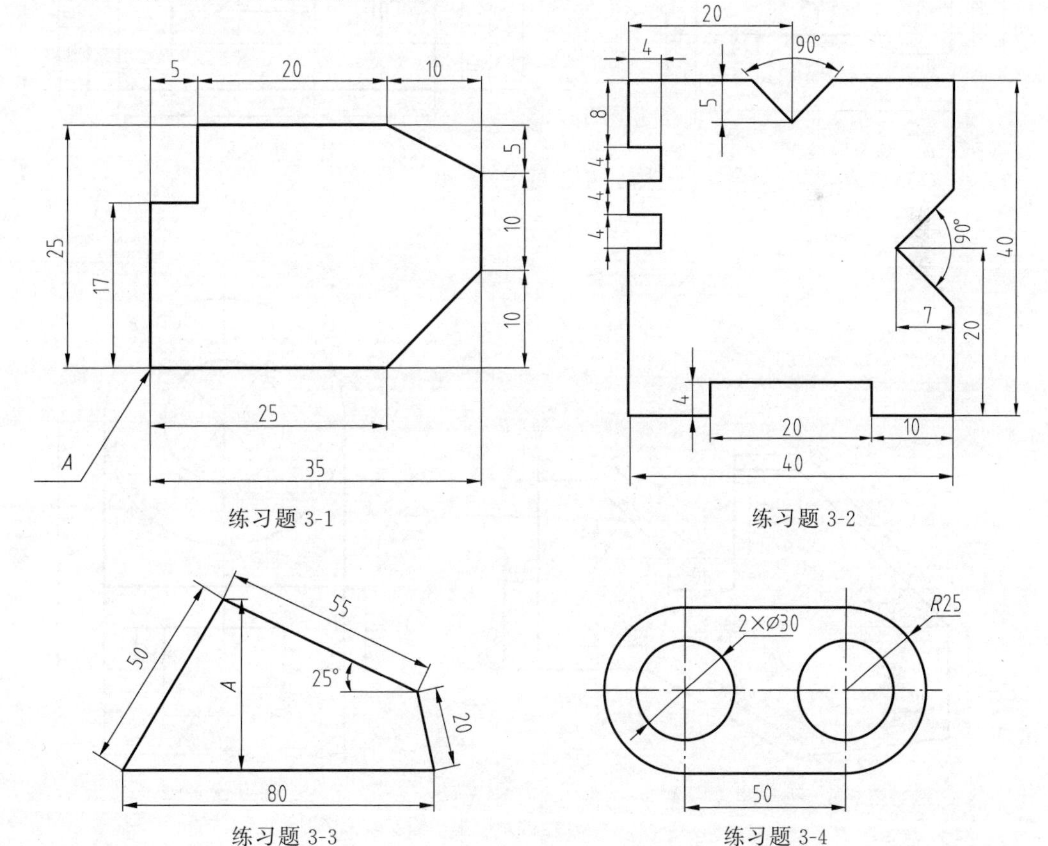

练习题 3-1

练习题 3-2

练习题 3-3

练习题 3-4

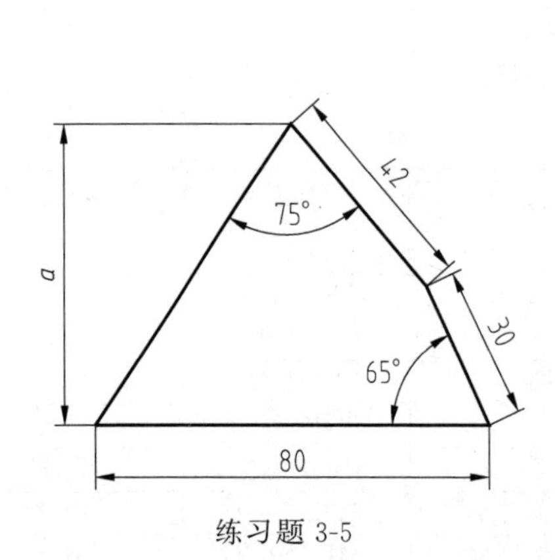

练习题 3-5

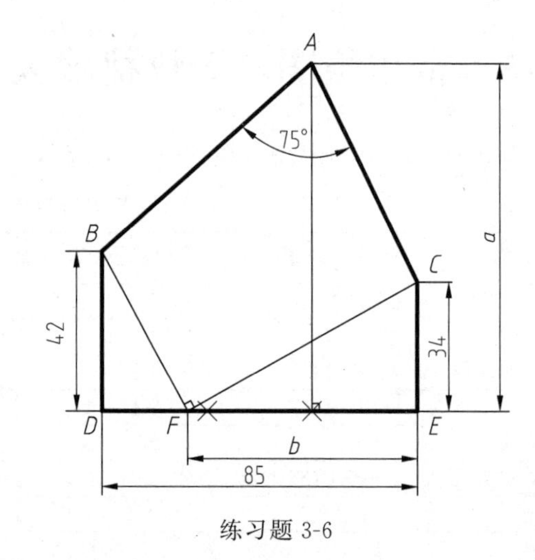

练习题 3-6

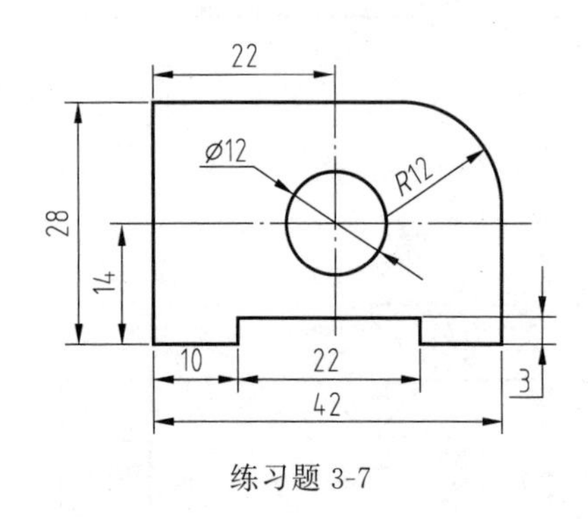

练习题 3-7

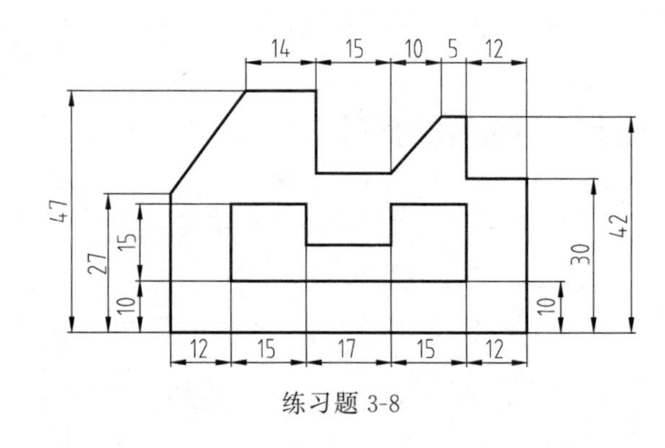

练习题 3-8

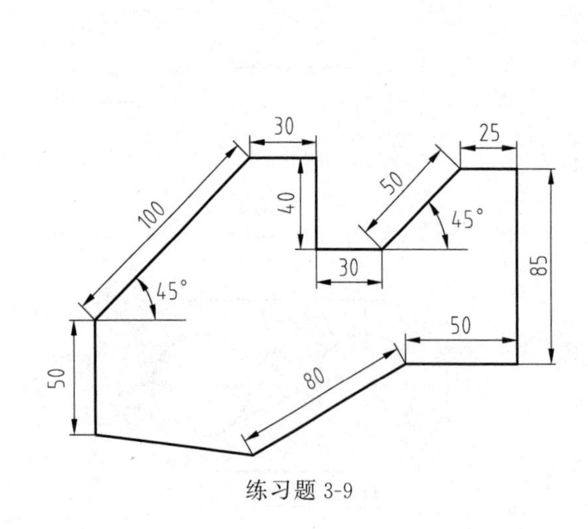

练习题 3-9

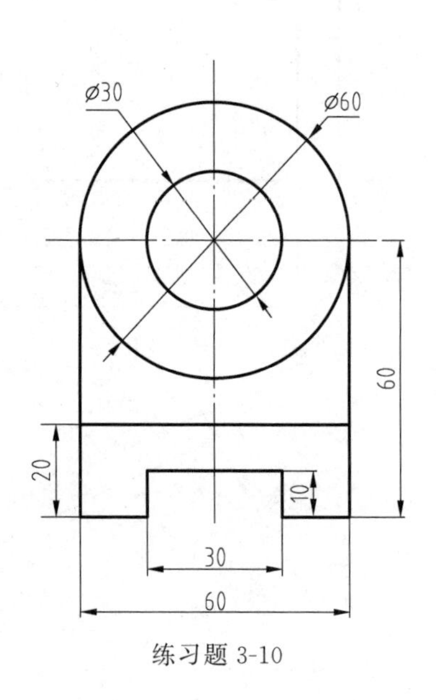

练习题 3-10

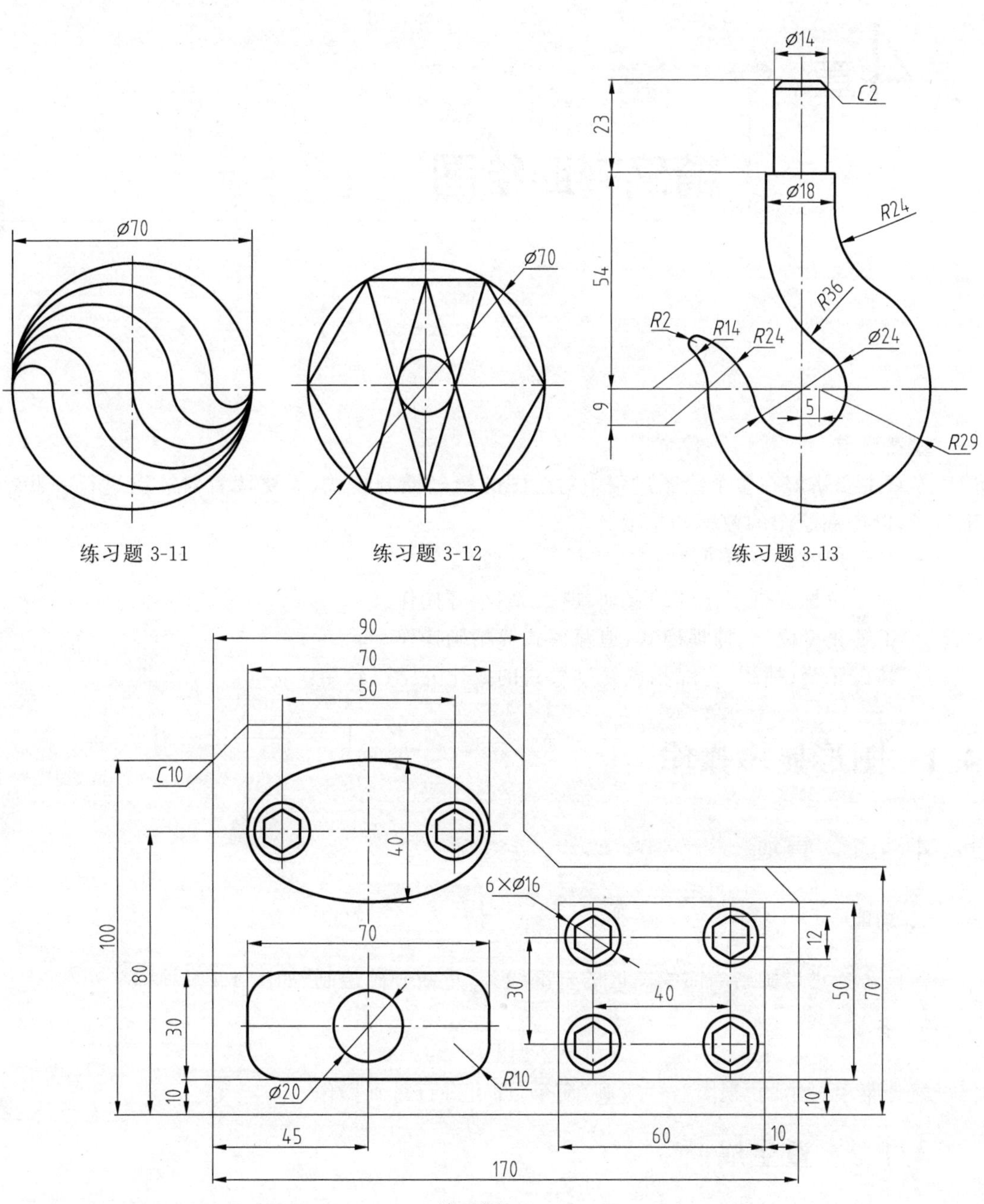

练习题 3-11

练习题 3-12

练习题 3-13

练习题 3-14

第4章 精确辅助绘图

本章要点

本章主要讲解在整个绘图过程中对绘图的精确控制模式，需要读者对绘图进行一些精确设置，以提高绘图的效率和精度。

- 对图形的显现简单操作。
- 利用鼠标进行工作区的移动、放大、缩小等操作。
- 了解正交模式、捕捉模式、追踪模式等精确操作。
- 掌握正交、捕捉、追踪精确绘制模式的操作并学以致用。

4.1 图形显示操作

4.1.1 重画

1. 功能

重画命令可以刷新当前绘图区的全部线条，重新开始绘制，如图 4-1 所示。

2. 方法

选择菜单栏中的“视图”→“重画”命令，即可进行重画操作。

4.1.2 重生成

1. 功能

在绘图过程中，有时会发现绘制出的圆弧由若干小段的直线组成，不满足绘图精度的要求。程序正常运行时系统显示圆弧，采用很小的点来组成，当显示的精度有些混乱时，就会出现圆弧分段，不符合要求，只需要对绘制出的圆弧进行一次重生成，系统将重新显示圆弧的精度，达到所需要的要求，如图 4-2 所示。

2. 方法

选择菜单栏“视图”→“重生成”命令，即可实现重生成。

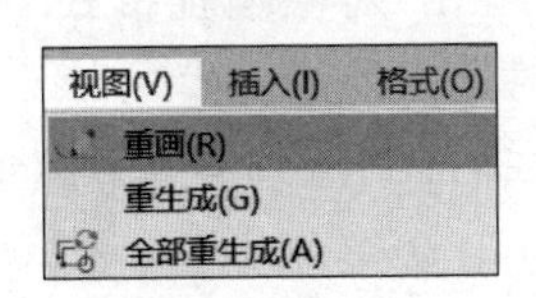

图 4-1　重画命令

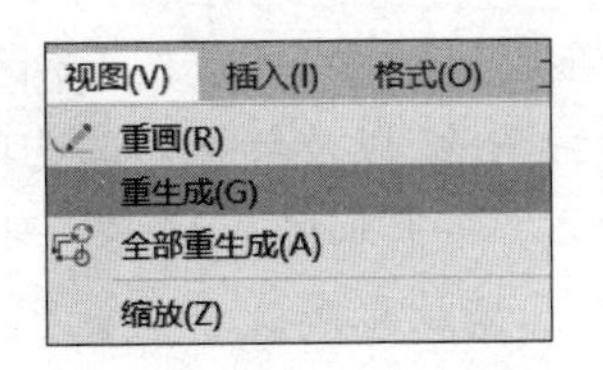

图 4-2　重生成命令

4.1.3　鼠标平移

在绘图过程中，按下鼠标滚轮，十字光标自动转化成一个小手的形状，移动鼠标可以对图纸进行移动，方便观察整个图纸以及进一步的绘制图形。

4.1.4　鼠标缩放

在绘图过程中，向上滚动鼠标滚轮，将对图纸进行放大；向下滚动鼠标滚轮，将对图纸进行缩小。

通过鼠标滚轮对图纸的放大和缩小，不影响图纸的实际尺寸。对图纸放大方便局部绘图，对图纸缩小方便对图纸整体观察。

4.2　精确辅助绘制

4.2.1　对象捕捉模式

绘图者在手动绘制图纸时，可以通过直尺、圆规等工具，可以在大脑中想象从一条线的端点连接到另一条线的端点。但是在使用程序绘图中，绘图者没有辅助工具，只能通过对象捕捉模式来确定默认起点和终点，以此来完成绘图工作。

1. 对象捕捉设置

选择菜单栏“工具”→“绘图设置”命令，如图 4-3 所示，弹出“草图设置”对话框。

在“草图设置”对话框中选择“对象捕捉”选项卡，如图 4-4 所示。

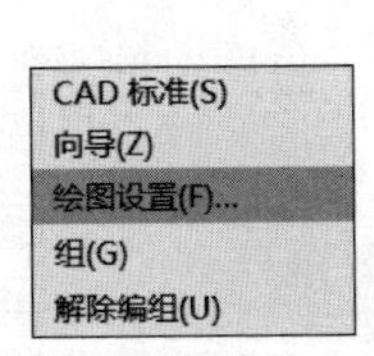

图 4-3　“绘图设置”命令

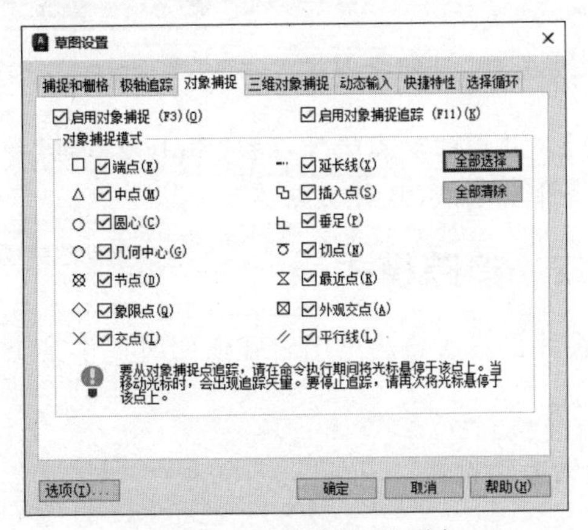

图 4-4　“对象捕捉”选项卡

在“对象捕捉”选项中，通过按 F3 键启用对象捕捉，在“对象捕捉模式”中可以设置“全部选择”和“全部清除”以及单独勾选选项的方式启用对此点的捕捉模式。

每个捕捉点前的几何图形代表了对象捕捉过程中捕捉到点的类型，不同的几何形状代表不同的捕捉点，请认真辨认。

2. 对象捕捉操作

在对象捕捉的过程中，每一个捕捉到的点会有一个颜色的形状凸显出来，但有时在一个坐标上会有多个点或者在很小的一个范围内有两个甚至两个以上的不同点，很容易捕捉错误，下列两种方法可以有效地捕捉。

1）圆心捕捉操作

要捕捉圆心这个点的时候，有时候圆心标记是显示出来的，但是有时候圆心标记是没有显示出来的，所以在捕捉圆心标记前，先移动十字光标在所要捕捉的圆的弧线上，移动过一次，便可以显现出圆心标记，如图 4-5 所示。

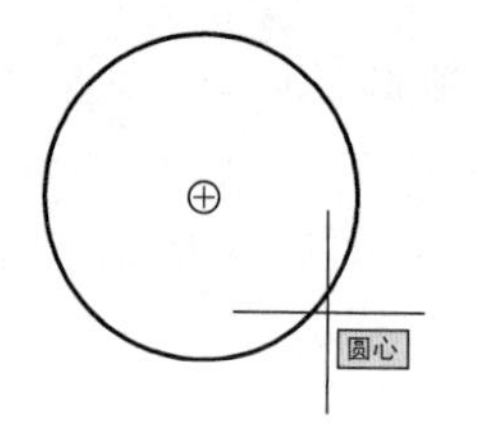

图 4-5　圆心捕捉模式操作

2）切点捕捉操作

切点捕捉追踪的使用频率不是很高，在有些时候可紧急使用，但是一直打开切点的捕捉很容易在绘制其他图形的时候误捕捉到切点。所以当需要次数不对的切点捕捉时，可以控制十字光标移动到需要捕捉的切点附近，按“Shift＋右键”组合键，打开快捷菜单，选择捕捉切点，即可实行一次切点的捕捉，如图 4-6 和图 4-7 所示。

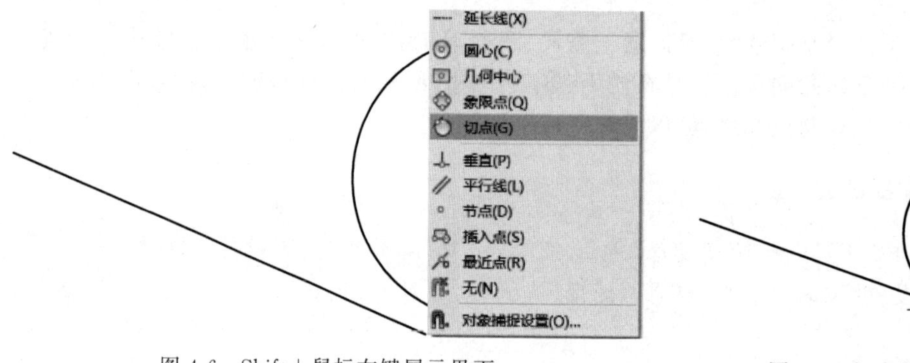

图 4-6　Shift＋鼠标右键展示界面

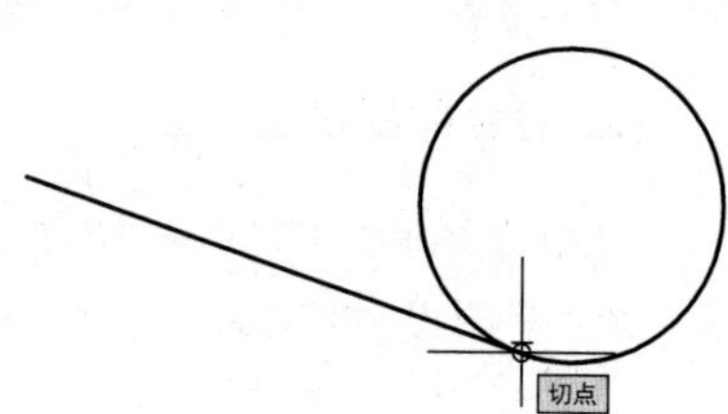

图 4-7　切点捕捉操作

【注意】　作圆的切点除可以按“Shift＋右键”组合键选择“切点”命令，还可以在对象捕捉设置中清除其余点，只留切点。

4.2.2　追踪模式

追踪模式的设置将为绘图者在绘图时提供某个方向或者某个角度上的延伸线作为参考使用。

1. 极轴追踪设置

选择菜单栏“工具”→“绘图设置”命令，弹出“草图设置”对话框。

在"草图设置"对话框中选择"极轴追踪"选项，如图4-8所示。

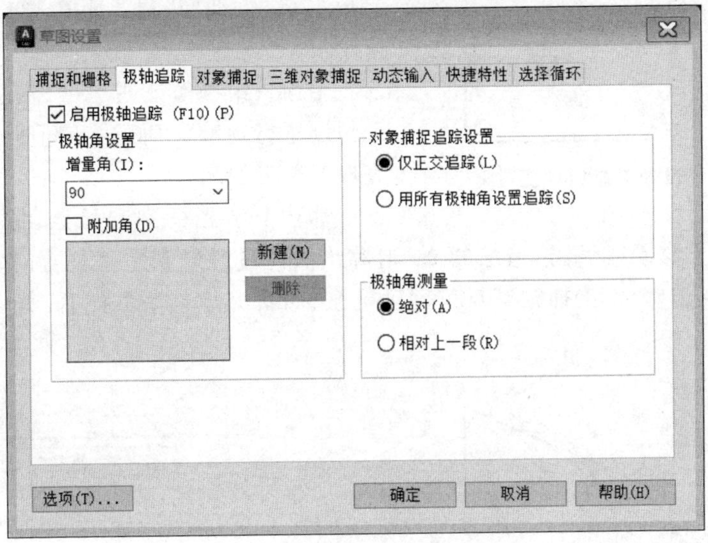

图4-8　"极轴追踪"选项卡

在"极轴追踪"选项卡中，通过F10键启用极轴追踪。在极轴角设置中，设置增量角为"15"，那么在绘图过程中，系统将提供15°整数倍角度的延伸线作为参考。增量角设置不同，追踪的角度就不同。

2. 极轴追踪操作

1）默认90°增量角极轴追踪

在状态栏中单击"极轴追踪"选项卡，默认设置是90°的追踪，同时包含了90°的倍数180，270等，如图4-9所示。

选择"直线"命令，选取第一个点，然后向右移动十字光标，即可显现出十字光标的参数提示框，即"极轴：距离<0°"，如图4-10所示。

向右移动十字光标，即可显现出十字光标的参数提示框，即"极轴：距离<90°"，如图4-11所示。

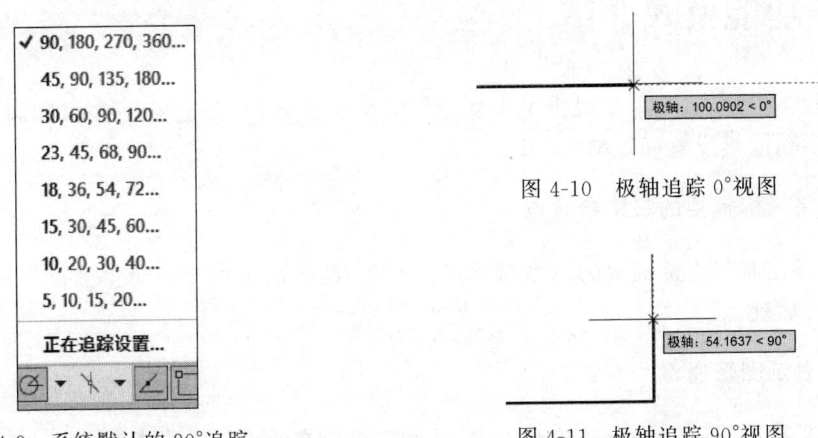

图4-9　系统默认的90°追踪

图4-10　极轴追踪0°视图

图4-11　极轴追踪90°视图

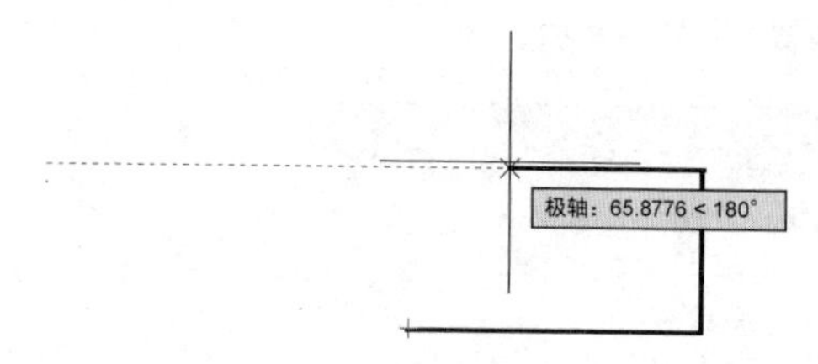

图 4-12　极轴追踪 180°视图

向右移动十字光标，即可显现出十字光标的参数提示框，即“极轴：距离<180°”，如图 4-12 所示。

上面三组操作证明了可以在 0°、90°、180°三个角度进行追踪，下面演示同时追踪两个角度，完成对矩形的闭合。

移动十字光标到起始点，捕捉到起始的端点，缓缓地向上方移动，把极轴追踪的 90°追踪出去。慢慢地到水平位置时，系统会再次捕捉到前面的 180°追踪，单击捕捉交点位置确定坐标，再完成最后的闭合，如图 4-13、图 4-14 所示。

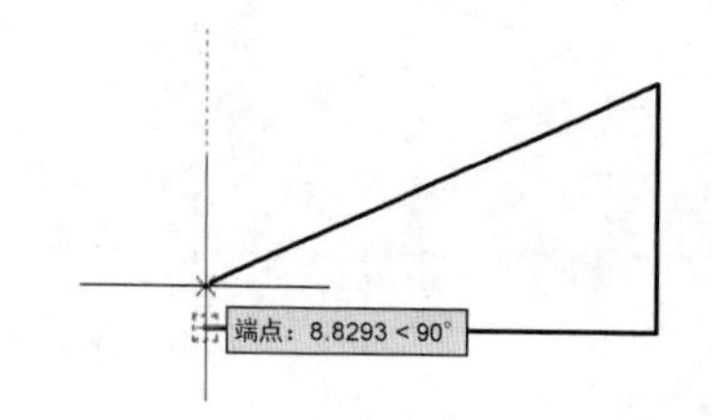

图 4-13　极轴追踪捕捉端点视图

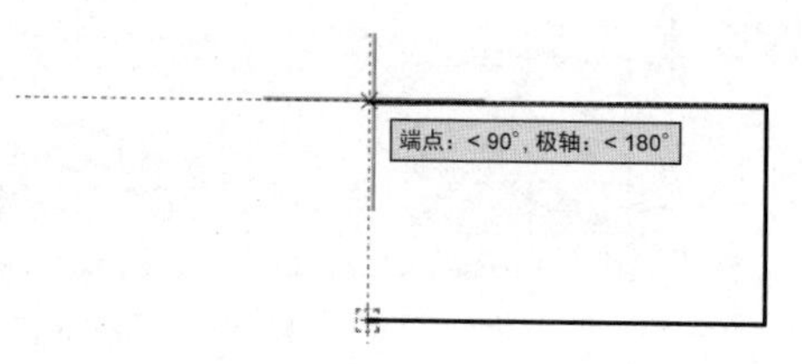

图 4-14　同时追踪两个角度视图

2）15°增量角极轴追踪

15°增量角就是当直线的角度与 X 轴正方向呈现出 15°左右的时候，系统会自动捕捉到 15°角，方便用户绘制，如图 4-15 所示。

15°的增量角还包括有 15°的倍数，都可以被系统捕捉到，如图 4-16 所示。

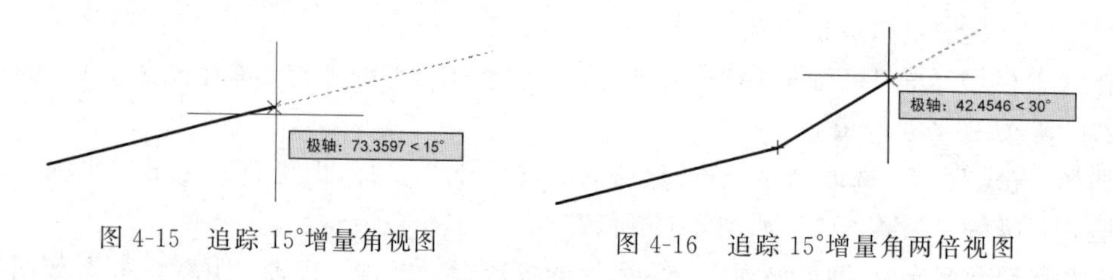

图 4-15　追踪 15°增量角视图

图 4-16　追踪 15°增量角两倍视图

4.3　功能模式介绍

在状态控制区中，系统提供了十字光标的坐标参数，此外还有一些很实用的系统控制，系统提供功能键设置和控制。

1. 将光标捕捉的二维参照点

F3 键控制将光标捕捉的二维参照点的开关，此控制中可以在对象捕捉的过程中对设定的点进行捕捉。

2. 显示图形栅格

F7 键控制显示图形栅格的开关，显示栅格可以在绘图时提供参考。

3. 栅格捕捉模式

F9 键控制栅格捕捉模式的开关，启动栅格捕捉后，可以通过十字光标捕捉到栅格的交点，参考栅格绘图。

4. 正交限制光标

F8 键控制正交限制光标的开关，启动正交模式后，在绘图过程中，系统将只提供竖直和水平的绘制方式，把绘制的线条限制在竖直方向和水平方向。

5. 按指定角度限制光标

F10 键控制按指定角度限制光标的开关，启动极坐标追踪后，可以设置在某个设定的角度进行捕捉，在绘图过程中将提供设定角度的提示。

6. 显示捕捉参照线

F11 键控制显示捕捉参照线的开关，显示捕捉参照线时，当系统帮用户捕捉到需要的点之后，可以显示捕捉过程中的轨迹。

7. 动态输入

F12 键控制动态输入的开关，启用动态输入时，可以在绘图的过程中输入数据参数，来控制绘制的图形。

8. 显示/隐藏线宽

在此设置中，可以对绘图过程中的线宽进行显示，以区分线型或者隐藏以不影响绘图。

4.4 随堂练习

通过使用上文提到的精确控制功能，绘制出下面的图形，利用好状态控制和参数控制。

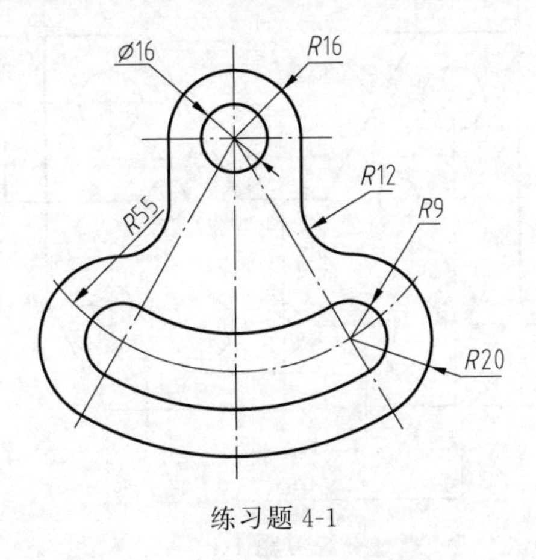

练习题 4-1

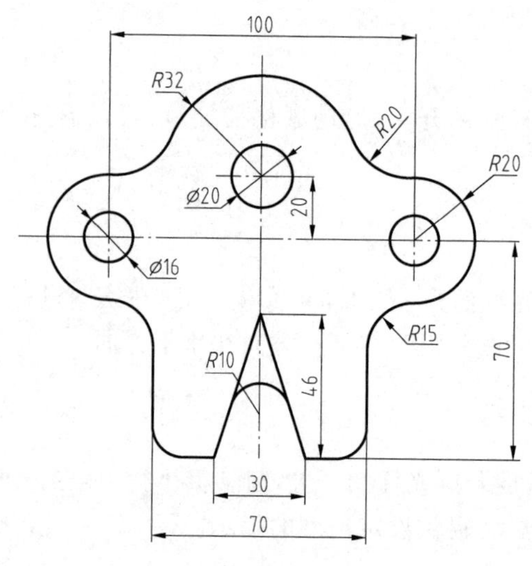

练习题 4-2

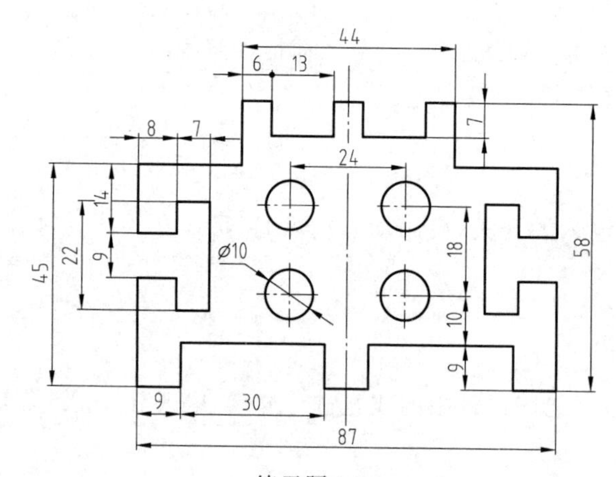

练习题 4-3

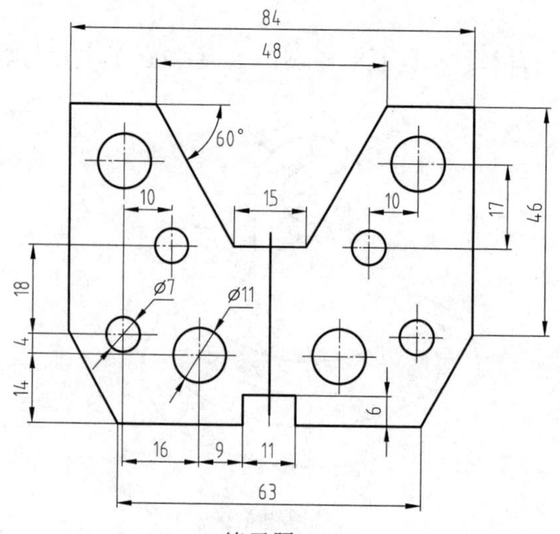

练习题 4-4

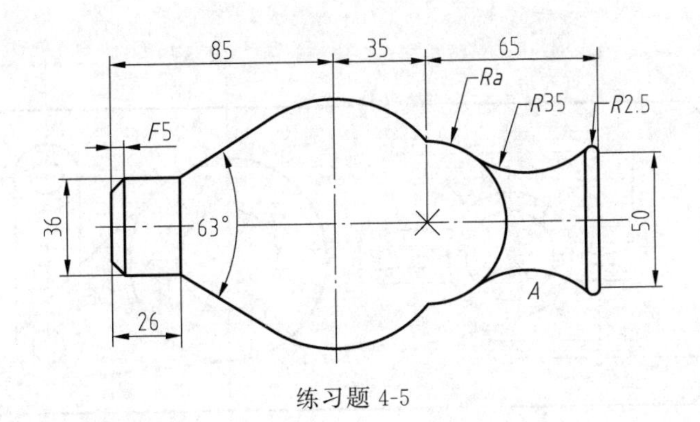

练习题 4-5

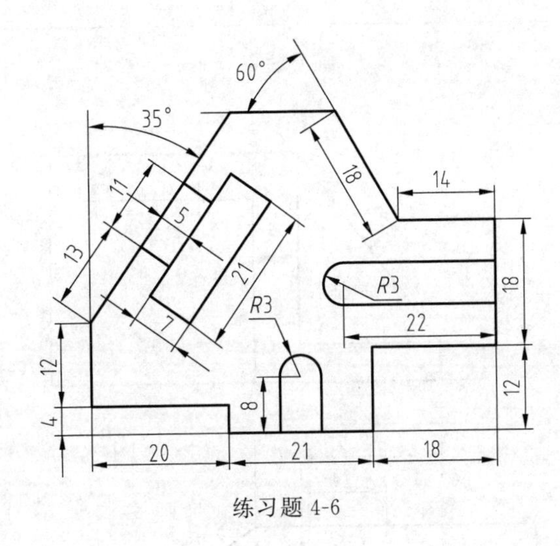

练习题 4-6

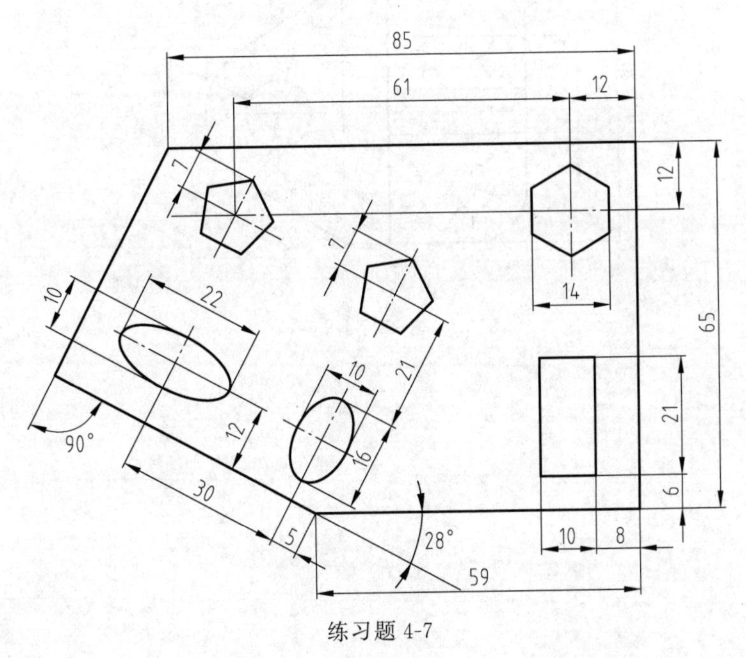

练习题 4-7

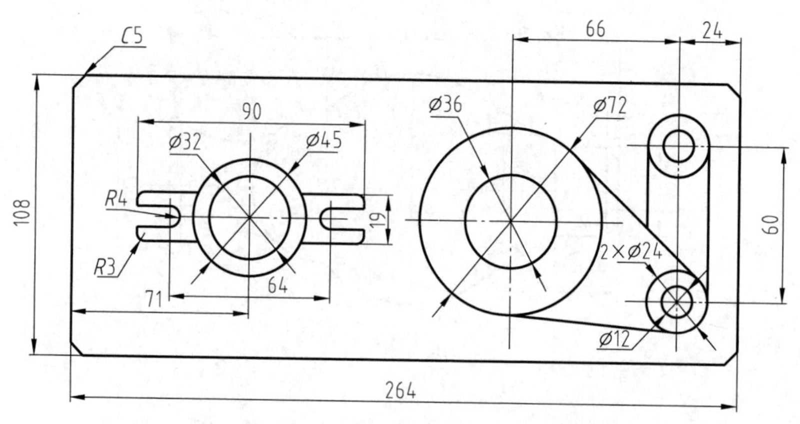
C5
66
24
90
Ø36
Ø72
Ø32
Ø45
108
R4
19
60
R3
2×Ø24
71
64
Ø12
264

练习题 4-8

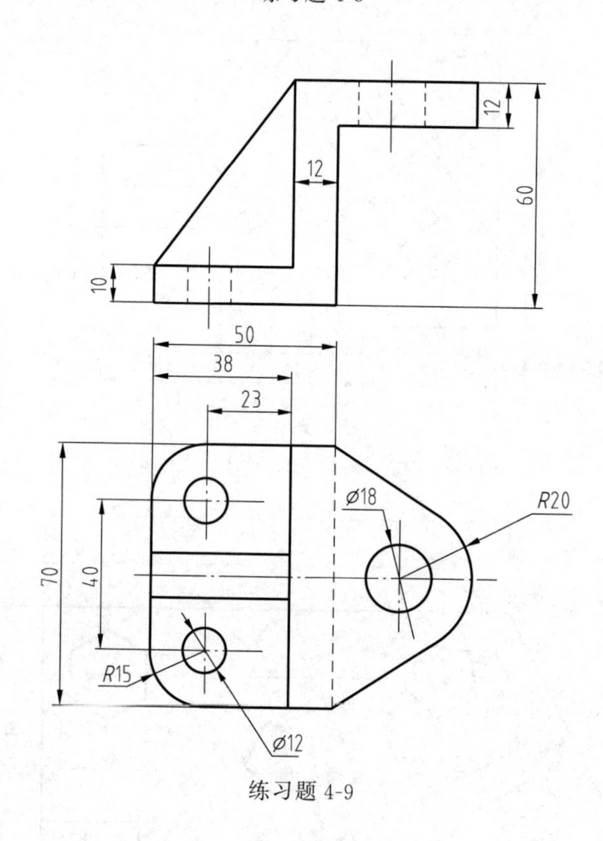
12
12
60
10
50
38
23
Ø18
R20
70
40
R15
Ø12

练习题 4-9

第5章 常用修改命令

本章要点

- 掌握对单个、多个对象的不同选择方法。
- 掌握对图形对象的移动和复制的方法、旋转和比例缩放修改的方法。
- 掌握对图形对象的拉伸、镜像、偏移、阵列、对齐修改的方法。
- 学会修剪、延伸、打断及圆角倒角等命令。
- 对图形对象进行合并和分解。
- 学会使用夹点对图形对象进行修改。

5.1 选择图形对象

在绘图环境设置下,完成一个图形的绘制,然后进行图形的修改。

修改命令在“常用”菜单栏下的“修改”选项面板里。在 AutoCAD 2023 软件中,同时支持以下两种编辑模式。

(1) 先选择对象,再执行命令。

(2) 先执行命令,再选择对象。

两种选择方式都可以完成编辑。需要注意的是,无论在哪种方式下,选择了对象,对象就会变成虚线,显示出夹点,以区别于没有选中的对象。

在 AutoCAD 2023 中,提供了点选、框选、围选、栏选等多种选择的方法,用户可根据实际情况进行选择。

5.1.1 点选

移动鼠标,把十字光标移动到准备选择的图形对象上方,单击即可选择。

连续选中:选择对象后可以继续单击选择,所有选择的对象显示为虚线,构成一个选择集,进行编辑时将会同时对所有选择的对象进行编辑,如图 5-1 所示。

取消选择:使用“Shift+单击”组合键,即在准备取消的对象上方,按住 Shift 键同时单击,可以取消选择,如图 5-1 所示。

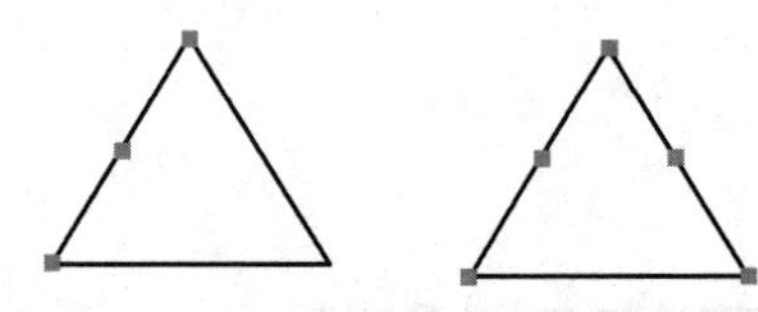

图 5-1　点选操作的连续选中和取消选择

5.1.2　窗口选择

窗口选择的规则：两个角点确定的矩形框完全包围了某个对象的全部图形，此图形对象被选中；如果只是框住了某个对象的部分，则此图形不被选中。

简单地说，从左上往右下扫掠，框为蓝色，如图 5-2 所示，全框住了就被选中；从右上往左下选择，框为绿色，如图 5-3 所示，扫到了就被选中。

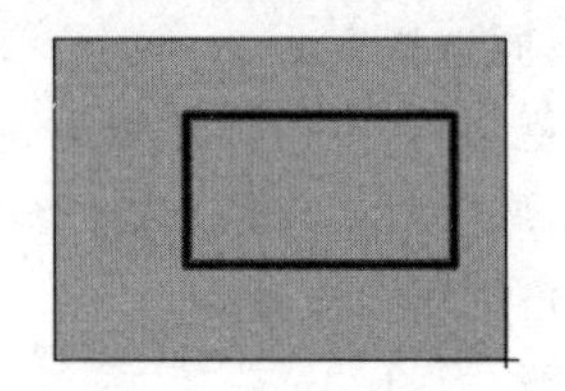

图 5-2　全框住即被选中

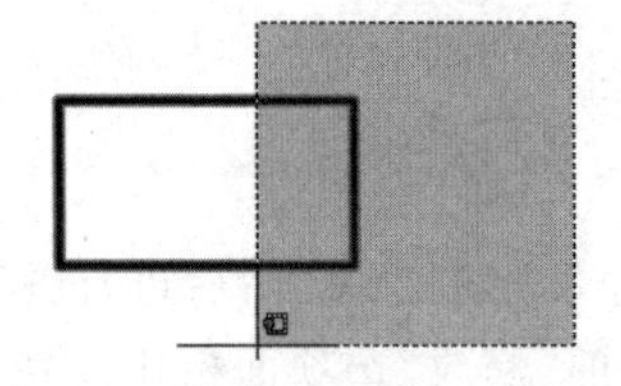

图 5-3　扫到了就被选中

5.1.3　全选图形对象

在命令行输入 ALL，然后按 Enter 键确定，对所有的对象进行选择。

5.2　执行命令的途径

5.2.1　修改命令

菜单栏下“修改”命令如图 5-4 所示。

5.2.2　“修改”选项面板

“修改”选项面板如图 5-5 所示。

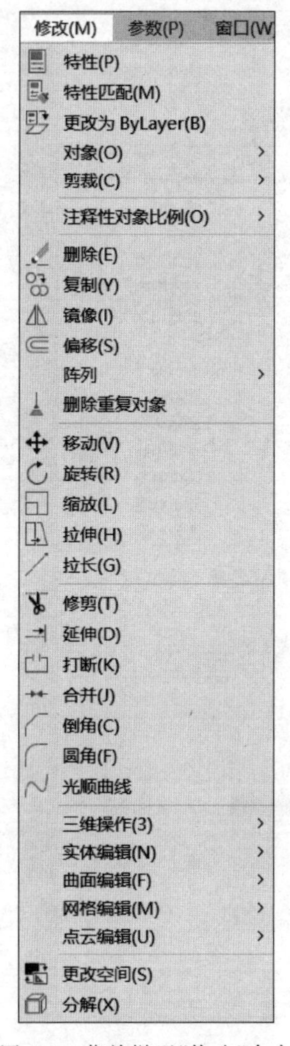

图 5-4　菜单栏下"修改"命令

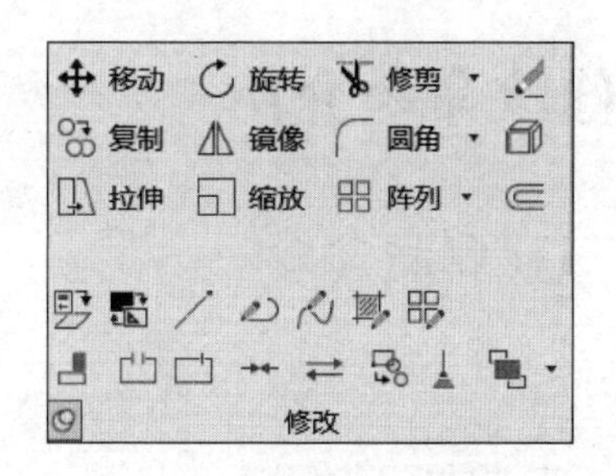

图 5-5　"修改"选项面板

5.2.3　修改工具栏

调出快捷工具栏图标：在菜单栏中选择"工具"命令→"工具栏"→AutoCAD→"修改"选项，"修改"选项前面勾选"√"即可显示，如图 5-6 所示。

拖动修改工具栏可以选择放置在指定的位置，以不影响整体绘图为宜，建议放在最左边或者最右边竖直方向。调出的修改工具栏如图 5-7 所示。

小贴士：从命令的全面性和使用的频率来看，菜单栏的修改命令是十分全面的，但是每次执行命令都需要移动鼠标单击。AutoCAD 2023 同样提供了用户修改的工具栏，同时推出选项面板执行命令的方法，此两种方法用户可以自定义显示。键盘在英文输入法下直接输入命令快捷键是一种更高效的方法。在此推荐用快捷键以及自定义右键属性来执行命令。

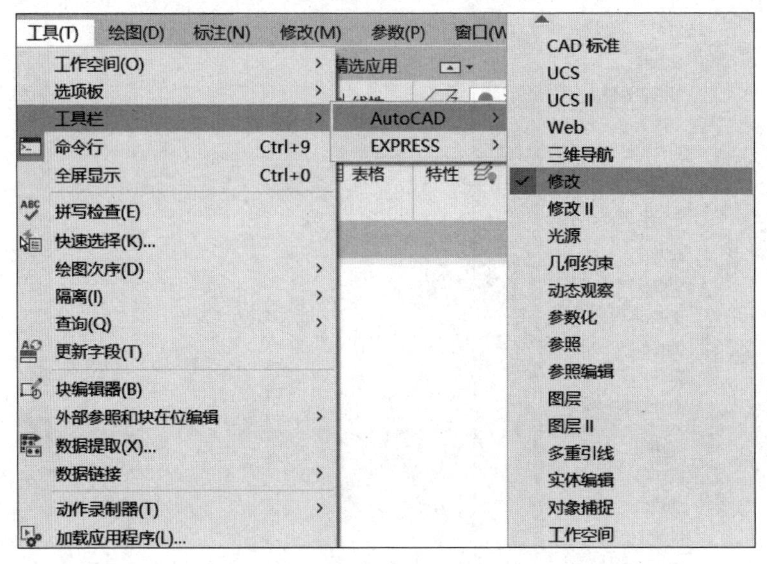

图 5-6　修改工具栏的调用显示

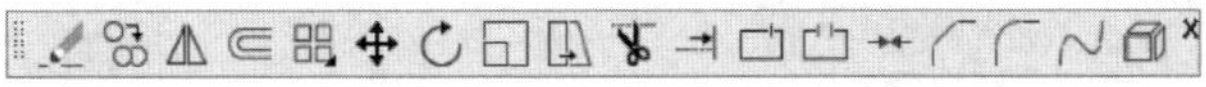

图 5-7　修改工具栏

5.3　修改命令介绍

5.3.1　删除命令

1. 功能

删除不需要的图形对象。

2. 方法

(1) 选择菜单栏“修改(M)”→“删除(E)”命令。
(2) 选择选项面板“默认”→“修改”→“删除”命令。
(3) 在命令行输入 ERASE(E)命令后按 Enter 键或空格键确认。

3. 操作实例

(1) 删除单个图形对象
① 执行“删除”命令,命令行提示选择对象。
② 选择需要删除的图形对象,然后按 Enter 键确认删除,如图 5-8 所示。
(2) 删除多个图形对象
① 执行“删除”命令,命令行提示选择对象。
② 通过框选和点选操作选择图形对象,然后按 Enter 键确认删除。

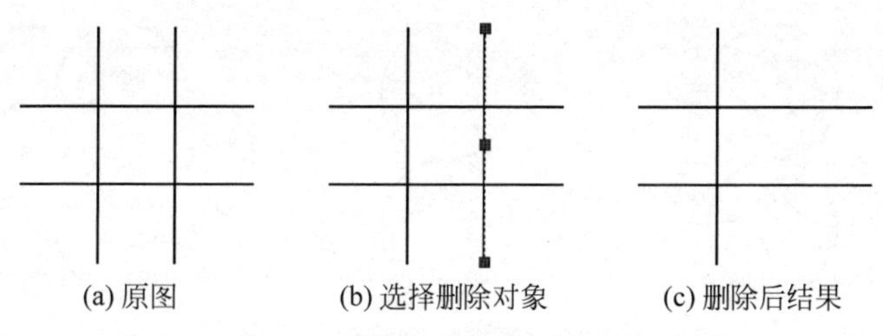

图 5-8　删除单个图形前后对比

(3) 删除全部图形对象

① 执行删除命令,命令行提示选择对象。

② 输入 ALL 命令后按 Enter 键确认,再按 Enter 键确认全部删除,如图 5-9 所示。

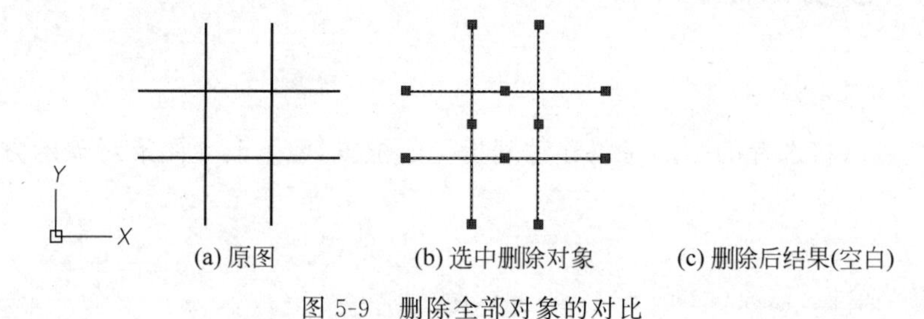

图 5-9　删除全部对象的对比

【注意】 删除图形对象时,可以先执行命令,再选择对象;当先选择图形对象后,执行删除命令同样可以删除图形。删除图形对象还可以采用另外一种快捷方式:选择需要删除的图形对象,按键盘上的 Delete 键直接删除图形对象,方便快捷又高效。

5.3.2　修剪命令

1. 功能

对相互交错繁杂的图形对象进行细致的删除操作(修剪功能可以在繁杂交错的图形环境中进行细致的修改,是一个常用并且好用的命令)。

2. 方法

(1) 选择菜单栏"修改(M)"→"修剪(T)"命令。

(2) 选择选项面板"默认"→"修改"→"修剪"命令。

(3) 在命令行输入 TRIM(TR)命令后按 Enter 键或空格键确认执行。

3. 操作实例

对多圆进行修改的操作方法如下。

(1) 执行"修改"命令,命令行提示选择对象。

(2) 用框选选择所有图形对象或按 Enter 键全部选择。

(3) 十字光标变为拾取框的样式后,移动拾取框选择进行删除,如图 5-10 所示。

【注意】 在执行"修剪"命令时,可以输入 TR,然后按两次 Enter 键,直接执行"快捷修

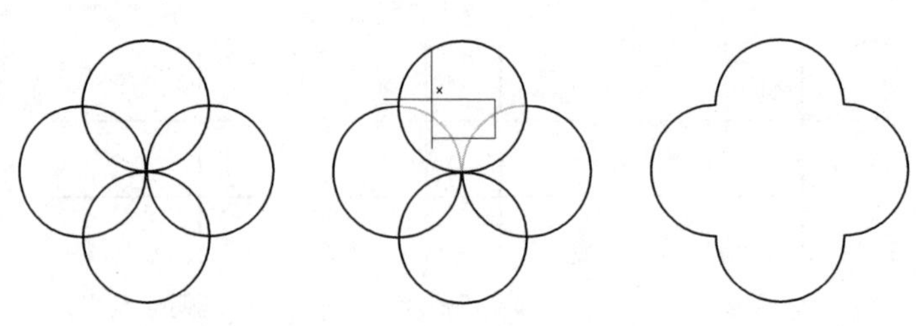

图 5-10 框选修改前后的对比

剪”命令。执行“修剪”命令时，所修剪的图形对象需要有剪切边，不能像删除命令(ERASE)删除单独的图形对象。在修剪时可以把删除命令和修剪命令结合使用，是最快捷的方式。

5.3.3 移动命令

1. 功能

移动命令可以将选择的图形对象移动到指定的位置，但不改变图形对象的方向和大小。

2. 方法

(1) 选择菜单栏“修改(M)”→“移动(V)”命令。
(2) 选择选项面板“默认”→“修改”→“移动图标”命令。
(3) 在命令行输入 MOVE 命令后按 Enter 键或空格键确认执行。

3. 操作实例

例如，执行“移动”命令，捕捉基点移动，操作过程如下：

```
MOVE 选择对象:                        //通过点选或者框选的选择方法选择圆，按 Enter 键确认//
MOVE 指定基点或[位移(D)]<位移>:              //十字光标变成十字线，用中心拾取到圆心。
                                              圆心捕捉打开状态//
MOVE 指定第二个点或<使用第一个点作为位移>:    //移动十字光标，会发现原图形对象跟着移动，
                                              把十字光标捕捉的圆心移动到交点，单击确
                                              认完成移动操作//
```

执行结果如图 5-11 所示。

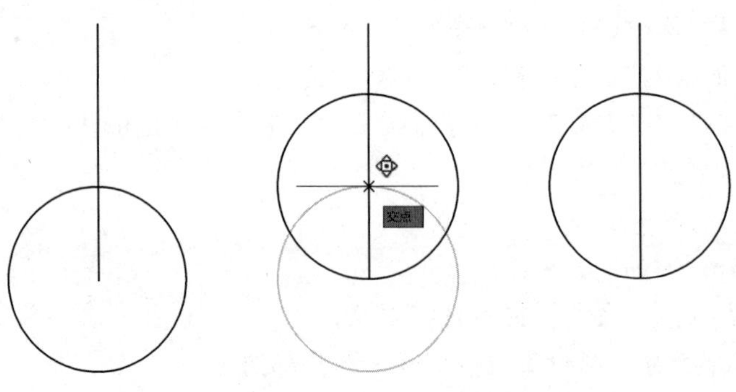

图 5-11 圆图形对象基点向上移动前后对比

5.3.4　复制命令

1. 功能

复制命令可以对图形对象进行复制操作。

2. 方法

(1) 选择菜单栏“修改(M)”→“复制(Y)”命令。
(2) 选择选项面板“默认”→“修改”→“复制”命令。
(3) 在命令行输入 COPY 命令后按 Enter 键或空格键确认执行。

3. 操作实例

例如,执行“复制”命令,捕捉基点进行复制,操作过程如下:

```
COPY 选择对象:                                   //选择圆对象,选择完毕后按 Enter 键确认//
COPY 指定基点或[位移(D)模式(O)]<位移>:  //默认格式<位移>,十字光标选定象限点作为复制的基
                                                    点,打开象限点捕捉设置//
COPY 指定第二个点或[阵列(A)]<使用第一个点作为位移>:  //移动十字光标,带着复制的图形对象
                                                         进行移动,利用十字光标捕捉到象限
                                                         点,单击即可完成此复制操作//
```

执行结果如图 5-12 所示。

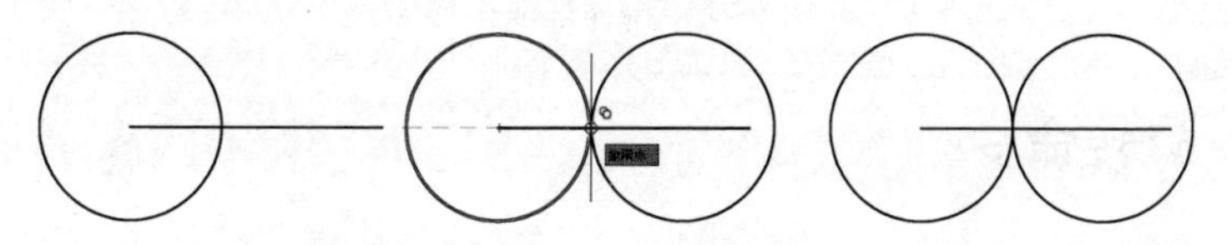

图 5-12　基点复制前后对比

【注意】　在执行“复制”命令时,没有按 Enter 键或空格键确认结束命令,系统将持续提示复制操作,可以进行多次复制命令。

5.3.5　拉伸命令

1. 功能

拉伸命令可以对图形对象进行拉长、缩短等操作。

2. 方法

(1) 选择菜单栏“修改(M)”→“拉伸(H)”命令。
(2) 选择选项面板“默认”→“修改”→“拉伸”命令。
(3) 在命令行输入 STEETCH 命令后按 Enter 键或空格键确认执行。

3. 操作实例

例如,执行“拉伸”命令,把直线拉长,操作过程如下:

STEETCH 旋转对象:　　//旋转需要拉伸的两条直线图形对象,选择完毕后按 Enter 键确认//

STEETCH 指定基点或[位移(D)]<位移>:　　//默认格式<位移>,指定直线的右端点,十字光标对右端点进行捕捉//

STEETCH 指定第二个点或<使用第一个点作为位移>:　//十字光标向右拖动,看到直线被拉长,指定一个拉长的终点,这时在键盘上输入 5,按 Enter 键确认,就代表这条直线向右拉长了 5mm//

执行结果如图 5-13 所示。

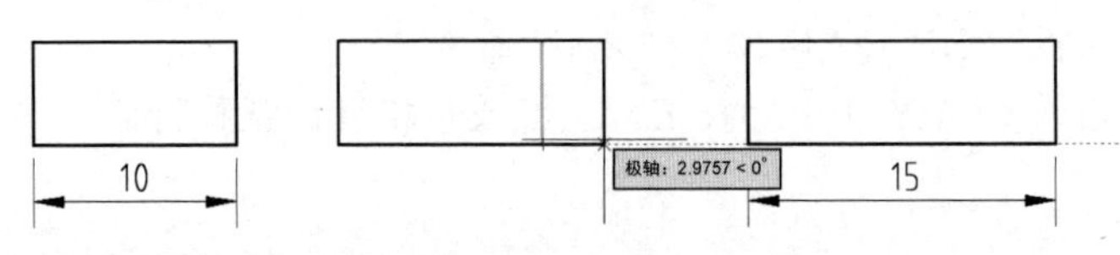

图 5-13　矩形拉伸前后对比

【注意】 在选择拉伸对象时,一定要采用框交的方法选择,保证矩形的右边线全部选中,矩形上下两条线不能被框交全部选中,如图 5-14 所示。

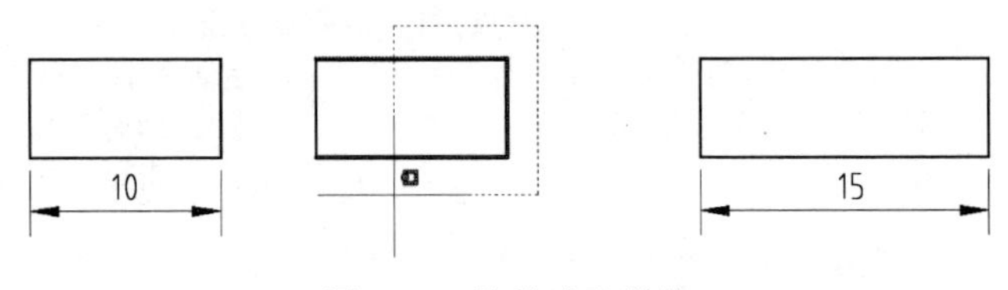

图 5-14　拉伸选取操作

5.3.6　旋转命令

1. 功能

旋转命令可以使图形对象的方向改变,可按照指定的旋转点旋转指定的角度。

2. 方法

(1) 选择菜单栏"修改(M)"→"旋转(R)"命令。

(2) 选择选项面板"默认"→"修改"→"旋转"命令。

(3) 在命令行输入 ROTATE 命令后按 Enter 键或空格键确认执行。

3. 操作实例

(1) 执行"旋转"命令,指定基点选转,操作过程如下:

ROTATE 选择对象:　　//选择全部的图形对象,选择完毕后按 Enter 键确认//

ROTATE 指定基点:　　//指定图形对象的下端点,作为旋转的基点,以此基点对图形对象进行旋转操作//

ROTATE 指定选转角度或[复制(C)参照(R)]:< 0 >　　//默认格式< 0 >,此时用键盘输入" - 45",然后按 Enter 键确定//

执行结果如图 5-15 所示。

（2）执行“旋转”命令，同时进行一次复制，操作过程如下：

ROTATE 选择对象：　　　　//选择全部的图形对象，选择完毕按 Enter 键确认//
ROTATE 指定基点：　　　　//指定图形对象的下端点，作为旋转的基点，以此基点对图形对象进行旋转操作//
ROTATE 指定旋转角度或[复制(C)参照(R)]:<0>　　//默认格式<0>，此时用键盘输入 C 或者单击“复制(C)”按钮，然后按 Enter 键确定//
ROTATE 指定旋转角度或[复制(C)参照(R)]:<0>　　//默认格式<0>，此时输入“－45”，然后按 Enter 键确定//

小贴士：进行此“旋转”的复制命令后，会在原有的图形对象的基础上进行一次复制，然后对复制出来的新图形对象进行旋转操作，如图 5-16 所示。

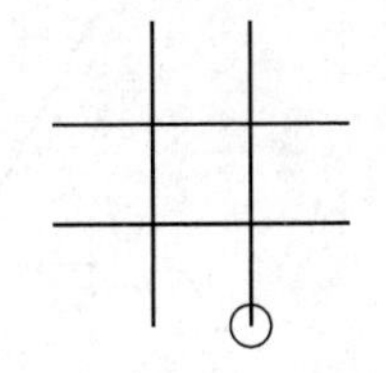
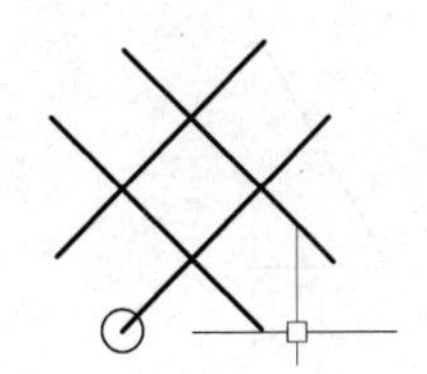

图 5-15　基点旋转前后对比

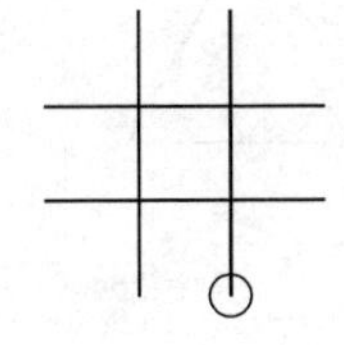
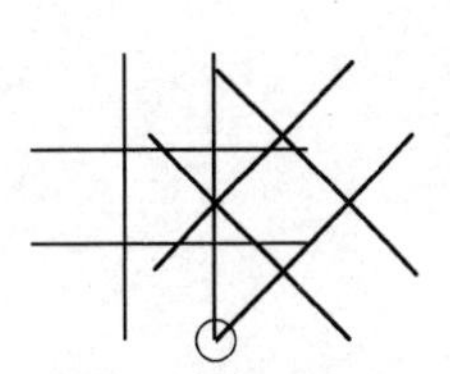

图 5-16　基点旋转并复制前后对比

【注意】　在“旋转”命令的执行过程中，使用键盘输入的所有角度的默认起始线是 X 轴正方向，如果逆时针方向旋转，输入正值；如果顺时针方向旋转，输入负值。

5.3.7　镜像命令

1. 功能

镜像命令利用轴对称图形的特性，对一半的图形对象镜像出另一半，完成整个图形。

2. 方法

（1）选择菜单栏“修改(M)”→“镜像(I)”命令。
（2）选择选项面板“默认”→“修改”→“镜像”命令。
（3）在命令行输入 MIRROR 命令后按 Enter 键或空格键确认执行。

3. 操作实例

（1）执行“镜像”命令，不删除原图形对象，操作过程如下：

MIRROR 选择对象：　　　　//选择需要镜像命令的左半边三角形为图形对象，选择完毕后按 Enter 键确定//
MIRROR 指定镜像线的第一点：　　//指定虚拟对称轴的起始点，在这里用十字光标捕捉到显示出来的中轴线的上端点//
MIRROR 指定镜像线的第二点：　　//指定虚拟对称轴的终点，用十字光标捕捉到显现出来的中轴线的下端点作为第二点，两点一线，出现对称轴，即镜像线//
MIRROR 要删除源对象吗？[是(Y)否(N)]:<否>:　　//默认格式<否>，在默认格式<否>，即不删除源图形对象，直接按 Enter 键结束命令//

执行结果如图 5-17 所示。

(2) 执行“镜像”命令,删除源图形对象。

当执行“镜像”命令过程中,系统命令行提示:

```
MIRROR 要删除源对象吗?[是(Y)否(N)]: <否>:
```

可采用以下两种方法改变默认格式,在执行“镜像”命令后删除原有的图形对象。

① 在命令行中输入 N,然后按 Enter 键确认执行。

② 移动鼠标箭头,在绘图空间中直接找到“要删除源对象吗?”按钮,直接单击“是(Y)”按钮执行。用镜像命令删除原有的图形对象操作结果如图 5-18 所示。

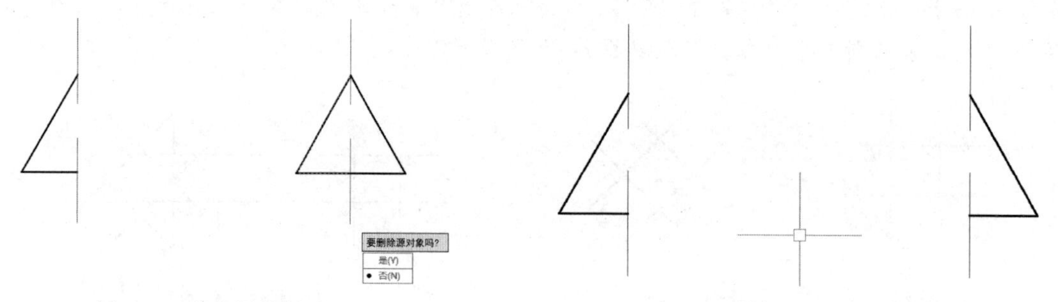

图 5-17 镜像操作前后对比　　图 5-18 镜像操作删除原有的图形对象

小贴士:镜像命令适用于在绘制轴对称图形时的修改,但遇到的大部分图形不是轴对称图形,往往是整个图形的两边有微小的不同,建议依旧采用镜像命令进行绘制,然后进行小范围的修改即可。

5.3.8 缩放命令

1. 功能

缩放命令可以对图形对象进行放大、缩小操作。

2. 方法

(1) 选择菜单栏“修改(M)”→“缩放(L)”命令。

(2) 选择选项面板“默认”→“修改”→“缩放”命令。

(3) 在命令行输入 SCALE 命令后按 Enter 键或空格键确认执行。

3. 操作实例

例如,执行“缩放”命令,利用参照进行缩放。

如图 5-19 所示,需要绘制的等边三角形的边长为 100,但未知内接圆的直径,可以通过参照缩放快速绘制,操作过程如下:

```
命令: SCALE
选择对象: 全选对象
指定基点:           //指定三角形的左下角点//
指定比例因子或 [复制(C)参照(R)]: R
指定参照长度: 选择< AC >段
指定新的长度或 [点(P)]: 输入 100
```

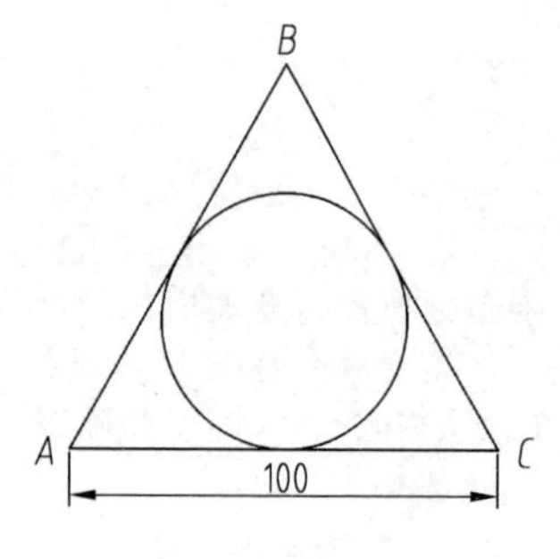

图 5-19 通过参照进行缩放

被参照需要改变的对象 AC 将变为参照长度 100. 如图 5-19 所示。

参照缩放命令是较实用的命令,它可以在某些参数未知的情况下依旧完成操作过程。

【注意】 若要按比例缩放,只需在上述步骤"指定比例因子或[复制(C)参照(R)]"时输入比例值就可以了。

5.3.9 分解命令

1. 功能

分解命令可以对组合的图形对象进行分解操作,分解为单个的图形对象。

2. 方法

(1) 选择菜单栏"修改(M)"→"分解(X)"命令。
(2) 选择选项面板"默认"→"修改"→"分解"命令。
(3) 在命令行输入 EXPLODE 命令后按 Enter 键或空格键确认执行。

3. 操作实例

执行"分解"命令分解正方形,操作过程如下:

```
EXPLODE 选择对象:      //选择所需要分解的组合图形正方形,选择完毕后按 Enter 确认执行//
```

分解命令执行完毕,正方向的每一个边都可以进行选中,这就是单个的图形对象。

小贴士: 在选择图形对象的过程中,每选择一个图形对象,命令行就会提示"选择对象:找到 1 个"。当按 Enter 键确认执行分解命令后,所选的图形对象即被分解为独立对象,直接结束命令执行,没有后续的操作。

5.3.10 合并命令

1. 功能

合并命令可以对分散的图形对象进行合并操作,合并为独立的图形对象。

2. 方法

(1) 选择菜单栏"修改(M)"→"合并(J)"命令。
(2) 选择选项面板"默认"→"修改"→"合并"命令。
(3) 在命令行输入 JOIN 命令后按 Enter 键或空格键确认执行。

3. 操作实例

执行"合并"命令,将两条线合并为一条线,操作过程如下:

```
命令: JOIN, ↓
选择源对象或要一次合并的多个对象:找到 1 个。
选择要合并的对象: (选择 AB)
```

选择要合并到源的直线：找到 1 个，↓
选择要合并到源的直线：(选择 CD)

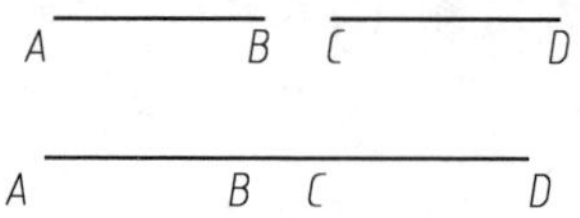

A B C D

A B C D

图 5-20 合并直线

已将 1 条直线合并到源，如图 5-20 所示。

小贴士：在执行合并命令时，存在源对象，可以选择需要合并的全部对象，然后按 Enter 键确认执行；也可以选择一个图形对象作为源对象，按 Enter 键确认，然后把需要合并的图形对象合并至源对象。

5.3.11 偏移命令

1. 功能

偏移命令可以使指定的图形对象向指定的方向移动指定的距离。

2. 方法

(1) 选择菜单栏“修改(M)”→“偏移(S)”命令。
(2) 选择选项面板“默认”→“修改”→“偏移”命令。
(3) 在命令行输入 OFFSET 命令后按 Enter 键或空格键确认执行。

3. 操作实例

(1) 执行“偏移”命令，指定距离进行偏移直线，操作过程如下：

OFFSET 指定偏移的距离或[通过(T)删除(E)通过(L)]<通过>： //键盘输入图形对象需要偏移的距离“25”，输入完毕后按 Enter 键确认//
OFFSET 选择要偏移的对象或[退出(E)放弃(U)]:<退出>： //通过点选选择需要偏移的直线//
OFFSET 指定要偏移的那一侧上的点或[退出(E)多个(M)放弃(U)]： //移动十字光标，把新图形偏向右边，单击确认完成//

执行结果如图 5-21 所示。

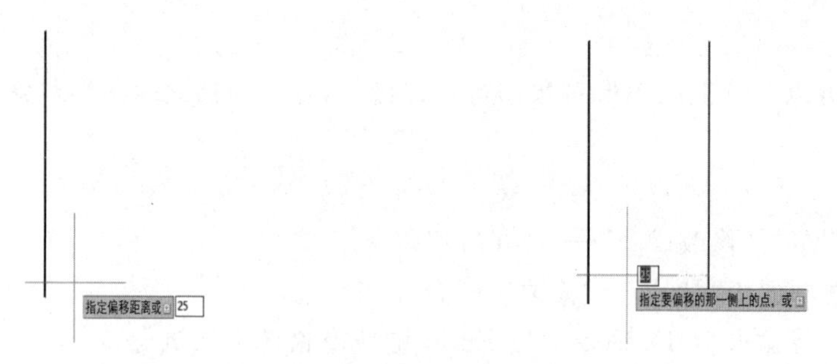

图 5-21 偏移操作图形前后对比

(2) 偏移命令继续，进行一次向左的偏移，操作过程如下：

OFFSET 选择要偏移的对象或[退出(E)放弃(U)]:<退出>： //通过点选选择需要偏移的直线//
OFFSET 指定要偏移的那一侧上的点或[退出(E)多个(M)放弃(U)]： //移动十字光标，把新图形偏向左边，单击确认完成//

执行结果如图 5-22 所示。

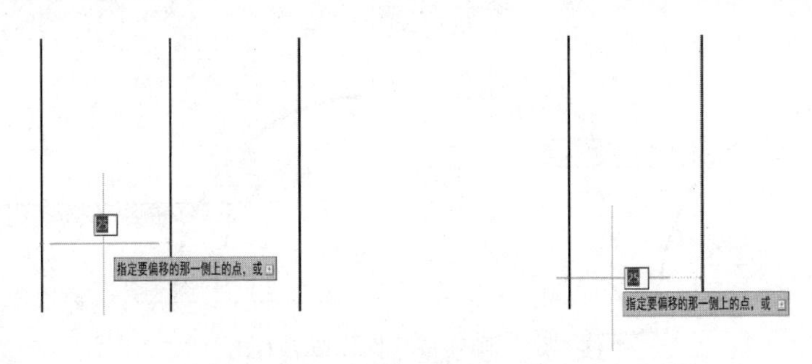

图 5-22　向左偏移操作前后对比

(3) 直接按 Enter 键结束上述的偏移命令，再次按 Enter 键执行"偏移"命令，进行一次距离"75"的偏移，操作过程如下：

OFFSET 指定偏移的距离或[通过(T)删除(E)通过(L)]< 25.0000 >:　//键盘输入图形对象需要偏移的距离"75"，输入完毕后按 Enter 键确认//

OFFSET 选择要偏移的对象或[退出(E)放弃(U)]:<退出>:　//通过点选选择需要偏移的直线//

OFFSET 指定要偏移的那一侧上的点或[退出(E)多个(M)放弃(U)]:　//移动十字光标，把新图形偏向右边，单击确认完成//

执行结果如图 5-23 所示。

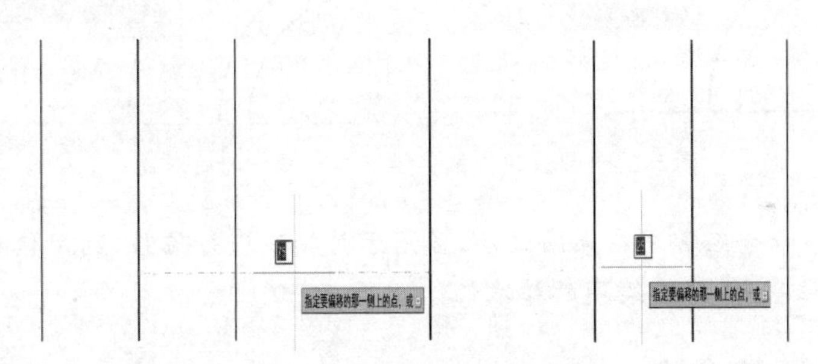

图 5-23　再次向右偏移操作前后对比

(4) 执行"偏移"命令，对圆或圆弧类图形进行偏移，操作过程如下：

OFFSET 指定偏移的距离或[通过(T)删除(E)通过(L)]<通过>:　//键盘输入图形对象需要偏移的距离"5"，输入完毕后按 Enter 键确认//

OFFSET 选择要偏移的对象或[退出(E)放弃(U)]:<退出>:　//通过点选选择需要偏移的圆弧//

OFFSET 指定要偏移的那一侧上的点或[退出(E)多个(M)放弃(U)]:　//移动十字光标，把新图形偏向圆弧内部，单击确认完成//

执行结果如图 5-24 所示。

(5) 结束此次偏移命令，再执行一次"偏移"命令，进行一次距离"15"的偏移，操作过程如下：

OFFSET 指定要偏移的那一侧上的点或[退出(E)多个(M)放弃(U)]:　//双击 Enter 键，第一次结束偏移命令，第二次重复偏移命令//

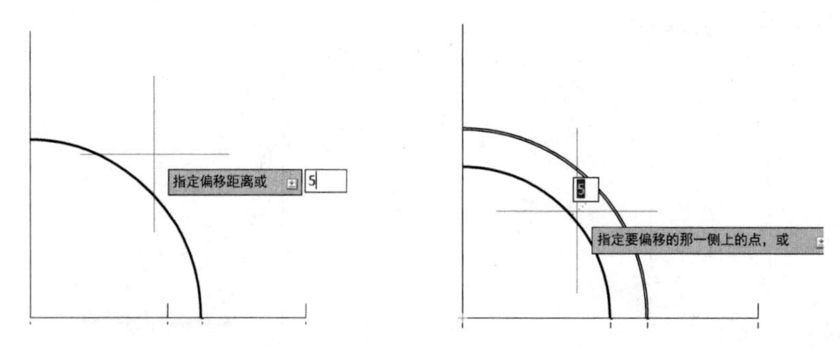

图 5-24 圆弧偏移操作前后对比

OFFSET 指定偏移的距离或[通过(T)删除(E)通过(L)]< 5.0000 >: //键盘输入图形对象需要偏移的距离“15”,输入完毕后按 Enter 键确认//
OFFSET 选择要偏移的对象或[退出(E)放弃(U)]:<退出>: //通过点选选择需要偏移圆弧//
OFFSET 指定要偏移的那一侧上的点或[退出(E)多个(M)放弃(U)]: //移动十字光标,把新图形偏向圆弧外部,单击确认完成//

执行结果如图 5-25 所示。

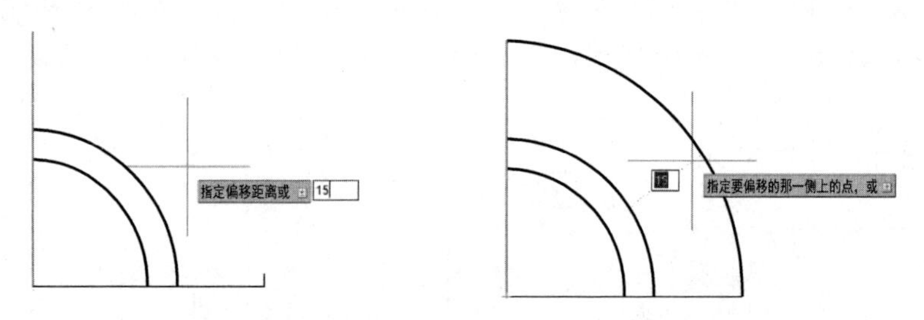

图 5-25 圆弧向外偏移距离“15”操作前后对比

小贴士：偏移命令经常用在点画线层，多用于对轴线进行偏移，利用偏移的交点作为绘图时的尺寸的定位基点，辅助绘图的精准性。

5.3.12 延伸命令

1. 功能

延伸命令可以参照一个图形对象为边界，使需要延伸的图形对象延伸到指定的边界。

2. 方法

(1) 选择菜单栏“修改(M)”→“延伸(D)”命令。
(2) 选择选项面板“默认”→“修改”→“延伸”命令。
(3) 在命令行输入 EXTEND 命令后按 Enter 键或空格键确认执行。

3. 操作实例

例如，执行“延伸”命令，把斜线延伸至水平线相交，操作过程如下：

EXTEND 选择对象或<全部选择>: //命令行提示: 选择水平直线作为边界,选择完毕后按 Enter 确认//
EXTEND[栏选(F)窗交(C)投影(P)边(E)放弃(U)]: //移动由十字光标变成的拾取框,用拾取框触碰斜线,斜线会自动显示延伸到直线的画面,单击即可完成//

执行结果如图 5-26 所示。

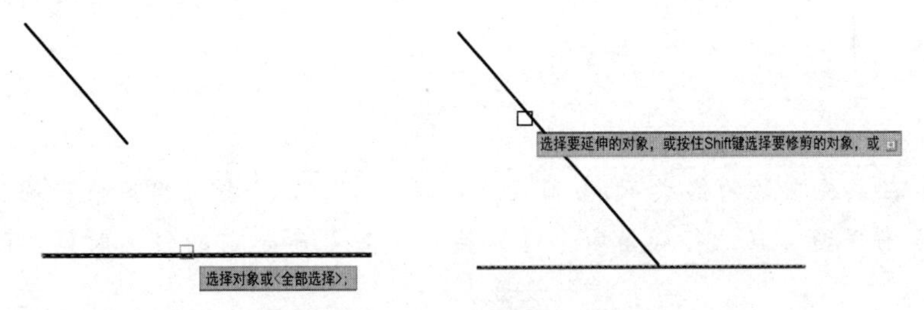

图 5-26 延伸操作图形前后对比

小贴士:操作实例所讲述的是对单个的图形进行延伸,在执行单个图形的延伸后,十字光标依然是拾取框的状态,若附近有其他的图形对象时,可以继续进行延伸操作。

此外,在执行"延伸"命令的第一步时,命令行的默认格式:<全部选择>,此状态下按 Enter 键确认,即可选中全部对象,进行多个图形的延伸操作。

5.3.13 圆角命令

1. 功能

圆角命令对图形对象的拐角进行圆角处理。

2. 方法

(1) 选择菜单栏"修改(M)"→"圆角(F)"命令。
(2) 选择选项面板"默认"→"修改"→"圆角"命令。
(3) 在命令行输入 FILLET 命令后按 Enter 键或空格键确认执行。

3. 操作实例

例如,执行"圆角"命令,对单个拐角进行 R3 的修改,操作过程如下:

FILLET 选择第一个对象或[放弃(U)多段线(O)半径(R)修剪(T)多个(M)]: //当前设置: 模式 = 修剪, 半径 = 0.0000。输入 R, 按 Enter 键确认//
FILLET 指定圆角半径<0.0000>: //输入需要修剪的圆角半径"3",按 Enter 键确认//
FILLET 选择第一个对象或[放弃(U)多段线(O)半径(R)修剪(T)多个(M)]: //指定需要修剪的第一条边//
FILLET 选择第二个对象或按住 Shift 键选择对象以应用角点或[半径(R)]: //指定需要修剪的第二条边//

执行结果如图 5-27 所示。

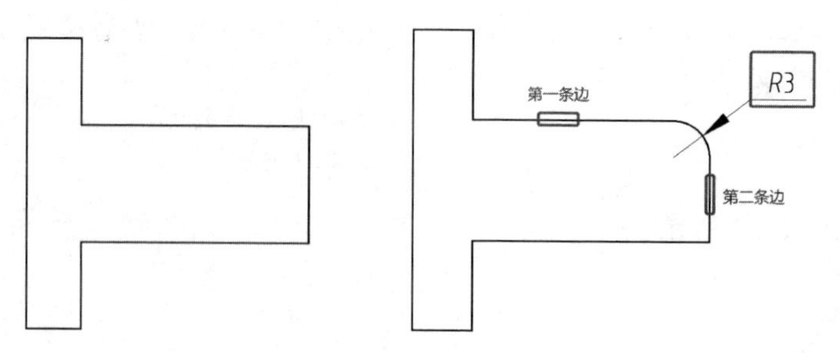

图 5-27　圆角操作前后对比

小贴士：在系统默认的格式下，当前设置：模式＝修剪。当对拐角执行圆角操作后，原图形的拐角没有保留。在执行圆角命令选择第一个对象命令前的任何时候，可以对“模式”进行设置。

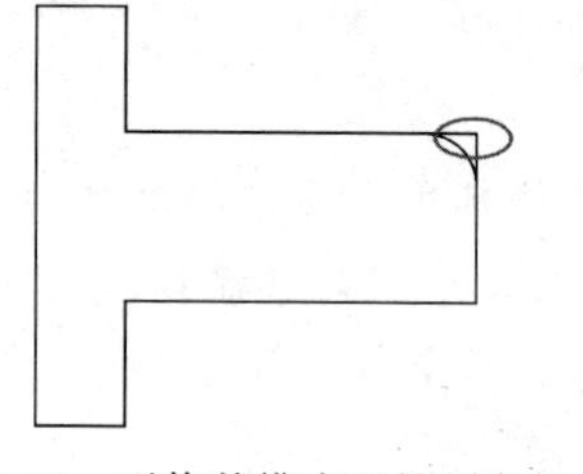

图 5-28　不修剪模式下的圆角操作

按照图 5-27 所示设置为“不修剪”模式，则圆角命令执行后的结果如图 5-28 所示。

此外，当输入 M 后按 Enter 键确认，就完成了“多个(M)”的设置，在此设置下，可以在不改变圆角大小的情况下，对多个拐点进行圆角处理，大大加快了修改的效率。

5.3.14　倒角命令

1. 功能

倒角命令对图形对象的拐角进行倒角处理。

2. 方法

(1) 选择菜单栏“修改(M)”→“倒角(C)”命令。
(2) 选择选项面板“默认”→“修改”→“倒角”命令。
(3) 在命令行输入 CHAMFER 命令后按 Enter 键或空格键确认执行。

3. 操作实例

例如，执行“倒角”命令，对单个拐角进行“C2”的修改，操作过程如下：

```
CHAMFER 选择第一条直线或[放弃(U)多段线(O)距离(D)角度(A)修剪(T)方式(E)多个(M)]:
//(“修剪”模式)当前倒角距离 1 = 0.0000,距离 2 = 0.0000。输入 D,按 Enter 键确认//
CHAMFER 指定第一个倒角距离<0.0000>:  //输入第一个倒角需要的距离“2”,按 Enter 键确认//
CHAMFER 指定第二个倒角距离<2.0000>:  //此时的第二个倒角距离等于第一个倒角的距离,直接按
                                       Enter 键确认//
CHAMFER 选择第一条直线或[放弃(U)多段线(O)距离(D)角度(A)修剪(T)方式(E)多个(M)]:
//指定需要修剪倒角的第一条直线//
CHAMFER 选择第二条直线或按住 Shift 键选择直线以应用角点或[距离(D)角度(A)半径(R)]:
//指定需要修剪倒角的第二条直线//
```

执行结果如图 5-29 所示。

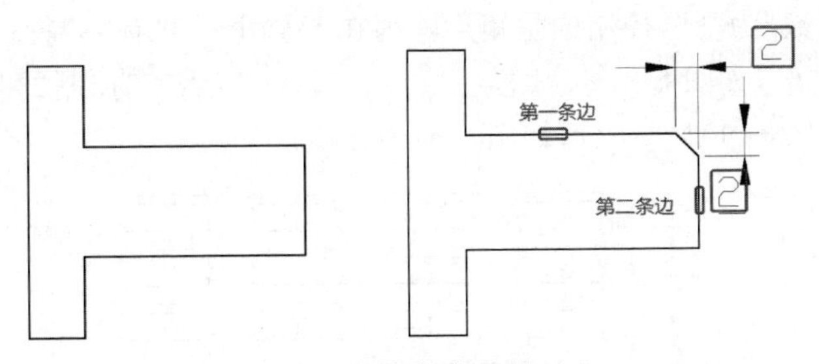

图 5-29　倒角操作前后对比

小贴士：与圆角命令相似，倒角命令可以设置“修改”或“不修改”模式，也可以设置“多个(M)”进行多次倒角操作。此外，倒角的两个倒角距离可以设置不同，但设置的第一个倒角的距离对应的是选择的第一条边，设置的第二个倒角距离对应的则是选择的第二条边。

5.3.15　阵列命令

1. 矩形阵列命令

1）功能

矩形阵列命令对图形对象进行矩阵式的批量复制。

2）方法

(1) 选择菜单栏“修改(M)”→“阵列”→“矩形阵列”命令。

(2) 选择选项面板“修改”→“阵列”→“矩形阵列”命令。

(3) 在命令行输入 ARRAYRECT 命令后按 Enter 键或空格键确认执行。

3）操作实例

例如，执行“矩形阵列”命令，对教室的桌面进行阵列创建，操作过程如下：

```
ARRAYRECT 选择对象:　　//通过框选选择整个图形对象,选择完毕后按 Enter 键确认//
```

在按 Enter 键确认完毕后，系统会弹出“阵列创建”面板，面板提供的是系统默认的参数，同时在绘图界面也显示出默认的阵列结果，如图 5-30 所示。

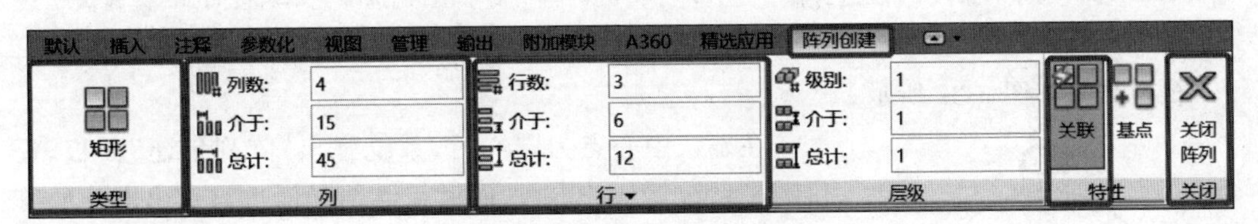

图 5-30　矩形阵列创建面板

在此面板中，需要注意的是阵列的“类型”“列”“行”的参数以及“关联”和“关闭阵列”的设置。根据图 5-30 阵列出的结果来解释阵列创建面板的参数控制如下。

(1) 类型：矩形。矩形的意思就是依照 X 轴、Y 轴的方向进行阵列。

(2) 列数：“列数”为“4”，控制的是矩形阵列在 X 轴上一共有“4”列；“介于”为“15”控制的是阵列的间距为“15”，如图 5-31 所示的尺寸标注；“总计”为“45”控制的是整个阵列的所有间距之和为“45”，即(4－1)×15＝45，如图 5-31 所示。

(3) 行数："行数"为"3",控制的是矩形阵列在 Y 轴上一共有"3"行；"介于"为"6"控制的是阵列的间距为"6",如图 5-31 尺寸标注所示；"总计"为"12"控制的是整个阵列的所有间距之和为"12",即(3−1)×6=12,如图 5-31 所示。

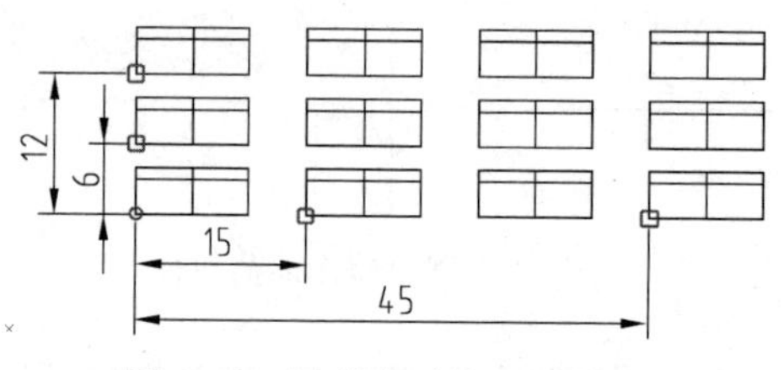

图 5-31 矩形阵列的显示图形

(4) 关联：在显示为阴影的状态下,所阵列出的图形都是在关联状态的,选中一个即可选中全部。这样可以在选中的状态下利用阵列创建面板,对阵列进行控制。如果取消关联,即单击关联选项,阴影状态消失,则阵列出的图形对象是单个存在的,无法再选中进行阵列创建面板的控制。

(5) 关闭阵列：在阵列创建面板对阵列参数设置完毕后,单击"关闭阵列"按钮即可结束阵列命令,返回"默认"选项面板的状态。

2. 环形阵列命令

1) 功能

环形阵列命令对图形对象进行环式的批量复制。

2) 方法

(1) 选择菜单栏"修改(M)"→"阵列"→"环形阵列"命令。

(2) 选择选项面板"修改"→"阵列"→"环形阵列"命令。

(3) 在命令行输入 ARRAYPOLAR 命令后按 Enter 键或空格键确认执行。

3) 操作实例

执行"环形阵列"命令,把座椅围绕会议桌进行环形阵列,操作过程如下：

```
ARRAYPOLAR 选择对象：    //选择需要进行环形阵列的整个椅子图形,选择完毕后按 Enter 键确认//
指定阵列的中心点或 [基点(B)/旋转轴(A)]： //指定会议桌的中心点,即圆心,作为阵列的中心点//
```

执行结果如图 5-32 所示。

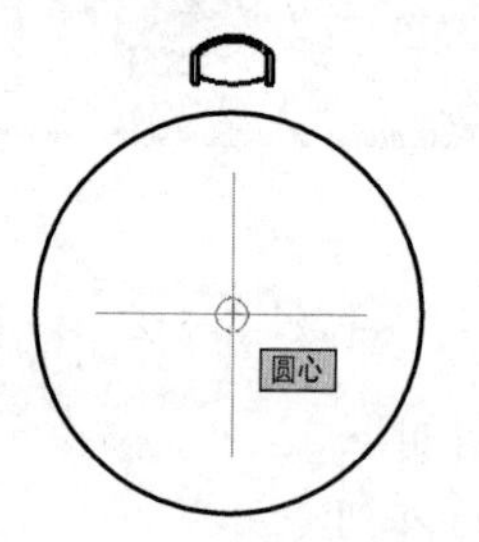

图 5-32 选定环形阵列的中心

在确认中心点为圆心后,系统弹出"阵列创建"面板,提供的是系统默认的参数,同时在绘图界面也显示出默认的阵列结果,如图 5-33 所示。

在此面板中,需要注意的是阵列的"类型""项目""行"的参数以及"关联""旋转项目""方向""关闭阵列"的设置。根据图 5-33 阵列出的结果来解释阵列创建面板的参数控制如下。

(1) 类型：极轴。根据极轴的原点不动,所以进行的阵列是环形的。

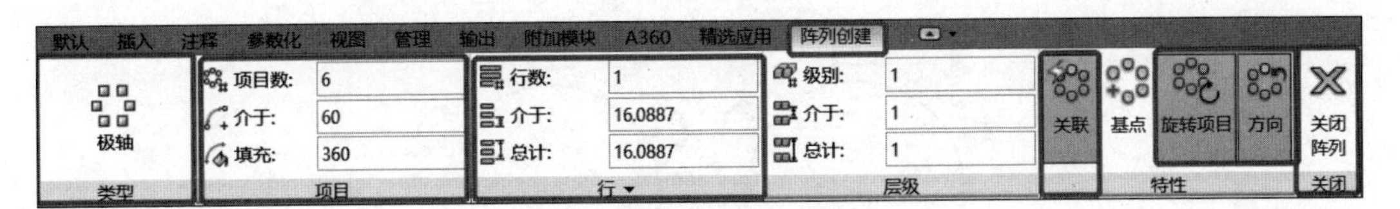

图 5-33 环形阵列创建面板

(2) 项目数:"项目数"为"6"控制的是阵列出的图形对象一共有"6"个;"介于"为"60"控制的是相邻的两个对象与阵列中心点所形成的角度为"60°";"填充"为"360"控制的是所有项目数的总角度为"360°",如图 5-34(a)所示。若改变"项目数"为"5",结果如图 5-34(b)所示。若改变"介于"为"50"或改变"填充"为"300"结果,如图 5-34(c)所示。

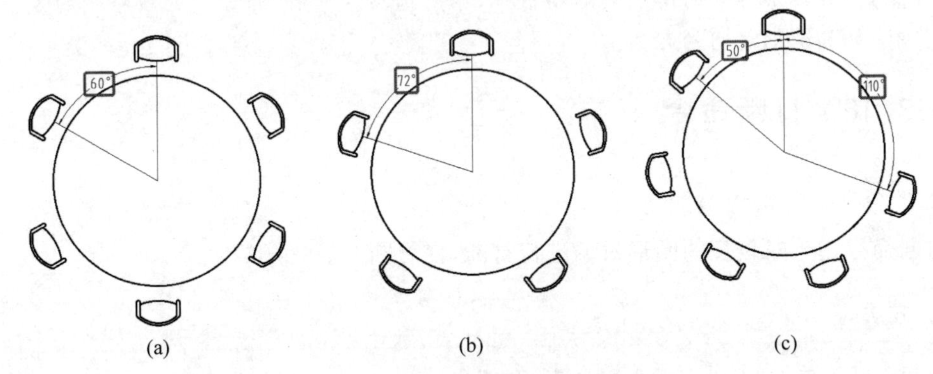

图 5-34 改变项目数和填充的效果

(3) 行数:这里的"行数"控制的是阵列过程中,行数等于阵列的圈数。改变"行数"为"2"和"3"的结果如图 5-35 所示。

(4) 关联:在显示为阴影的状态下,所阵列出的图形是关联状态的,选中一个即可选中全部。这样可以在选中的状态下利用阵列创建面板,对阵列进行控制。如果取消关联,即单击关联选项,阴影状态消失,则阵列出的图形对象是单个存在的,无法再选中进行阵列创建面板的控制。

(5) 旋转项目:默认打开的状态下,被阵列的图形对象关于中心点是中心对称的样式;在关闭的状态下,被阵列的图形对象自身的方向不会改变,如图 5-36 所示。

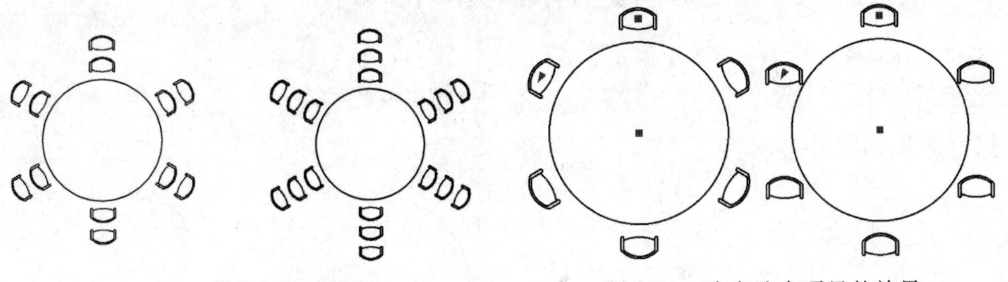

图 5-35 改变行数的效果　　图 5-36 改变选中项目的效果

(6) 方向:"方向"则是控制在环形阵列时旋转的方向,默认开启状态下是逆时针旋转的,在关闭状态下阵列的旋转方向为顺时针,如图 5-37 所示。

(7) 关闭阵列:在阵列创建面板对阵列参数设置完毕后,单击"关闭阵列"按钮即可结

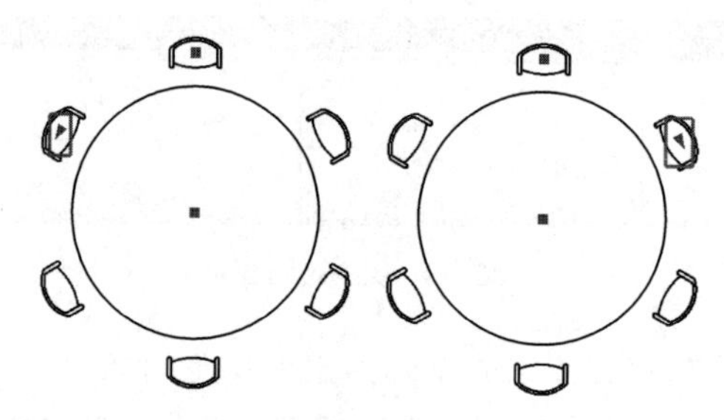

图 5-37　改变方向的效果

束阵列命令，返回“默认”选项面板的状态。

【注意】 在环形阵列的阵列创建面板中，“行”选项卡中有“介于”，此项控制的是当行数大于“1”时，相邻两圈之间的距离。

5.3.16　打断命令

1. 功能

打断命令用于对较长的图形对象进行打断，使之断开。

2. 方法

(1) 选择菜单栏“修改(M)”→“打断(K)”命令。
(2) 选择选项面板“默认”→“修改”→“打断”命令。
(3) 在命令行输入 BREAK 命令后按 Enter 键或空格键确认执行。

3. 操作实例

(1) 执行“打断”命令，对直线对象进行打断，操作过程如下：

```
BREAK 选择对象:      //选择直线上的 A 点//
BREAK 指定第二个打断点或[第一点(F)]:      //选定直线上的 B 点//
```

执行结果如图 5-38 所示。
(2) 执行“打断”命令，对圆对象进行打断，操作过程如下：

```
BREAK 选择对象:      //选择圆上的 A 点//
BREAK 指定第二个打断点或[第一点(F)]:      //选定圆上的 B 点//
```

执行结果如图 5-39 所示。

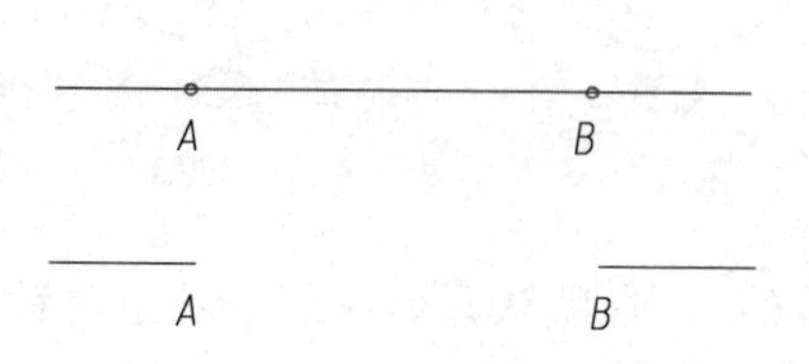

图 5-38　直线被打断前后的对比

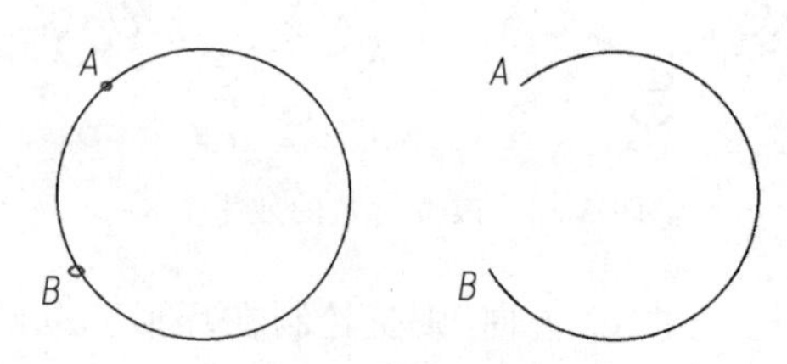

图 5-39　圆被打断前后对比

【注意】 打断于点的操作与之类似，只是打断为一个点，不会断开为一个缺口。

5.3.17　夹点编辑

夹点是每个图形对象必须拥有的元素，夹点控制了图形对象的大小、位置等关键信息，可以通过编辑图形的夹点来修改图形对象。

夹点的显示与关闭操作步骤如下。

通过 OP 命令进入“选项”对话框，在“选择集”分栏中找到“夹点”选项，可以设置夹点的显示和隐藏，如图 5-40 所示。夹点命令的操作前文已讲解，在此不赘述。

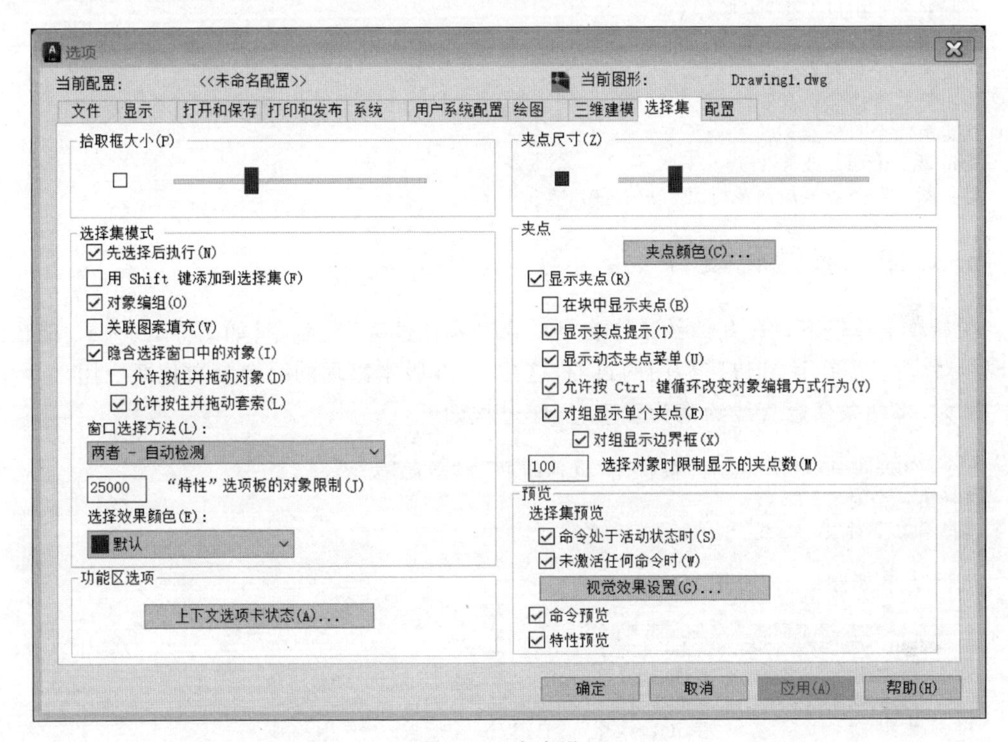

图 5-40　夹点设置

5.3.18　对齐命令

1. 功能

对齐命令可以对图形进行对齐操作，允许对图形进行缩放。

2. 方法

(1) 选择菜单栏：“修改(M)”→“三维操作(X)”→“对齐”命令。

(2) 在命令行输入 ALIGN 命令后按 Enter 键或空格键确认执行。

3. 操作实例

执行“对齐”命令如下，将矩形对齐到三角形，结果如图 5-41 所示。

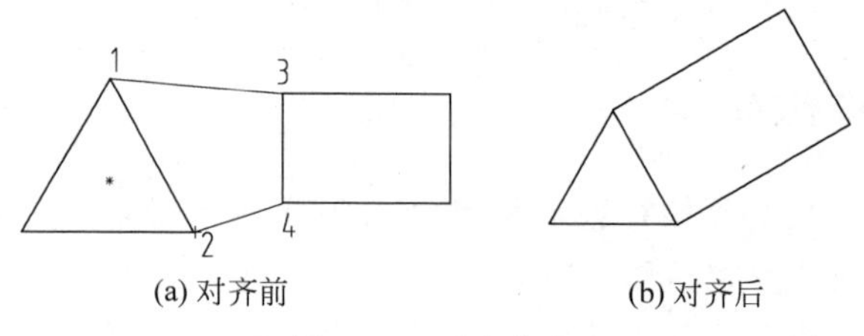

(a) 对齐前　　(b) 对齐后

图 5-41　对齐命令

```
命令: ALIGN
选择对象: 找到 1 个(矩形),↓
指定第一个源点: 点 3
指定第一个目标点: 点 1
指定第二个源点: 点 4
指定第二个目标点: 点 2
指定第三个源点或 <继续>: ↓
是否基于对齐点缩放对象?[是(Y)/否(N)] <否>: Y
```

5.3.19　参数化设计

在参数菜单栏下,有"几何约束""自动约束""标注约束"等命令,如图 5-42 所示,能快速实现相对应的功能,达到快速绘图的目的,这是 2023 版本出现的一个参数化新应用。

例如,将两条任意直线约束为垂直,操作过程如下:

```
命令: GCPERPENDICULAR(选择"参数"→"几何约束"→"垂直"命令)
选择第一个对象: CD 线
选择第二个对象: AB 线
```

执行结果如图 5-43 所示。

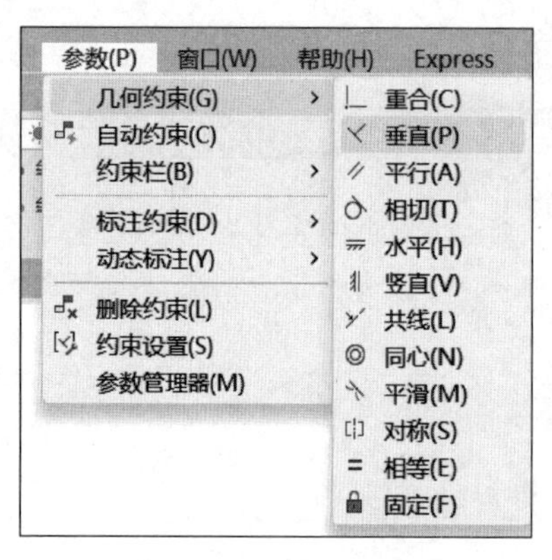

图 5-42　"参数"菜单栏

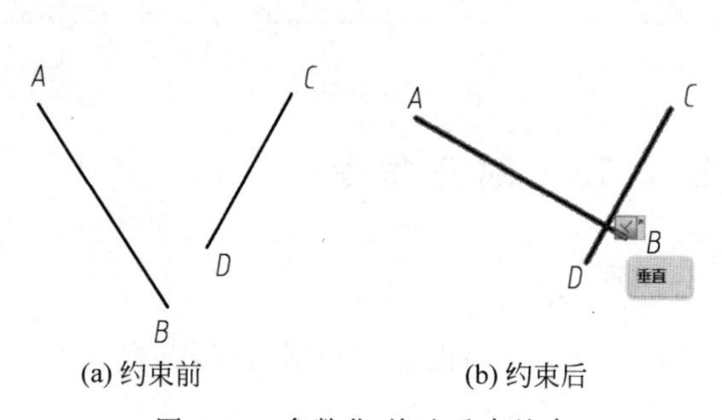

(a) 约束前　　(b) 约束后

图 5-43　参数化-快速垂直约束

其余功能读者可自行尝试,不一一列举。

5.4　常用修改命令快捷输入

表 5-1 是常用修改命令快捷输入,供读者灵活运用。

表 5-1　常用修改命令快捷输入一览表

命令	全拼	快捷输入	命令	全拼	快捷输入
删除	ERASE	E	镜像	MIRROR	MI
修剪	TRIM	TR	缩放	SCALE	SC
移动	MOVE	M	延伸	EXTEND	EX
复制	COPY	CO	分解	EXPLODE	X
拉伸	STEETCH	S	偏移	OFFSET	O
旋转	ROTATE	RO	打断	BREAK	BR
阵列	ARRAYRECT	AR	圆角	FILLET	F
倒角	CHAMFER	CHA	对齐	ALIGN	AL

5.5　随堂练习

绘制下列图形，在绘制过程中要求熟练使用修改命令，包括“复制”“圆角”“倒角”“镜像”“阵列”“删除”“缩放”等命令，并提高绘制的效率。

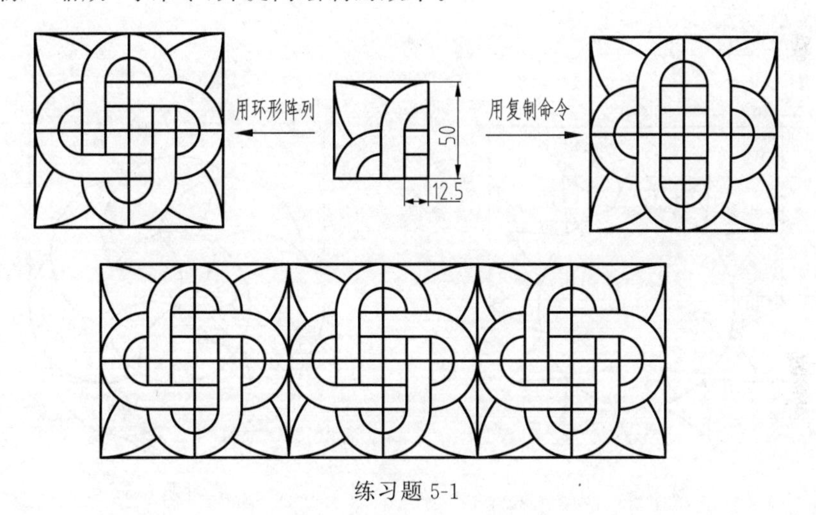

练习题 5-1

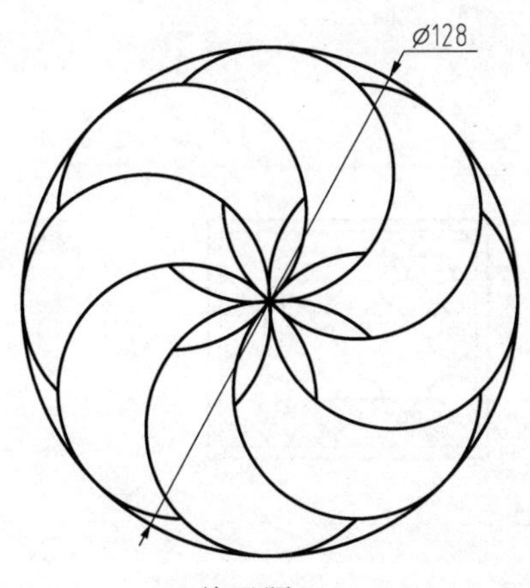

练习题 5-2

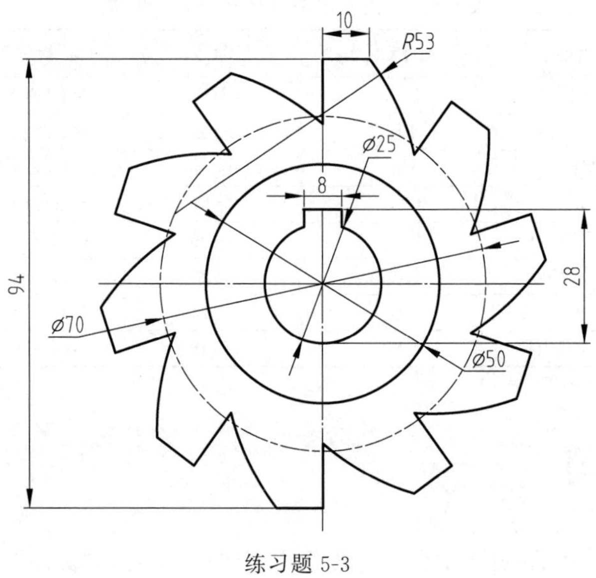

练习题 5-3

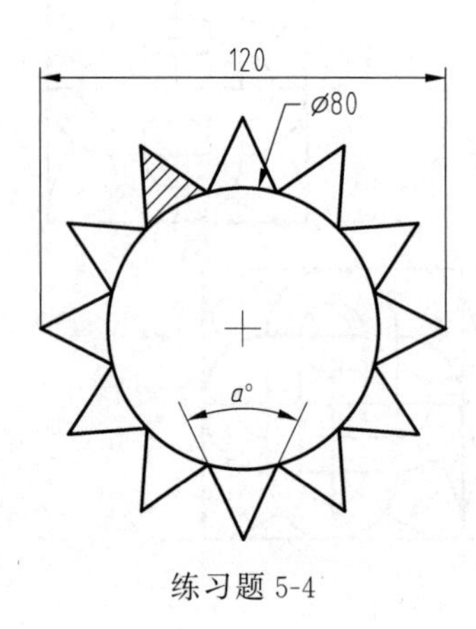

练习题 5-4

100
R25
ø50
R20

练习题 5-5

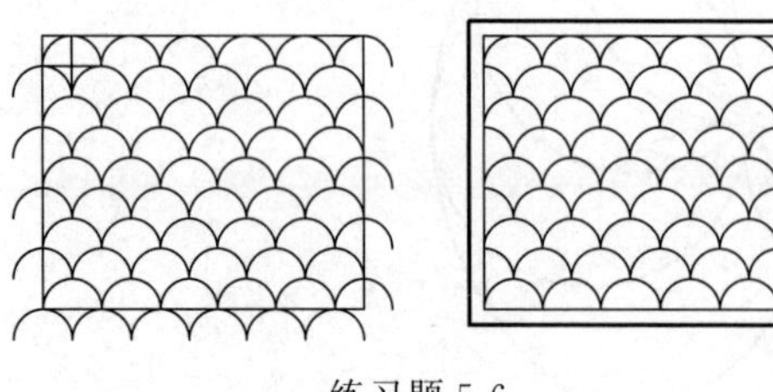

练习题 5-6

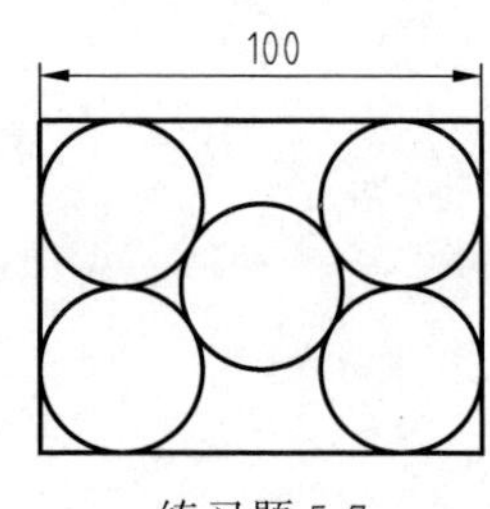

练习题 5-7

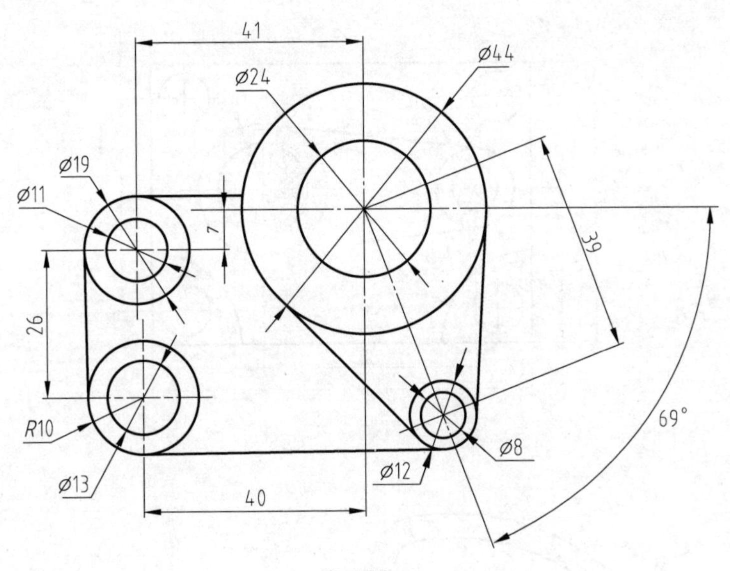

练习题 5-8

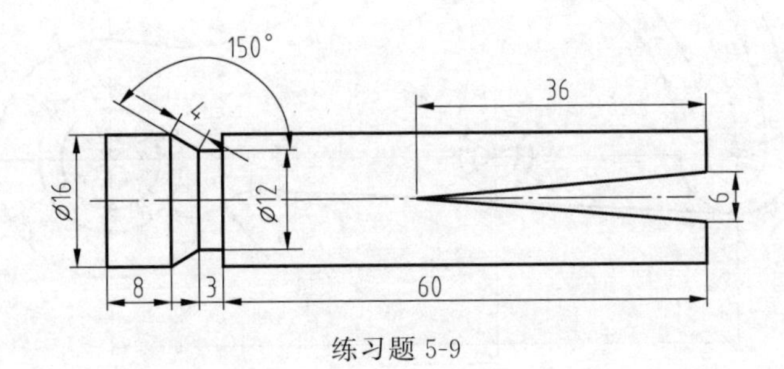

练习题 5-9

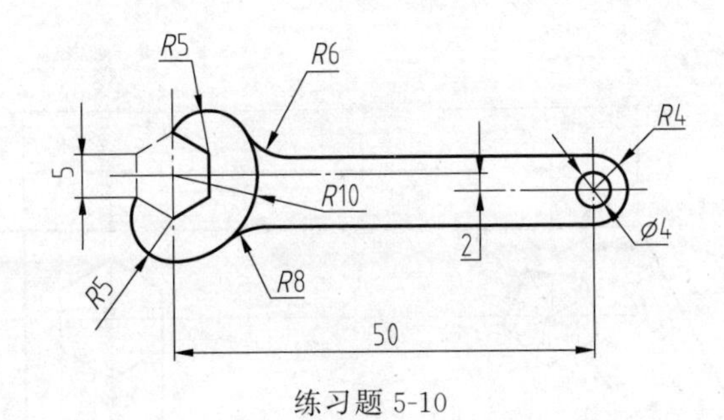

练习题 5-10

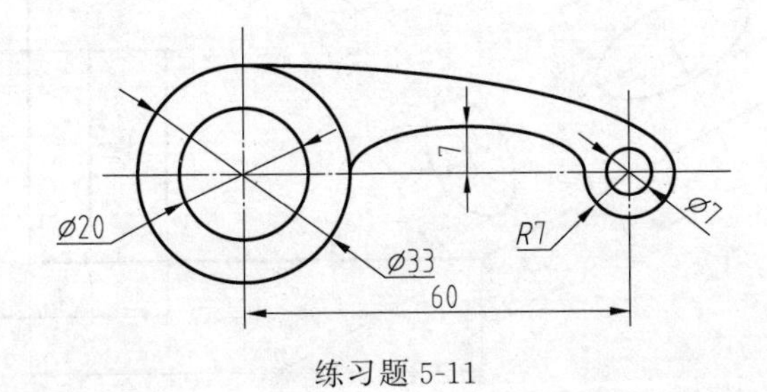

练习题 5-11

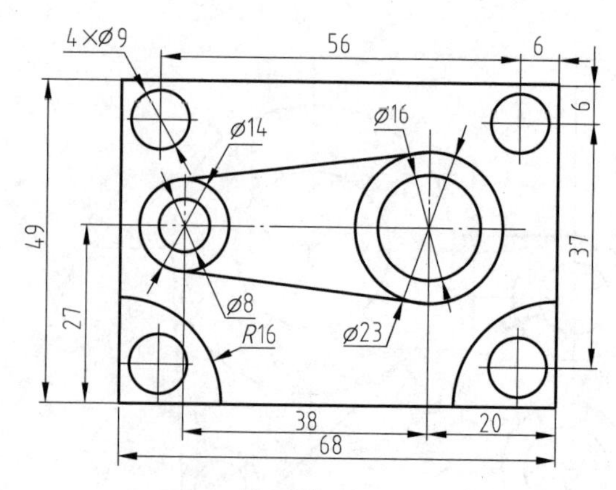

练习题 5-12

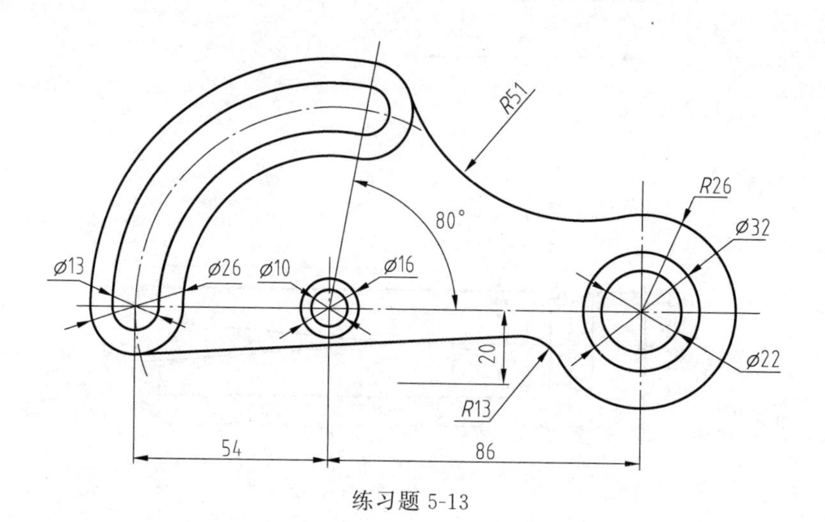

练习题 5-13

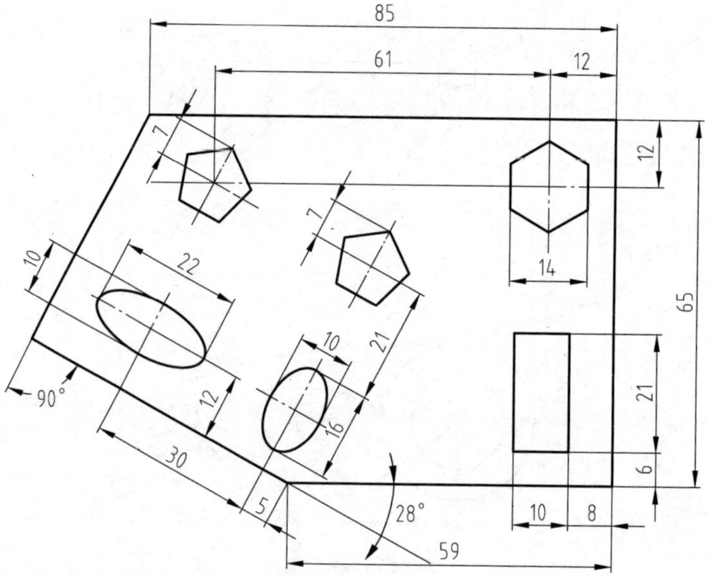

练习题 5-14

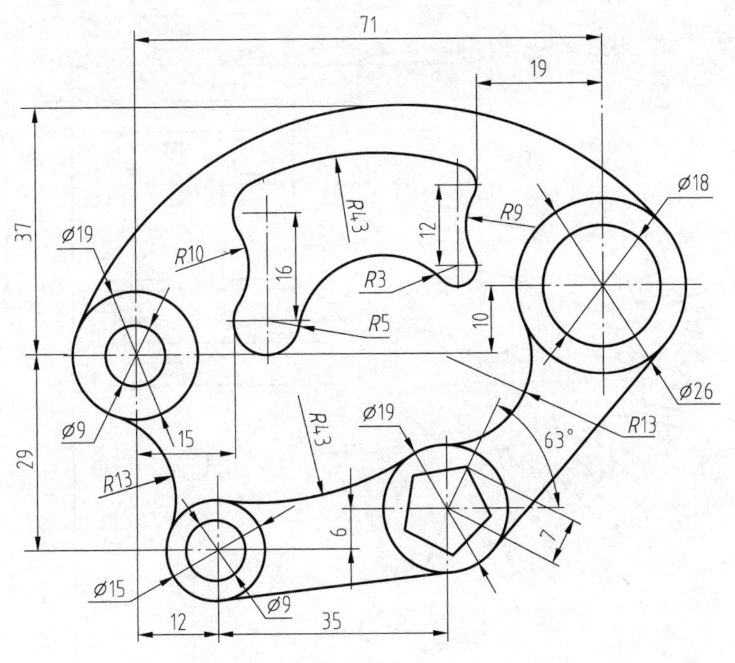

练习题 5-15

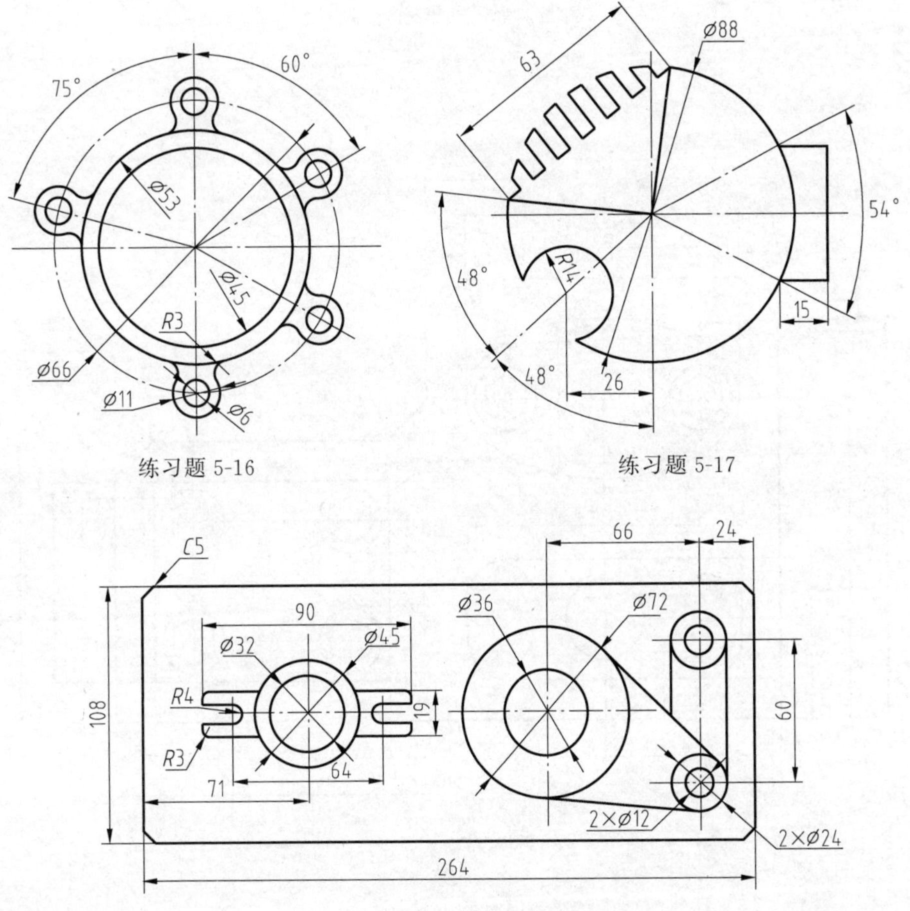

练习题 5-16

练习题 5-17

练习题 5-18

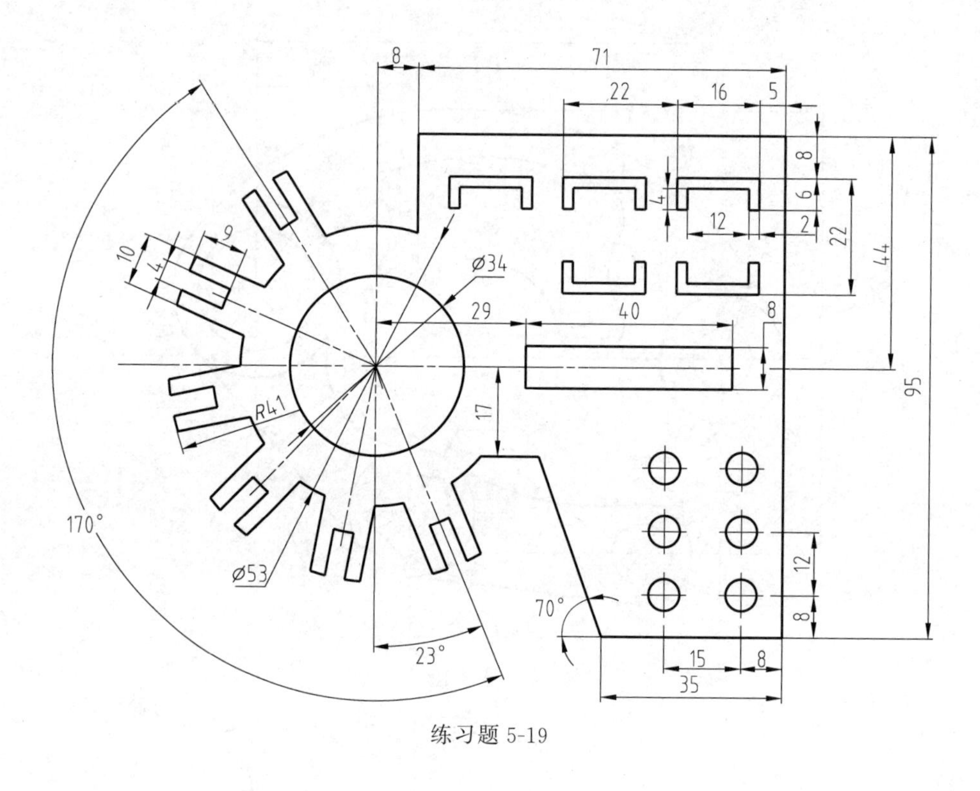

练习题 5-19

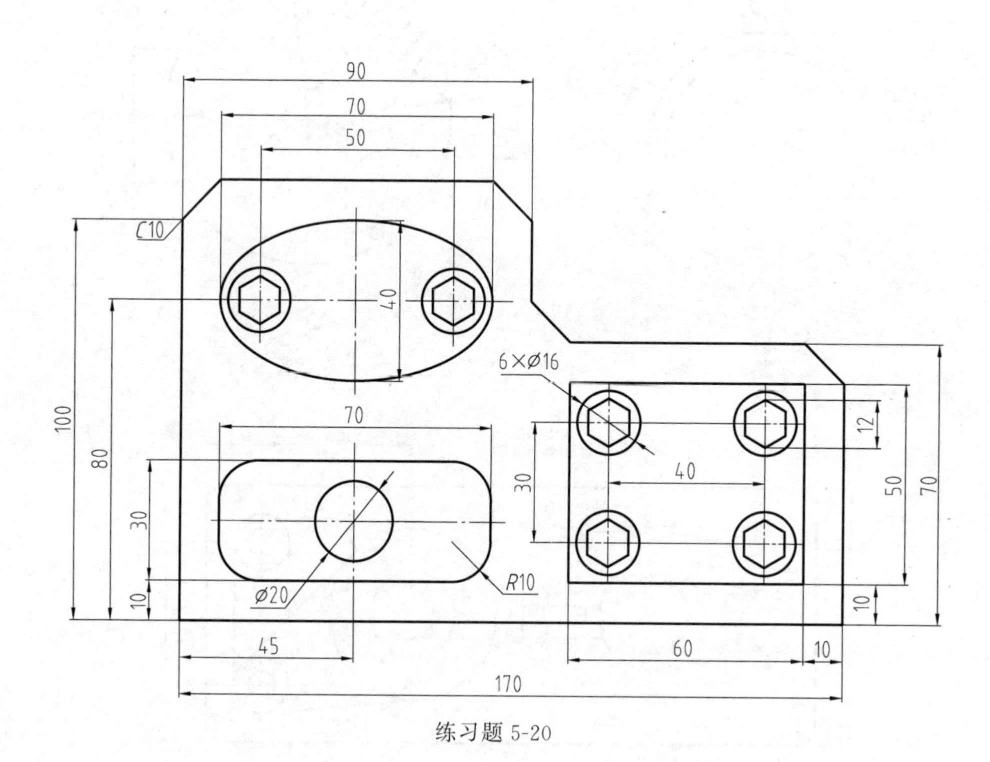

练习题 5-20

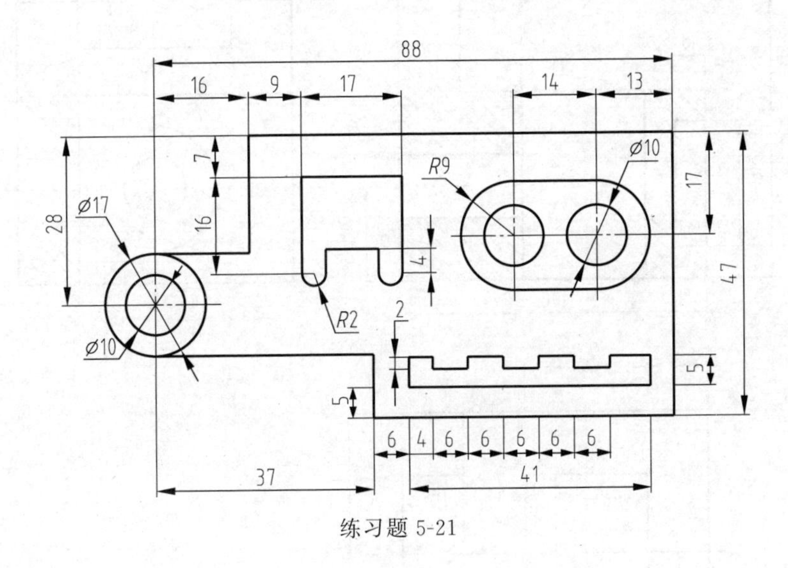

练习题 5-21

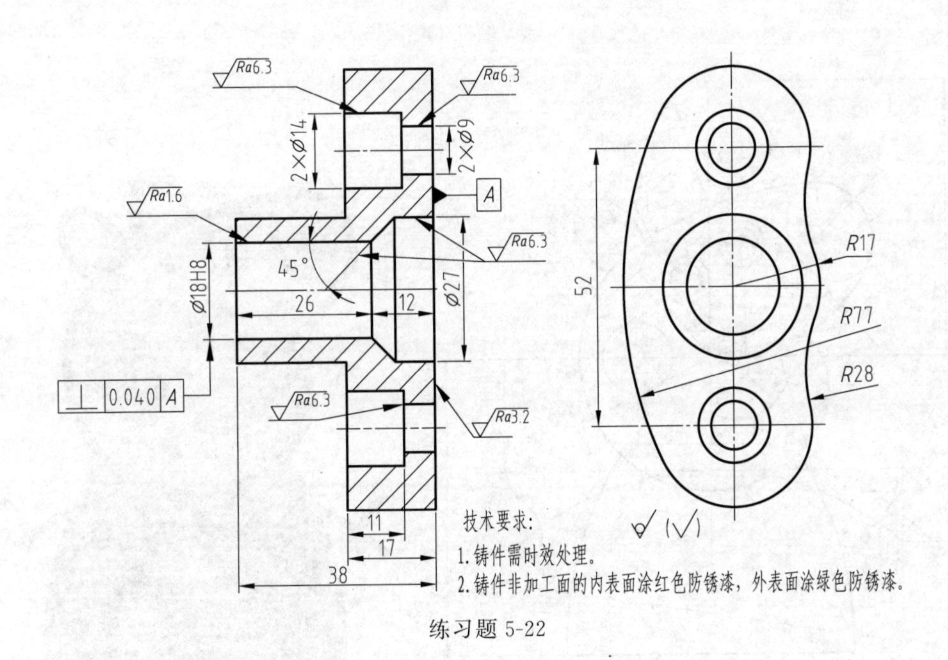

练习题 5-22

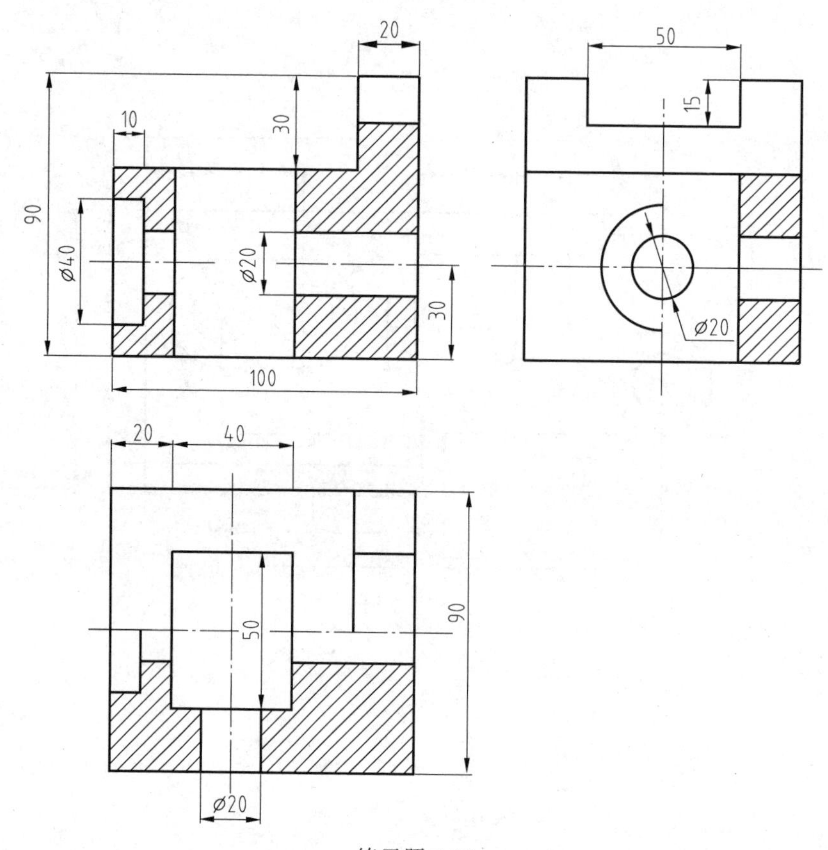

练习题 5-23

练习题 5-24

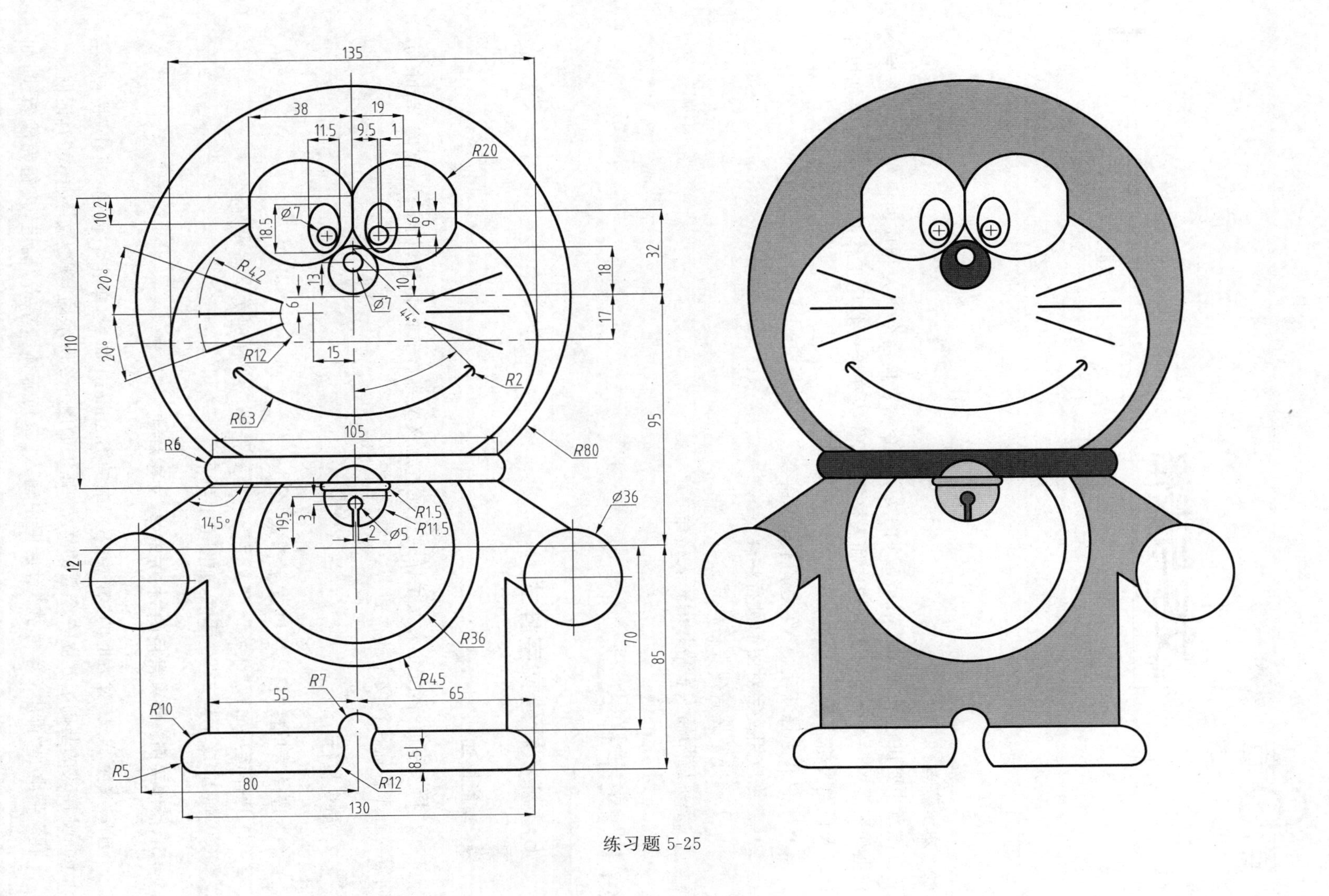
135
38
19
11.5
9.5
1
R20
10.2
Ø7
18.5
6
9
32
18
R42
13
10
20°
6
Ø7
44°
17
110
20°
R12
15
R2
R63
95
105
R6
R80
145°
195
3
R1.5
R11.5
2
Ø5
Ø36
12
R36
70
85
R45
R7
55
65
R10
R5
8.5
80
R12
130

练习题 5-25

第6章 文字与表格

本章要点

本章主要讲述了 AutoCAD 2023 的文字命令和表格命令以及相应的操作，使读者学会根据作图需求设置合适的文字样式和表格样式，作为在绘图收尾工作时对图形文字加以注释以及设置表格表题。

- 了解并掌握新建、修改文字样式等命令。
- 熟练应用文字对图纸进行注释。
- 了解并掌握新建表格样式命令。
- 熟练应用插入表格并编辑表格命令。

6.1 文字样式

6.1.1 新建文字样式

1. 功能描述

在注释文字前，需先定义文字样式。通过定义文字样式的格式，如字体、高度、角度、方向等特性来控制注释文字的格式。

2. 命令执行

(1) 选择菜单栏“格式”→“文字样式”命令。

(2) 选择选项面板“注释”→“文字”→“样式选择”→“管理文字样式”命令。

(3) 弹出“文字样式”对话框，如图 6-1 所示。

3. 操作实例：新建常用的“长仿宋体”文字样式

选择“文字样式”对话框的“样式(S)”中的 Standard 命令，单击右侧的“新建”按钮，在 Standard 样式的基础上建立一个新的样式，弹出如图 6-2 所示的“新建文字样式”对话框。

在新弹出的“新建文字样式”对话框中输入“长仿宋体”，单击“确定”按钮完成新建，如图 6-3 所示。

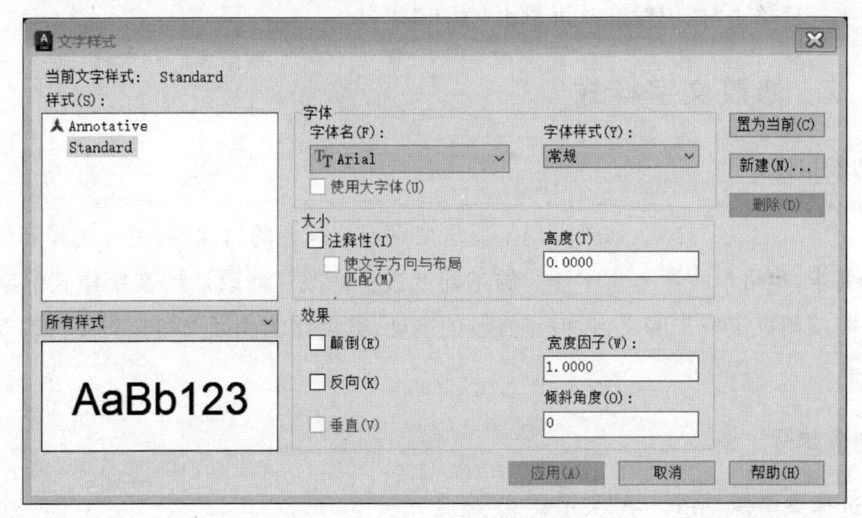

图 6-1 “文字样式”对话框

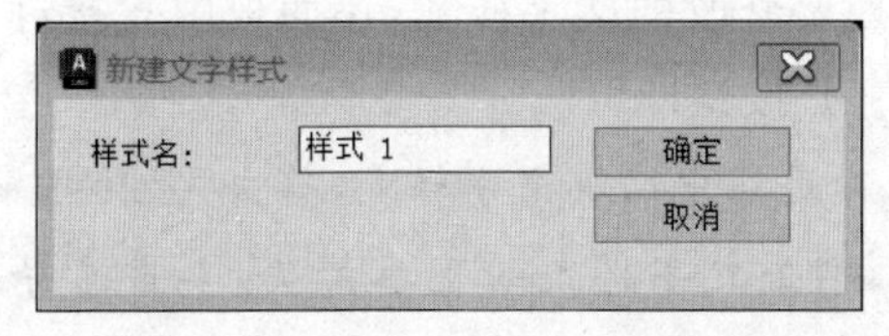

图 6-2 “新建文字样式”的样式名

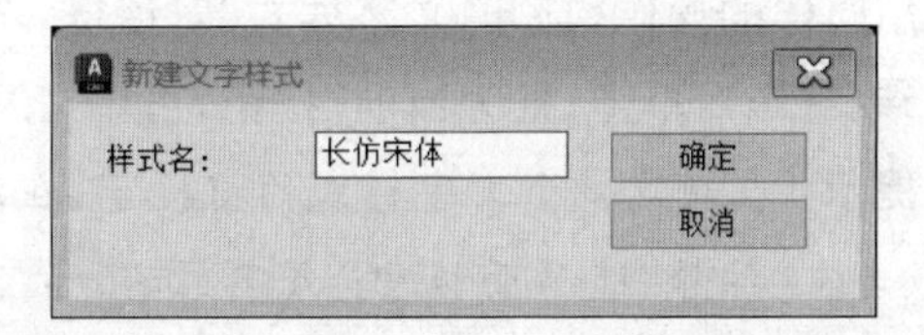

图 6-3 新建“长仿宋体”文字样式

在弹出的“文字样式”对话框中，在“字体”下拉列表中选择 gbeitc. shx 或 gbenor. shx 字体名，勾选“使用大字体”复选框，在“大字体”下拉列表中选择 gbcbig. shx 字体。

在“文字样式”对话框的“大小”栏中勾选“注释性”复选框；设置“图纸文字高度”为“5.0000”，即文字的高度为 5mm(高度为 5mm 和 7mm 的文字最为常用)。

设置“效果”栏中的“宽度因子”为“0.7000”，倾斜角度为“15”，结果如图 6-4 所示。

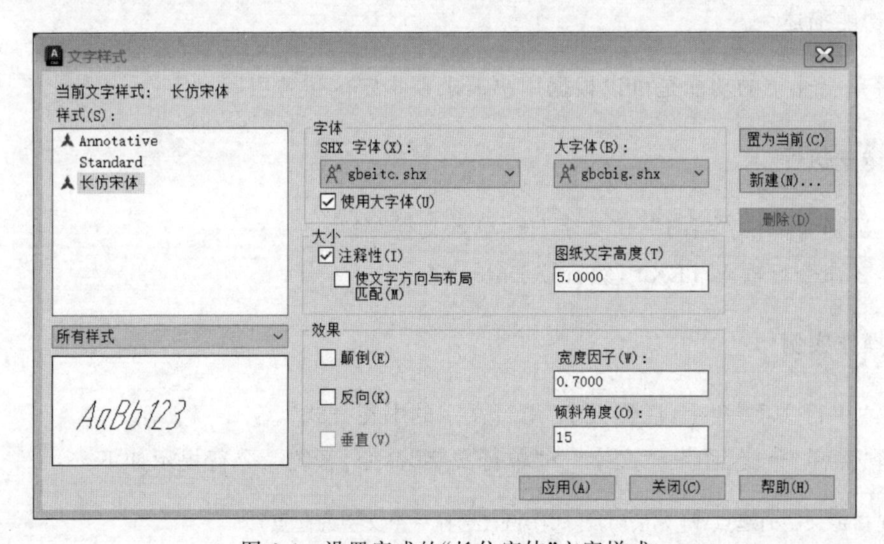

图 6-4 设置完成的“长仿宋体”文字样式

设置完毕后单击“应用”按钮，再单击“关闭”按钮。

6.1.2 修改文字样式

1. 功能描述

设置完成后的文字样式，如果出现了需求变动或不满意的情况时，可以选择新建文字样式来满足要求，也可以在原来文字样式的基础上进行修改。修改后的文字样式的字体和方向将会影响使用过该样式的文字，但是修改的高度、宽度比例和倾斜角度将不会改变已经出现的文字。

2. 命令执行

(1) 选择菜单栏“格式”→“文字样式”命令。

(2) 选择选项面板“注释”→“文字”→“样式选择”→“管理文字样式”命令。

用同样的操作，打开“文字样式”对话框，选择要修改的文字样式，在面板中直接进行修改，修改完毕后单击“置为当前”按钮，再单击“关闭”按钮即可。

提示：在新建多个文字样式的前提下，在注释过程中切换文字样式，单击“置为当前”按钮，或者在“注释”选项面板中“文字”选项卡下，单击文字样式的下拉箭头，单击选择一次即可。

6.2 注释文字

6.2.1 注释单行文字

1. 功能描述

注释单行文字的功能是可以根据用户需求在指定的位置书写文字。

2. 命令执行

(1) 选择菜单栏 “绘图”→“文字”→“单行文字”命令。

(2) 在命令行输入 TEXT，然后按 Enter 键。

3. 操作实例

执行“单行文字”命令，注释文字“单行文字的书写方式”。

选择“菜单”→“绘图”→“文字”→“单行文字”命令，系统命令行提示如下：

TEXT 指定文字的起点或[对正(J)样式(S)]:(选择一个文字的起点)。

对正(J)和样式(S)，如果在此时输入 J、S 或者单击对象，将进行“对正”和“样式”的设置。

(1) 对正(J)：对文字的对齐方式进行设置，内容有[左(L)居中(C)右(R)对齐(A)中间(M)布满(F)左上(TL)中上(TC)右上(TR)左中(ML)正中(MC)右中(MR)左下(BL)中下(BC)右下(BR)]，用户可以根据需要设置与否或者指定对齐方式。

(2) 样式(S)：在注释文字前选定需要使用的文字样式，指定一个文字样式作为当前注释使用。

```
TEXT 指定文字的旋转角度 < 0 >://指定文字的旋转角度。这里默认旋转角度 0°↓//
命令: TEXT,↓
当前文字样式:“Standard” 文字高度: 2.5000 注释性: 否 对正: 左
指定文字的起点 或 [对正(J)/样式(S)]: (在屏幕上任选一点)
指定高度 < 2.5000 >:↓
指定文字的旋转角度 < 0 >:↓
```

接下来输入需要的文字即可，在输入区域外单击，按 Esc 键退出命令，完成输入，如图 6-5 所示。

江西省南昌市经济技术开发区双港东大街

图 6-5 单行文字注释

6.2.2 注释多行文字

1. 功能描述

注释多行文字的功能就是可以根据用户需求在指定的位置书写多行文字。

2. 命令执行

输入命令：MTEXT，在输入单行文字时按 Enter 键即可，如图 6-6 所示。

字体工整 笔画清楚 间隔均匀 排列整齐

横平竖直 注意起落 结构均匀 填满方格

图 6-6 多行文字注释

3. 常见特殊字符

在实际的绘图过程中，有些标准制图需要一些特殊字符来标注，常用的特殊字符如下。

- %%c：直径符号。
- %%d：“度”符号。
- %%p：正负符号。
- %%o：上划线。
- %%U：下划线。

其他符号可从文字编辑器“符号”中选取，如图 6-7 所示。

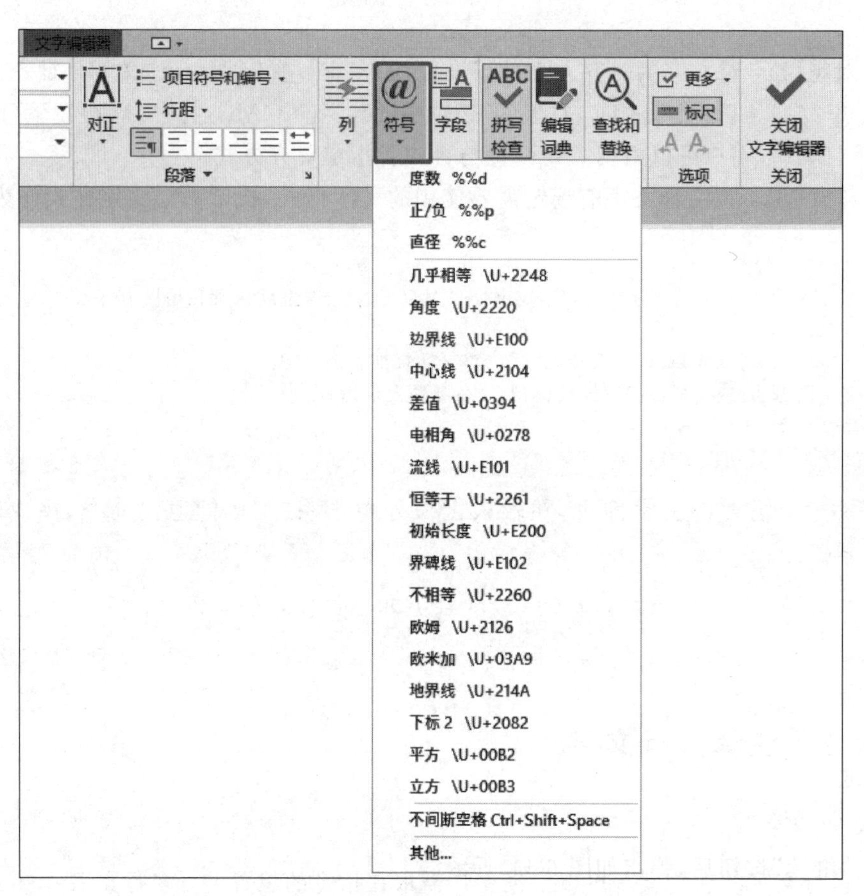

图 6-7 文字编辑器中常用符号

6.3 表格绘制

6.3.1 新建表格样式

1. 功能描述

用户可以使用原有的系统提供的表格样式，也可以通过设置定义自己的表格样式。

2. 命令执行

选择菜单栏“格式”→“表格样式”命令，弹出“表格样式”对话框，如图 6-8 所示。

3. 操作实例

新建一个表格样式，样式名为“数据”。

单击“新建”按钮，弹出如图 6-9 所示的对话框，在该对话框中输入新建表格样式的名称“数据”，如图 6-10 所示。然后单击“继续”按钮。

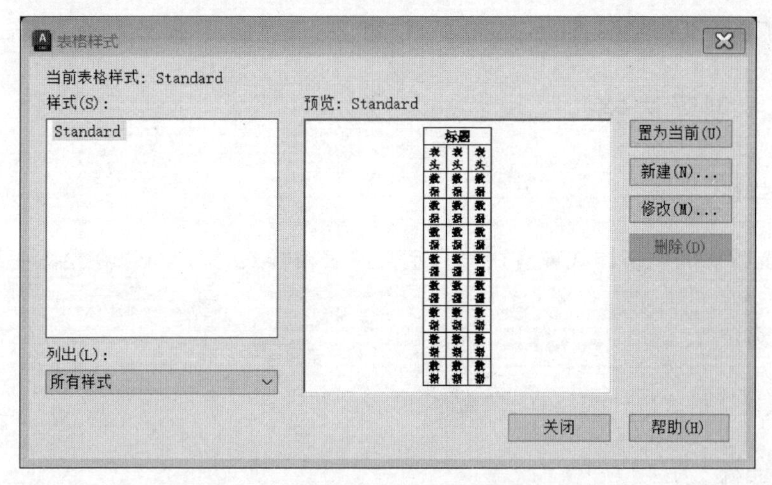

图 6-8　“表格样式”对话框

图 6-9　创建新的表格样式

图 6-10　新的样式名“数据”

单击“继续”按钮后，弹出如图 6-11 所示的对话框，在“新建表格样式：数据”对话框中切换不同的“单元样式”，然后对下面的“特性”和“页边距”进行设置，左下角显示的样式就是相对应设置的表格。

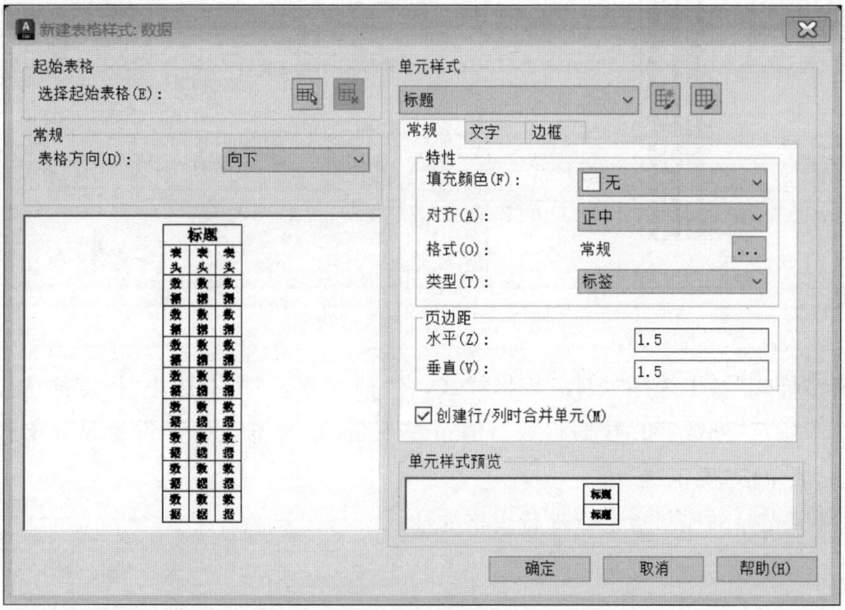

图 6-11　“数据”表格样式对话框

设置完成后单击“确定”按钮,关闭此对话框。

6.3.2 创建表格

1. 功能描述

利用系统默认的表格样式或者用户自定义的表格样式,用户可以在绘图中插入表格。

2. 命令执行

选择菜单栏“格式”→“表格样式”命令。

3. 操作实例

插入上述新建的“数据”表格样式。

选择“菜单→绘图→表格”命令,弹出“插入表格”对话框,如图 6-12 所示。

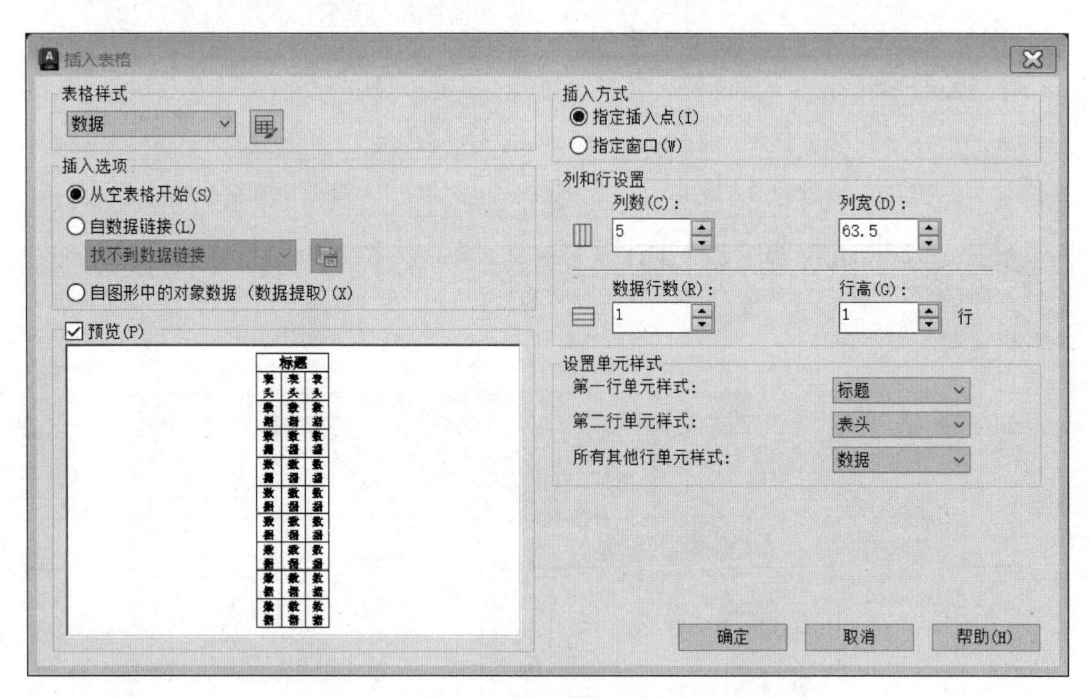

图 6-12　插入表格对话框

在“表格样式”栏中选择“数据”表格样式,在“插入方式”栏中选中“指定插入点”,在“列和行设置”中确定“列数”和“数据行数”,通过左下角的“预览”进行“设置单元格样式”的设置。设置完成单击“确定”按钮。

通过鼠标光标来控制指定点进行表格的插入。

6.4 随堂练习

根据本章所学，进行下列图样的练习。

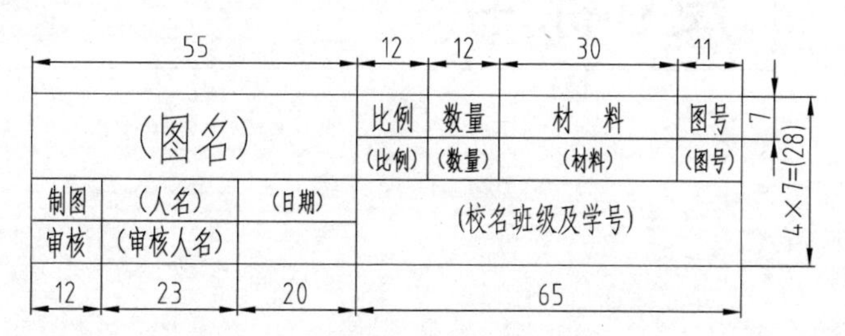

练习题 6-1

注：简化标题栏(适用于 A4 图纸)。

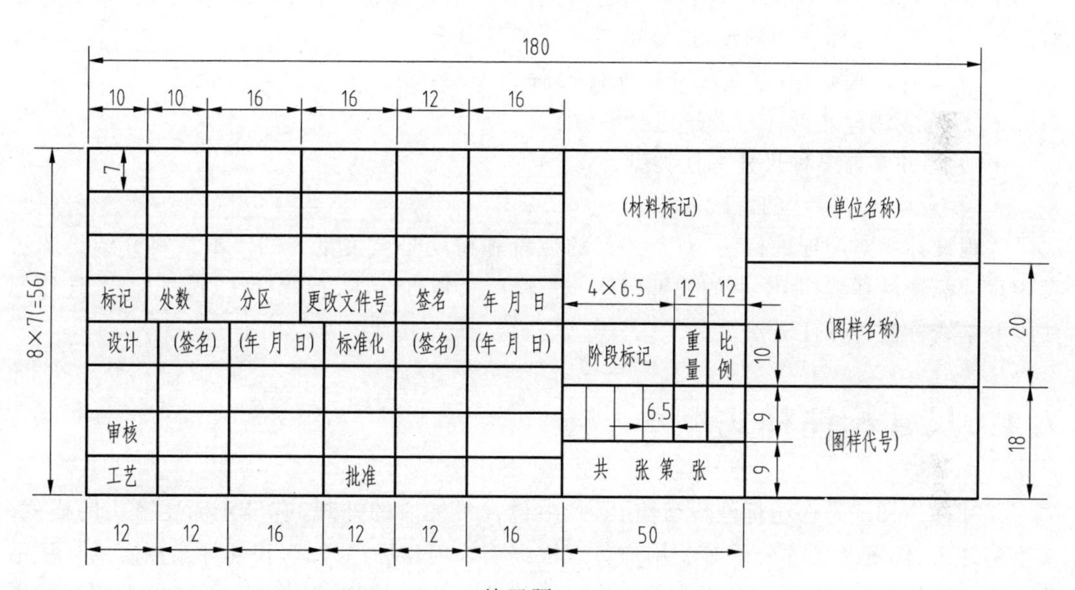

练习题 6-2

注：完整标题栏(适用于 A3 及以上图纸)。

第7章

尺寸标注

本章要点

本章主要讲述了 AutoCAD 2023 的尺寸标注与修改命令以及相应的操作，使读者学会对图形的尺寸进行标注和修改，以显示图形的细节要求。

- 了解并掌握新建、修改尺寸标注样式命令。
- 熟练应用尺寸标注对图形进行标注。
- 了解并掌握多种尺寸标注类型。
- 熟练对已有尺寸的修改操作。

工程设计中对图形的标注，对于图形的位置和精度是至关重要的。本章将介绍绘图过程中尺寸标注的样式，如常见的线性标注、对齐标注、角度标注、折弯标注、弧长标注、连续标注以及基线标注等标注方法。

7.1 尺寸标注样式

尺寸标注样式是一组标注设置集合，其中包含了标注的外观，有尺寸标注箭头的样式，文字的样式、位置及尺寸公差等。用户可以根据需求创建标注样式，快速导出规定的标注格式。在进行标注时，需要先把所使用的标注样式置为当前使用。用户还可以在当前标注样式下创建不同类型的标注子样式。

7.1.1 标注样式管理器

在 AutoCAD 中，如果要定义标注样式，需要先打开标注样式管理器。

标注样式管理器执行命令方式如下。

(1) 选择菜单栏“格式”→“标注样式”命令。

(2) 在命令行输入 DIMSTYLE 或 DDIM 命令，也可用使用快捷键 D，然后按 Enter 键确认命令执行。

选择“标注样式”命令后，弹出“标注样式管理器”对话框，如图 7-1 所示，其中，ISO-25 为当前默认的标注样式，这是规定的 ISO 标准的标注样式。用户需要在 ISO 标注的基础上建立自己的样式标注，方便自己对各种图纸标注的使用。

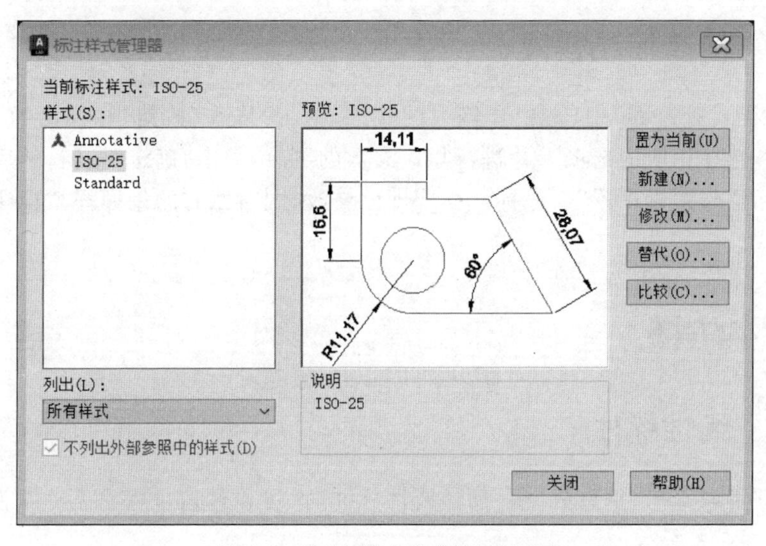

图 7-1　"标注样式管理器"对话框

7.1.2　定义子样式

用户可以为某一标注样式定义子样式,即在一种标注样式的基础上定义一种新的标注样式,用于一种类型的标注,具体操作方法如下。

在"标注样式管理器"中,选择要创建的子样式,单击"新建"按钮,在弹出的"创建新标注样式"对话框中,从"用于"下拉列表中选择要应用于子样式的标注类型,单击"继续"按钮,如图 7-2 所示。在"新建标注样式"对话框中,选择相应的选项卡,并进行相应参数的更改,单击"确定"按钮,然后单击"关闭"按钮,退出"标注样式管理器"。定义的子样式将显示在"标注样式管理器"的样式列表中。

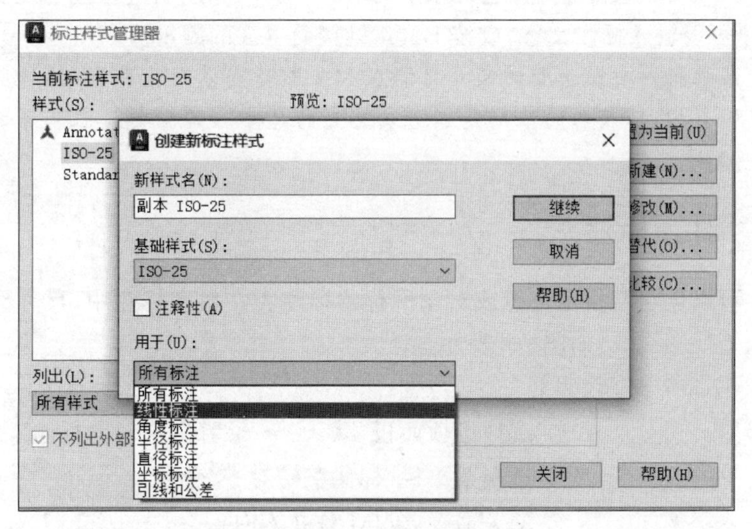

图 7-2　子样式标注选择界面

7.1.3 修改标注样式

在“标注样式管理器”中，选中要修改的样式，单击“修改”按钮，在弹出的“修改标注样式”对话框中，选择相应的选项卡并进行相应参数的更改，单击“确定”按钮，然后单击“关闭”按钮，退出“标注样式管理器”。该标注样式即已修改，同时原有的用原样式标注的尺寸也修改为现有样式。

7.2 尺寸注释

7.2.1 线性标注

线性标注可以水平、垂直放置。创建线性标注时，可以修改文字内容、文字角度或尺寸线的角度，如图 7-3 所示。

线性标注执行命令方式如下。

(1) 选择选项面板“默认”→“注释”→“线性标注”命令。

(2) 选择菜单栏“标注”→“线性”命令。

(3) 输入命令：DIMLINEAR。

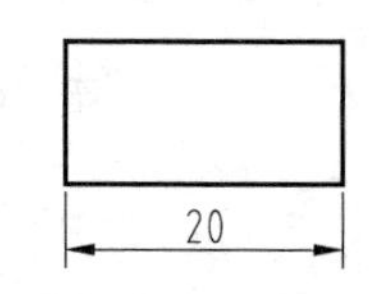

图 7-3 线性标注样图

按照命令行提示，分别指定第一条尺寸界线原点和第二条尺寸界线原点之后，命令行提示如下：

```
[多行文字(M)/文字(T)/角度(A)/水平(H)/垂直(V)/旋转(R)]:
```

各选项说明如下。

- 多行文字：显示在位文字编辑器，可用它来编辑标注文字。
- 文字：在命令行提示下，自定义标注文字。生成的标注测量值显示在尖括号中。此时用户可以输入标注文字，或按 Enter 键接受生成的测量值。

【注意】 线性标注自动获取的尺寸只能在水平或竖直方向获取，即使选取的两个点不是处于水平或竖直方向，获取的依然是水平或竖直的尺寸。若需要获取两点之间的距离则需要进行对齐标注。

7.2.2 对齐标注

对齐标注可以创建与指定位置或对象平行的标注。在对齐标注中，尺寸线平行于要标注的两个选点连成的直线，如图 7-4 所示。

对齐标注执行命令方式如下。

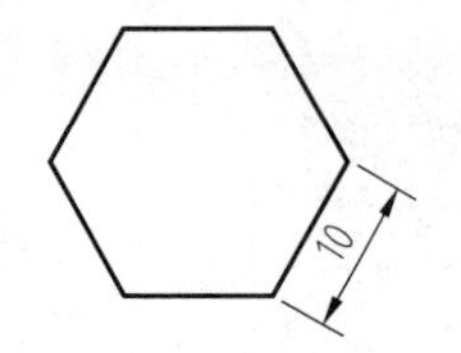

图 7-4 对齐标注样图

(1) 选择选项面板“默认”→“注释”→“对齐标注”命令。

(2) 选择菜单栏“标注”→“对齐”命令。

(3) 输入命令：DIMALIGNED。

执行“对齐标注”命令之后，提示用户可以选择要标注的对象，在指定尺寸线位置之前，可以编辑文字或修改文字角度。

- 要使用多行文字编辑文字，输入 m，在“在位文字编辑器”中修改文字，单击“确定”按钮。
- 要使用单行文字编辑文字，输入 t，修改命令提示下的文字，然后按 Enter 键。
- 要旋转文字，输入 a，然后输入文字角度并按 Enter 键。

文字设定完成之后，然后指定尺寸线的位置。

对齐标注是对线性标注的一个重要补充，在水平和竖直方向的大量标注采用线性标注、基线标注和连续标注等，但是这种倾斜角度的标注要依靠对齐标注来完成。

7.2.3　角度标注

角度可标注两条交叉直线或三个点之间的角度，圆弧起、终点之间的扇形角度。在标注后，系统会自动加上角度符号“°”。

角度标注执行命令方式如下。

(1) 选择选项面板“默认”→“标注”→“角度标注”命令。

(2) 选择菜单栏“标注”→“角度”命令。

(3) 输入命令：_DIMANGULAR。

执行命令之后，系统会出现如图 7-5 所示的命令行提示。

图 7-5　角度标注命令行提示

这里用户可以选择对“圆弧”“圆”“直线”三种图形进行圆弧标注，直接选中相应的图形，然后确定尺寸标注的位置即可。在选择完图形后确定尺寸位置前，命令行会提示对尺寸标注进行选择性编辑(见图 7-6)，和常规的尺寸标记相同。

```
指定标注弧线位置或[多行文字(M)/文字(T)/角度(A)/象限点(Q)]；
标注文字 = 76
```

【注意】 在角度标注时，默认的角度标注文字是跟随尺寸线的，但是在规定的标注要求下，需要把角度尺寸标注的文字水平放置，在现有的标注样式基础上新建一个“角度标注”样式，如图 7-7 所示，其单独应用于“角度标注”。新建完成的结果如图 7-8 所示。

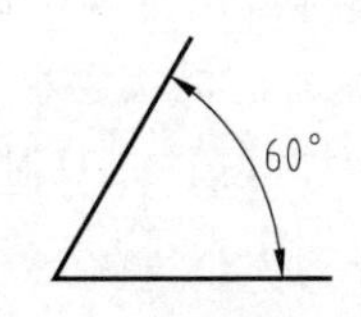

图 7-6　角度标注样图

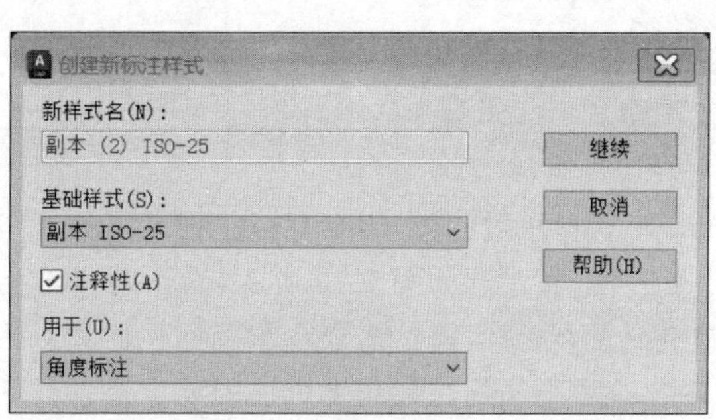

图 7-7　新建“角度标注”样式

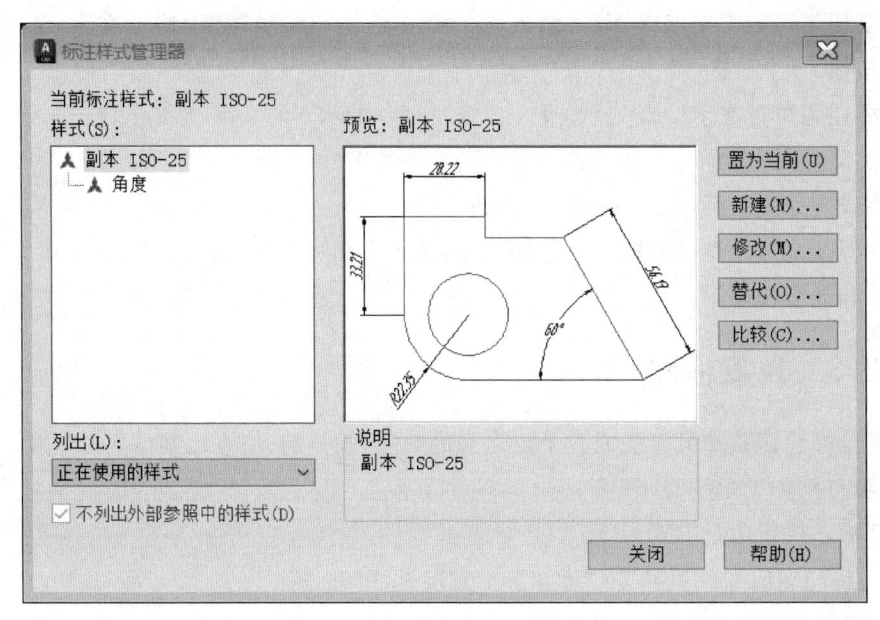

图 7-8 “角度样式”预览

7.2.4 半径标注

半径标注可对圆弧或圆的半径进行标注，同时显示半径数值，如果定义了半径标注的子样式，系统还会自动在数值前加上前缀 R，操作结果如图 7-9 所示。

半径标注执行命令方式如下。

(1) 选择选项面板“默认”→“注释”→“半径标注”命令。

(2) 选择菜单栏“标注”→“半径”命令。

(3) 输入命令：DIMRADIUS。

执行“半径标注”命令并选择圆弧或圆之后，命令行会提示如下：

```
指定尺寸线位置或 [多行文字(M)/文字(T)/角度(A)]:
```

各项的用法和前文相同。

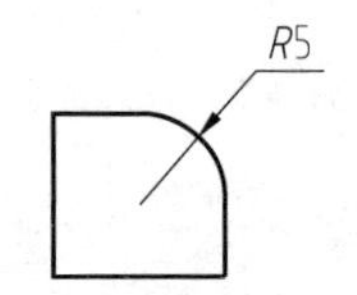

图 7-9 半径标注示意

在执行半径标注过程中，需要在标注样式下设置“半径标注”的子样式，使得半径标注的文字为水平方向，其过程如图 7-10 所示，操作内容与上文角度标注设置所讲的类似。

在调整设置半径标注时，需要在半径标注样式对话框中的“文字”一栏，把“文字对齐”选中为“水平”，这里半径标注和角度标注的要求是一样的，需要把标注的文字水平设置。

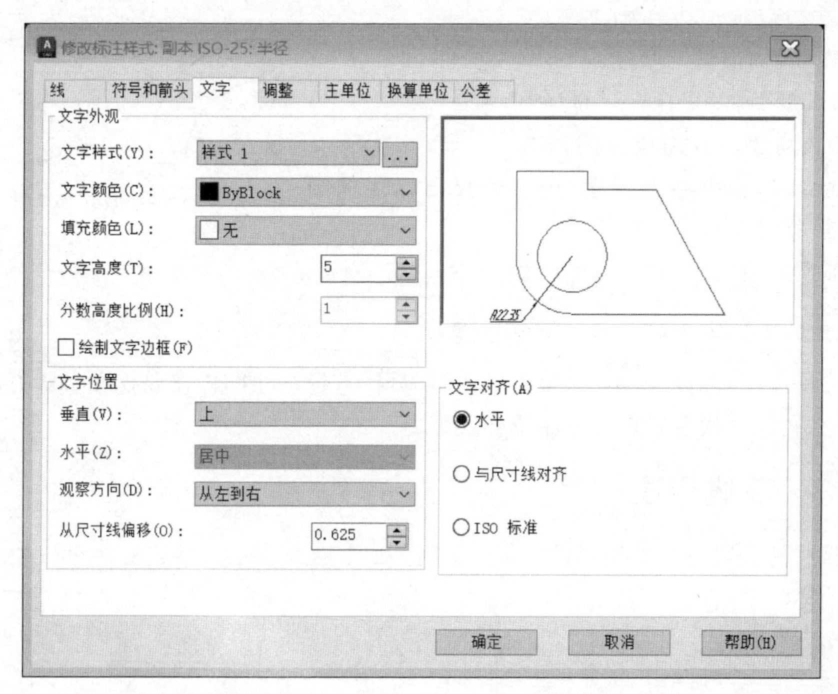

图 7-10　新建并修改的"半径标注"样式

7.2.5　折弯标注

圆弧或圆的标注在布局之外无法在其实际位置显示时，使用折弯标注可以改变标注线条的方向，但依旧是对圆的半径进行标注，如图 7-11 所示。在"修改标注样式"对话框的"符号和箭头"选项卡中的"半径标注折弯"下，用户可以控制折弯的默认角度。标注时系统同样会自动加上半径符号"R"。

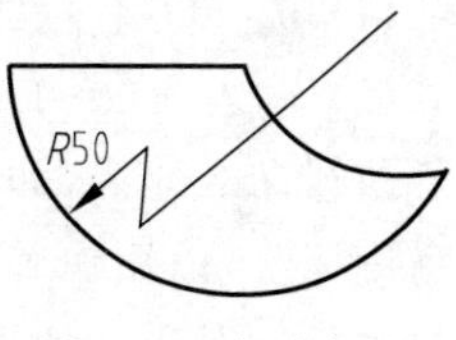

R50

图 7-11　折弯标注

折弯标注执行命令方式如下。

(1) 选择选项面板"默认"→"注释"→"折弯标注"命令。

(2) 选择菜单栏"标注"→"折弯"命令。

(3) 输入命令：DIMJOGGED。

执行命令之后，系统会要求用户确定折弯标注中心位置，用户可根据自己的需要设定上述项目。

在此过程中，用户指定中心位置之后，系统命令行提示如下：

```
指定尺寸线位置或 [多行文字(M)/文字(T)/角度(A)]:
```

这是对折弯标注的内容编辑。

执行折弯半径标注后，还可以通过夹点来控制折弯标注的位置。

7.2.6　直径标注

直径标注用于测量圆的直径或中心标记测量圆弧的直径。如果使用的是自动测量的直径值，系统会在数值前加上直径前缀 ϕ，如图 7-12 所示。

直径标注执行命令方式如下。

(1) 选择选项面板“注释”→“直径”命令。

(2) 选择菜单栏“标注”→“直径”命令。

(3) 输入命令：DIMDIAMETER。

执行命令后，根据系统提示，用户选择要标注的圆弧或圆，然后指定尺寸线位置。

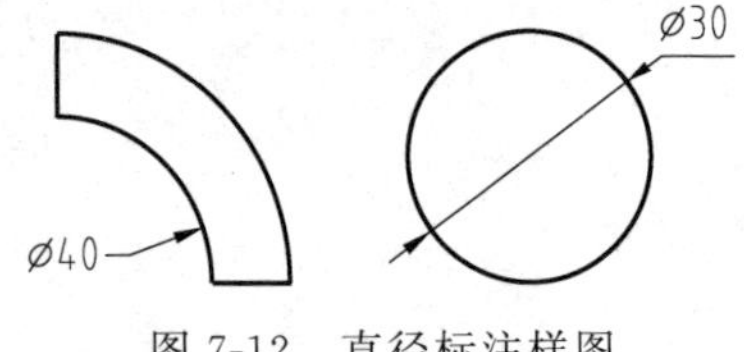

图 7-12　直径标注样图

选择圆弧或圆之后，命令行提示如下：

```
指定尺寸线位置或[多行文字(M)/文字(T)/角度(A)]:
```

各项的具体用法请参见前文“角度标注”部分。直径标注同样需要把文字的方向调整为水平，按照上文的步骤建立直径标注子样式即可。

7.2.7　基线标注

基线标注是自同一基线处测量的多个标注，如图 7-13 所示。基线标注可以快速且大量地进行线性标注。

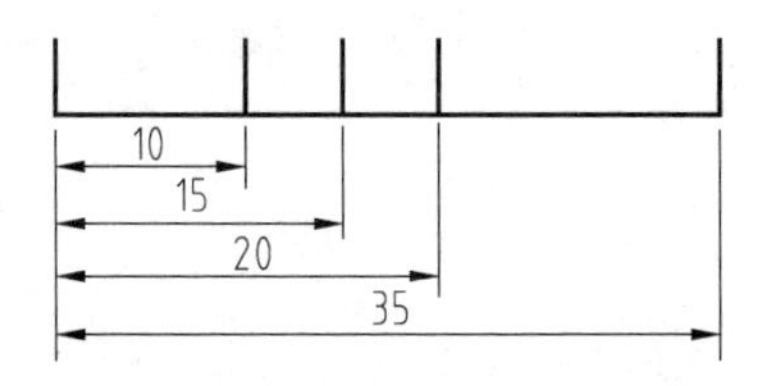

图 7-13　基线标注样图

基线标注执行命令方式如下。

(1) 选择菜单栏“标注”→“基线”命令。

(2) 输入命令：DIMBASELINE。

执行命令之后，如果当前任务中未创建任何标注，将提示用户选择线性标注、坐标标注或角度标注，以用作基线标注的基准。否则，程序将跳过该提示，并使用上次在当前任务中创建的标注对象。如果基准标注是线性标注或角度标注，将显示“指定第二条尺寸界线原点或[放弃(U)/选择(S)]<选择>：”的提示；如果基准标注是坐标标注，将显示“指定点坐标或[放弃(U)/选择(S)]<选择>：”的提示，各选项说明如下。

(1) 第二条尺寸界线原点：默认情况下，使用基准标注的第一条尺寸界线作为基线标注的尺寸界线原点。用户可以通过选择基准标注替换默认情况，这时作为基准的尺寸界线是离选择拾取点最近的基准标注的尺寸界线。选择第二点之后，将绘制基线标注并再次显示“指定第二条尺寸界线原点”的提示。

(2) 点坐标：将基准标注的端点用作基线标注的端点，系统将提示指定下一个点坐标。选择点坐标之后，将绘制基线标注并再次显示“指定点坐标”的提示。

(3) 选择：再次选择基准，进行下一轮标注。

7.2.8　连续标注

连续标注是首尾相连的多个标注，如图 7-14 所示。在创建连续标注之前，必须创建线性标注、坐标标注或角度标注。基线标注是从上一个标注或选定标注的第二条尺寸界线处创建线性标注、角度标注或坐标标注。

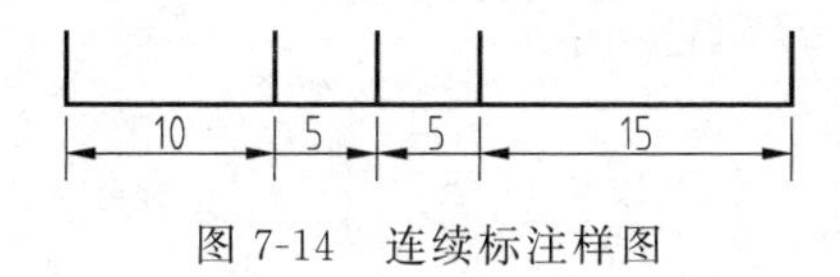

图 7-14　连续标注样图

连续标注执行命令方式如下。

(1) 选择菜单栏"标注"→"连续"命令。

(2) 命令：DIMCONTINUE。

如果当前任务中未创建任何标注，将提示用户选择线性标注、坐标标注或角度标注，以用作连续标注的基准。否则，程序将跳过该提示，并使用上次在当前任务中创建的标注对象。如果基准标注是线性标注或角度标注，将显示"指定第二条尺寸界线原点或[放弃(U)/选择(S)]<选择>："的提示；如果基准标注是坐标标注，则将显示"指定点坐标或[放弃(U)/选择(S)]<选择>："的提示，具体各项的应用请参见"基线标注"部分。

7.3　引线标注

引线是一条直线或样条曲线，其一端带有箭头，另一端带有多行文字对象或块。在某些情况下，由一条短水平线(又称为基线)将文字或块及其特征控制框连接到引线上。

7.3.1　用 LEADER 进行引线标注

LEADER 命令用来创建连接注释与几何特征的引线。

输入命令：LEADER。

执行命令并指定所有的引线点之后，AutoCAD 提示如下：

```
命令: LEADER,↓
指定引线起点:
指定下一点:
指定下一点或 [注释(A)/格式(F)/放弃(U)] <注释>:
```

如果用户选择的是"注释"(输入 A 后按 Enter 键或者直接按 Enter 键)，而在"注释"提示下没有先输入文字而直接按 Enter 键，则系统会为用户提供另一项选择。用户可以根据自己的需要选择相应的选项对引线进行设置并标注。

7.3.2　用 QLEADER 进行引线标注

QLEADER 命令可以快速创建引线和引线注释。在使用过程中，用户可以使用"引线设置"对话框，根据自己的需要或者行业规范、企业标准设置引线。在进行引线设置时，用户可以用引线注释和注释格式，设置引线添加到多行文字注释的位置，限制引线点的数目和限定第一段和第二段引线的角度。

输入命令：QLEADER。

激活命令之后，AutoCAD 提示如下：

```
命令: QLEADER,↓
指定第一个引线点或 [设置(S)] <设置>:
指定下一点:
指定下一点:
指定文字宽度 <0>:
输入注释文字的第一行 <多行文字(M)>:
```

如果打开关联标注，则引线起点可与对象上的位置相关联。如果重新定位对象，则箭头仍附着在对象上，并且引线拉伸，但文字或特征控制框的位置不变。

当前所用的是默认的引线样式，如果用户要自己定义引线样式，可以输入 S 或者在默认选项是“设置”时直接按 Enter 键，系统会弹出“引线设置”对话框，该对话框中有“注释”“引线和箭头”“附着”三个选项卡，如图 7-15～图 7-17 所示，可对标注的样式进行不同的设置。

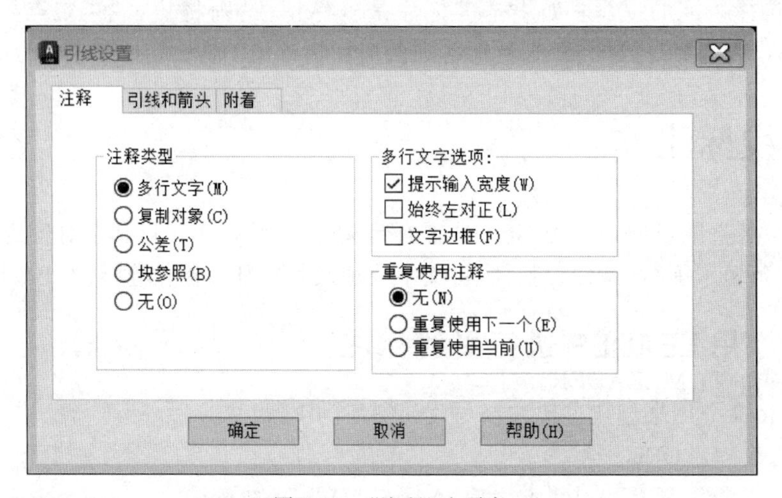

图 7-15 “注释”选项卡

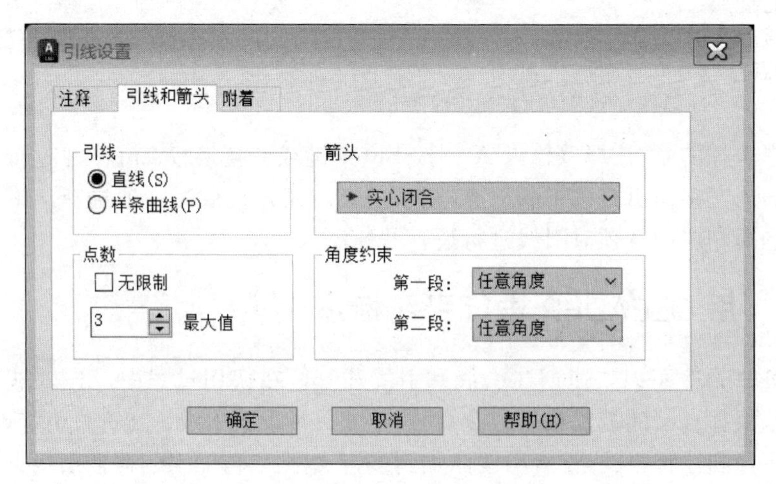

图 7-16 “引线和箭头”选项卡

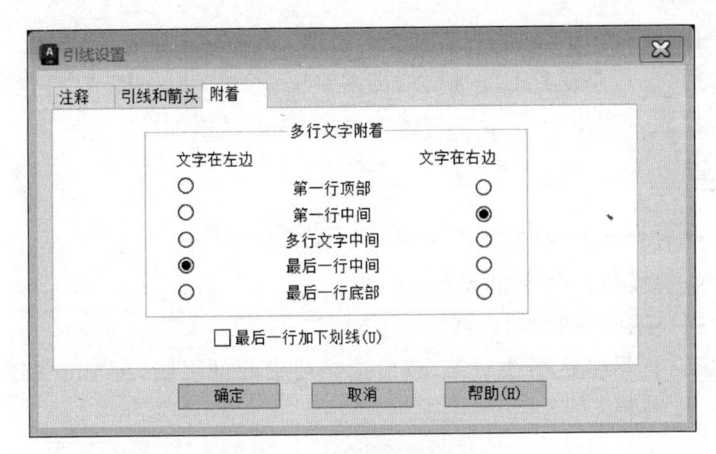

图 7-17　“附着”选项卡

7.3.3　用 MLEADER 进行引线标注

MLEADER(多重引线)命令相对于快速引线功能更强大,用户可以使用该命令创建连接注释与几何特征的引线。

1. 多重引线的标注

激活多重引线执行命令方式如下。

(1) 选择选线面板“注释”→“多重引线”命令。

(2) 选择菜单栏“标注”→“多重引线”命令。

(3) 输入命令：MLEADER。

执行命令之后,系统会提供命令行提示,用户根据自己的需要选择相应的选项进行标注,AutoCAD 提示如下：

```
命令: MLEADER,↓
指定引线箭头的位置或 [预输入文字(T)/引线基线优先(L)/内容优先(C)/选项(O)] <选项>:
指定引线基线的位置:
```

多重引线可创建为箭头优先、引线基线优先或内容优先。如果已使用多重引线样式,则可以从该指定样式创建多重引线。

如果用户选择的是“选项”,系统会提供新的命令行提示,用户可以对该选项进行新的设置。

```
输入选项 [引线类型(L)/引线基线(A)/内容类型(C)/最大节点数(M)/第一个角度(F)/第二个角度(S)/退出选项(X)] <退出选项>:
```

其中,“引线类型”是要用户选择引线是使用直线类型的引线还是使用样条曲线引线。

2. 添加引线

如果图形中已经有引线或多重引线,要向多重引线中添加引线,可以使用“添加引线”功能。添加引线执行命令方式如下。

选择选项面板“注释”→“添加引线”命令。

执行命令之后，选择要在其上添加引线的多重引线，按 Enter 键或空格键结束选择。指定新引线的箭头位置，按 Enter 键或空格键结束，引线即已添加。

3. 删除引线

如果图形中已有多重引线，但是多重引线中有多余的引线，要删除该引线，可以使用删除引线功能。删除引线执行命令如下。

选择选项面板“注释”→“删除引线”命令。

执行命令之后，选择多重引线对象，然后选择要去除的引线，按 Enter 键或空格键结束选择，多余的引线即被删除。

4. 对齐引线

AutoCAD 2023 的多重引线可以将原本凌乱的引线对象对齐。机械设计中一些部装图、总装图的零部件的指引线在设计中要求从外观上对齐，而在设计绘图过程中对于单个引线的对齐要进行多次捕捉，而且，即使进行多次捕捉，也很难保证指引线的序号文字完全对齐，这就很难保证图纸文件的规范性。在设计过程中，合理使用多重引线的对齐功能，就可以保证这种规范性。对齐引线执行命令方式如下。

（1）选择选项面板“注释”→“对齐引线”命令。

（2）输入命令：MLEADERALIGN。

执行命令之后，选择要对齐的多重引线，按 Enter 键或空格键结束选择，按照系统提示，再指定要对齐到的引线（基准引线），然后指定对齐方向，对象即被对齐。

5. 多重引线样式设置

对于不同的行业，工程设计中要求有不同的引线设置要求。在许多情况下，需要进行多重引线样式的设置。多重引线样式设置执行命令方式如下。

（1）选择菜单栏“格式”→“多重引线样式”命令。

（2）输入命令：MLEADERSTYLE。

通过以上操作之一，弹出“多重引线样式管理器”对话框，如图 7-18 所示，在该管理器中进行设置。

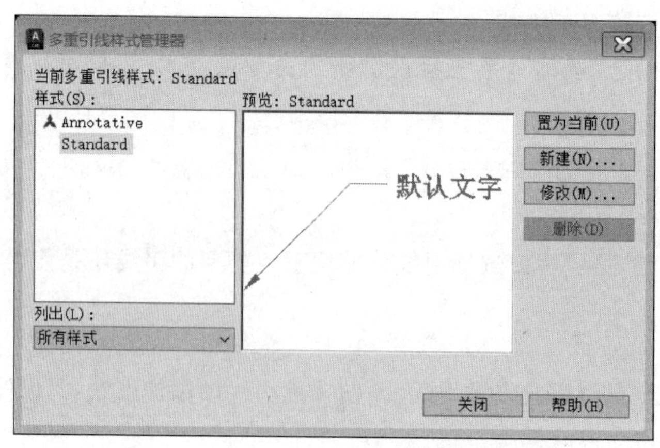

图 7-18 “多重引线样式管理器”对话框

如果要新建多重引线样式，可以单击"新建"按钮，在命名引线样式之后，系统提供"引线格式""引线结构""内容"三个选项卡，如图 7-19～图 7-21 所示，用户可以在各选项卡中对新的引线样式逐项设置。

这里选项卡的详细设置参考前文的标注样式即可完成。

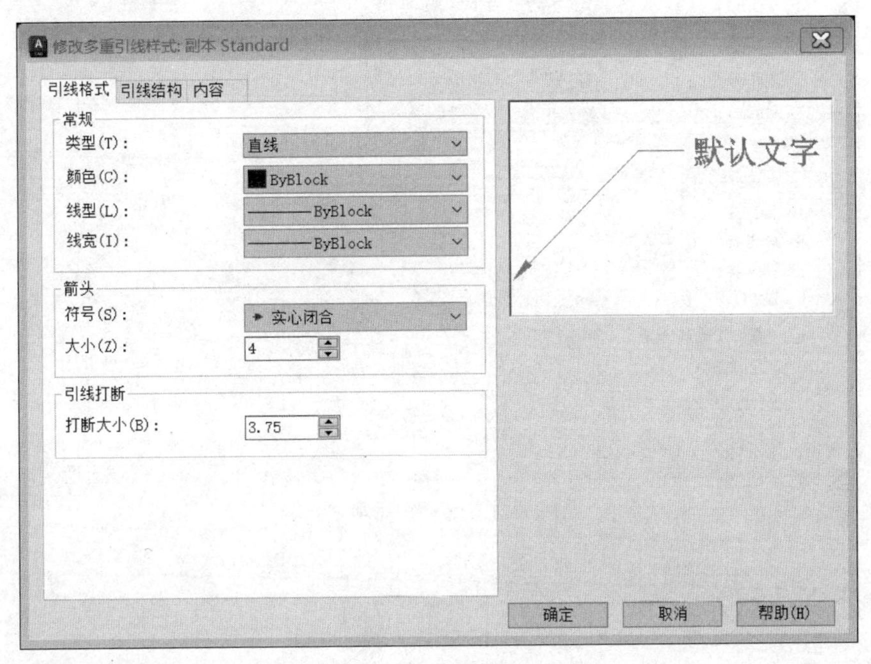

图 7-19　"引线格式"选项卡

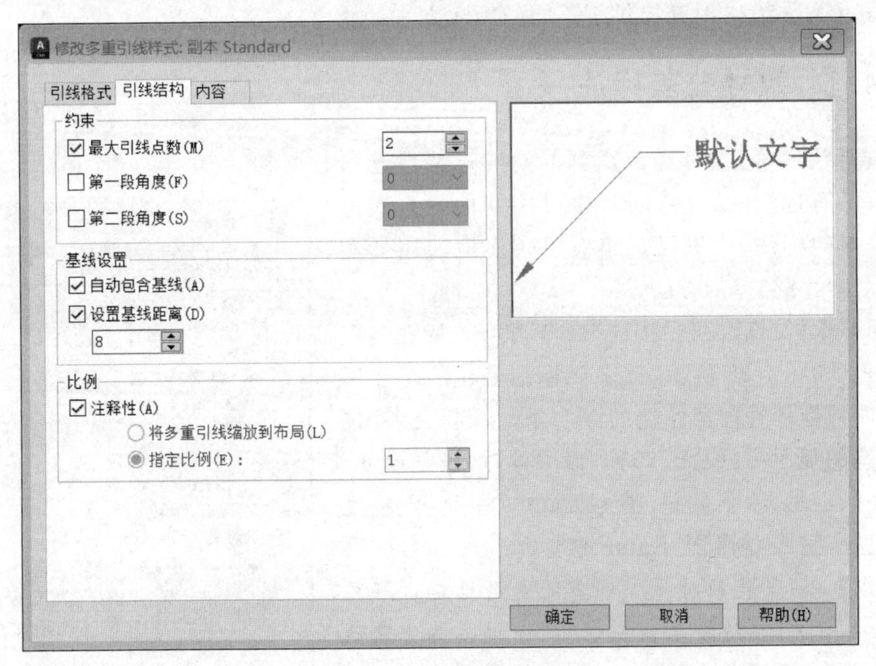

图 7-20　"引线结构"选项卡

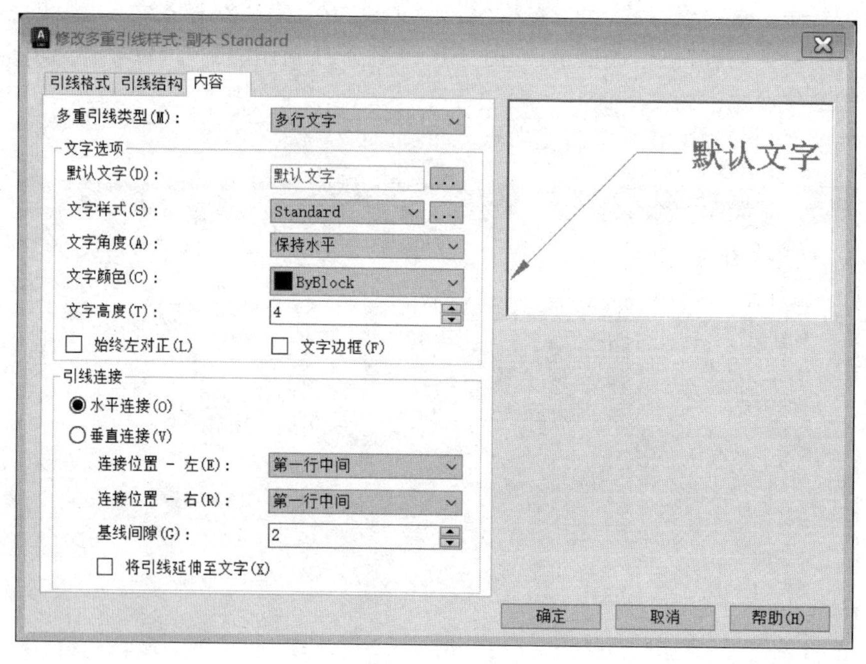

图 7-21 “内容”选项卡

7.4 公差标注

在绘制图纸时，需要对某些尺寸进行详细的公差标注，公差标注包括了尺寸公差和形位公差，AutoCAD 2023 对其提供了不同的标注方法。

7.4.1 尺寸公差标注

在进行尺寸标注时，经常用到的是通过特性选项板来修改已有标注的公差，同时也可用其他的方式进行尺寸公差的标注，这里仅介绍应用较多地使用特性选项板标注尺寸公差的方法。

选择菜单栏“修改”→“特性”命令，打开“特性管理器”选项板，如图 7-22 所示，选中要标注公差的尺寸标注之后，向下拖动管理器左端的滚动条，找到“公差”选项，对公差的显示方式(无、对称、极限偏差、极限尺寸、基本尺寸)、上偏差、下偏差、消零方式、文字高度、精度等进行设置，完成之后，按 Enter 键确认。

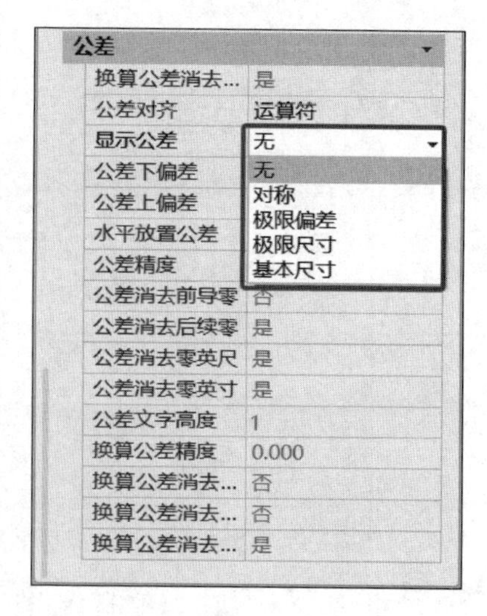

图 7-22 “特性管理器”选项板

【注意】 不管是在特性管理器还是通过标注样式管理器标注公差，系统要求提供的上、下偏差都有默认正负值。其中，上偏差默认为正值，而下偏差默认为负值。所以，在公差标注过程中，如果要标注公差的下偏差为正值，就需要在输入“公差下偏差”时在数值前方加上负号(—)。若要增加直径符号需在“主单位”标注前缀处加 ϕ。

7.4.2　形位公差标注

在绘图设计中，除经常用到尺寸公差外，还经常用到平面度、同轴度、位置度、圆跳动、垂直度等形状位置公差，即形位公差，这就需要对形位公差进行标注。

1. 直接标注形位公差

形位公差标注执行命令方式如下。

(1) 选择菜单栏“标注”→“公差”命令。

(2) 输入命令：TOLERANCE。

命令执行之后，会弹出“形位公差”对话框，如图 7-23 所示。根据技术需要，选择一种符号(如同轴度)，退出“符号”对话框，返回“形位公差”对话框，在其中设置公差参数之后，单击“确定”按钮，在图形中选择合适的位置放置，即可创建形位公差。

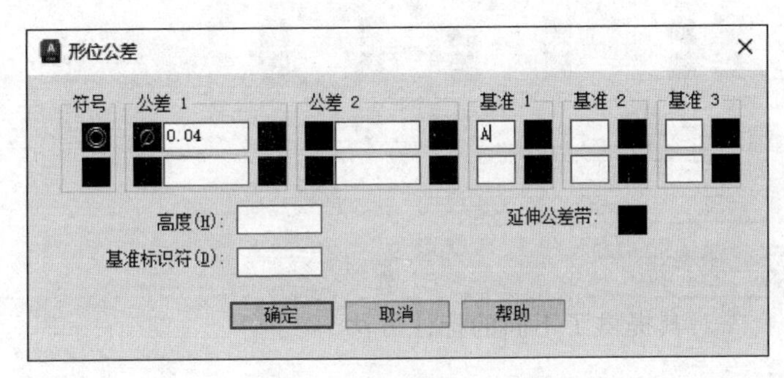

图 7-23　“形位公差”对话框

2. 结合引线标注

由于绝大部分的形位公差都是和引线结合在一起的，因此在设计工作中，为了标注方便，标注形位公差往往和标注引线结合起来。

如果使用 QLEADER 进行引线标注，在系统提供的命令行中直接按 Enter 键或输入 s，弹出“引线设置”对话框，如图 7-24 所示，在该对话框的“注释”选项卡的“注释类型”选中“公差”，同样可在标注引线的同时标注公差，操作过程如下。

```
命令: QLEADER, ↓
指定第一个引线点或 [设置(S)] <设置>: s,
指定第一个引线点或 [设置(S)] <设置>:屏幕上指定
指定下一点: 屏幕上指定
指定下一点: ↓
```

弹出如图 7-25 所示对话框，输入相应参数。

最后单击“确定”按钮即可，标注结果如图 7-26 所示。

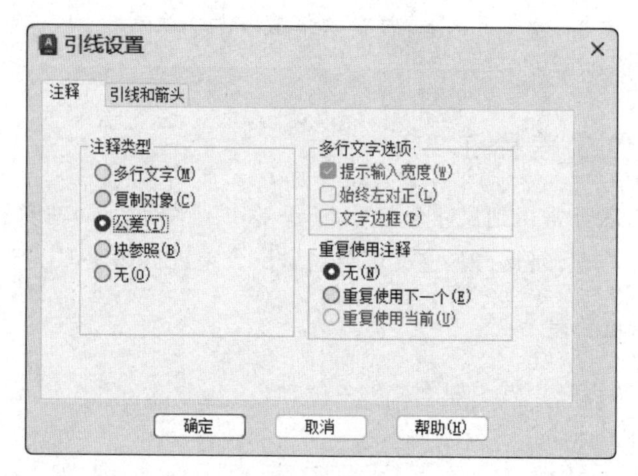

图 7-24 选择公差

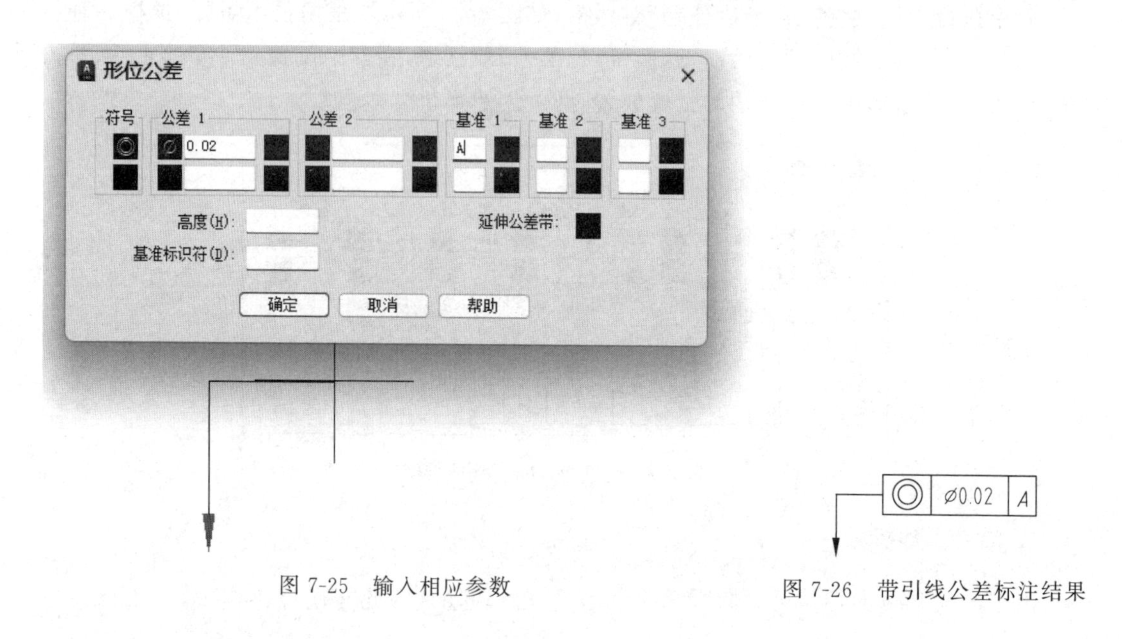

图 7-25 输入相应参数

图 7-26 带引线公差标注结果

7.5 常用标注命令快捷输入

表 7-1 是常用标注命令快捷输入。

表 7-1 常用标注命令快捷输入一览表

命令	快捷输入	命令	快捷输入	命令	快捷输入
标注样式	D	线性标注	DLI	对齐标注	DIM
直径标注	DDI	半径标注	DRA	角度标注	DAN
显示全图	Z+E	显示全屏	Z+A		

7.6 随堂练习

绘制下面的二维模型，创建文字样式和标注样式，并对绘制的图形进行尺寸标注。

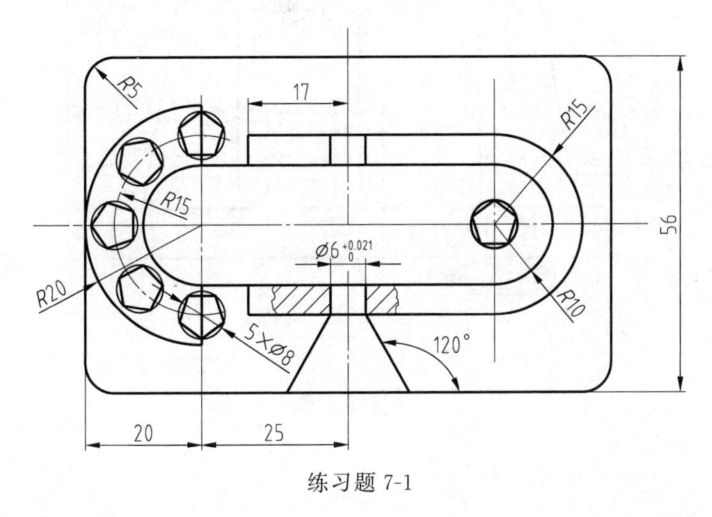

练习题 7-1

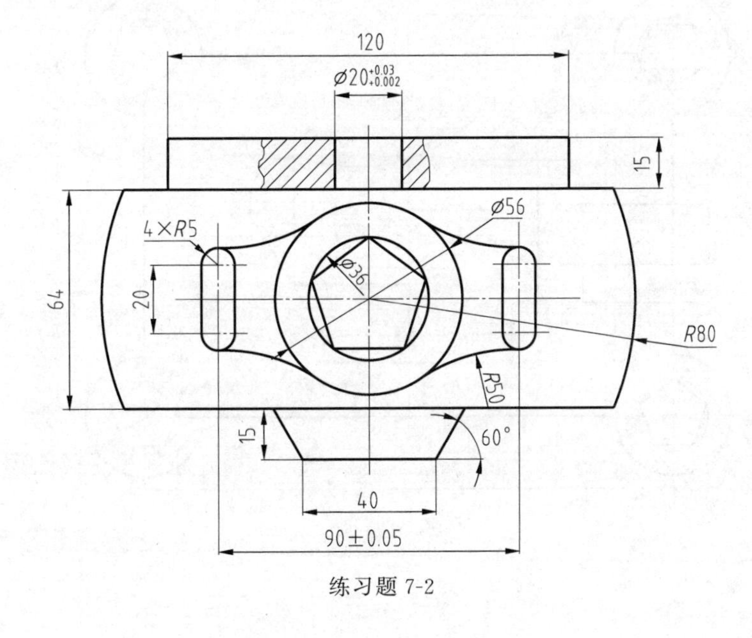

练习题 7-2

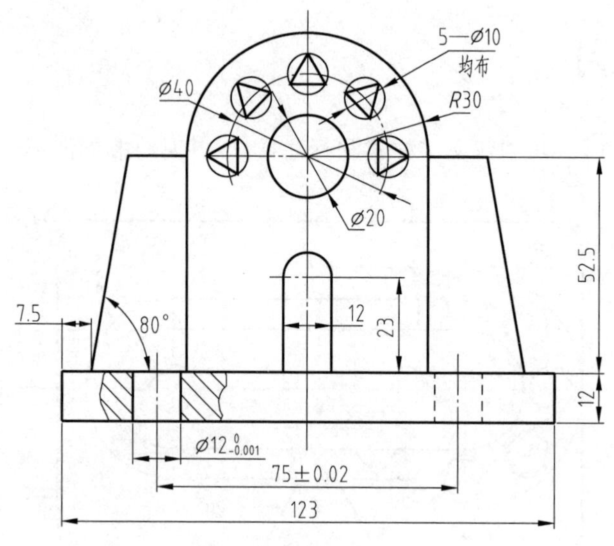
5—Ø10
均布
Ø40
R30
Ø20
52.5
7.5
80°
12
23
12
Ø12$^{0}_{-0.001}$
75±0.02
123

练习题 7-3

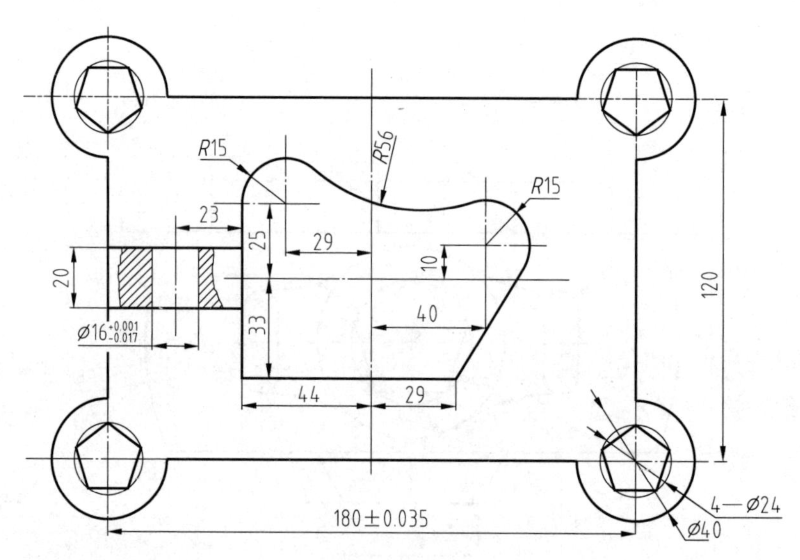
R15
R56
R15
23
25
29
10
20
120
40
33
Ø16$^{+0.001}_{-0.017}$
44
29
4—Ø24
Ø40
180±0.035

练习题 7-4

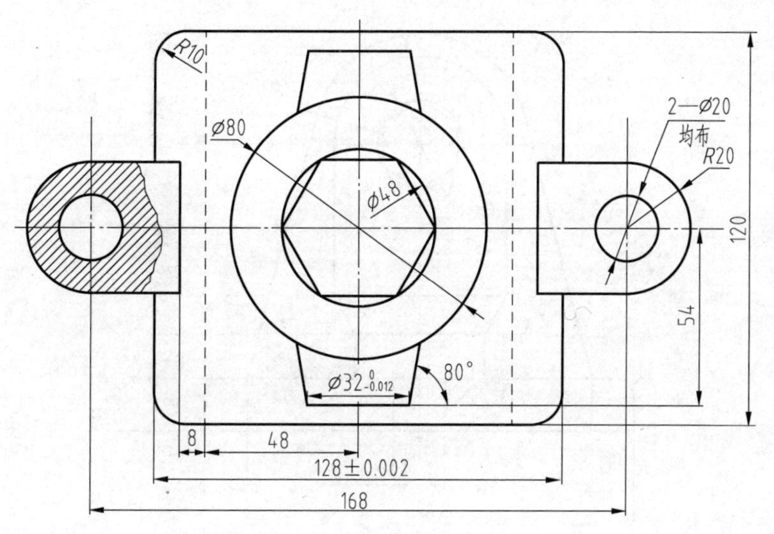
R10
Ø80
Ø48
2—Ø20
均布
R20
120
54
80°
Ø32$^{0}_{-0.012}$
8
48
128±0.002
168

练习题 7-5

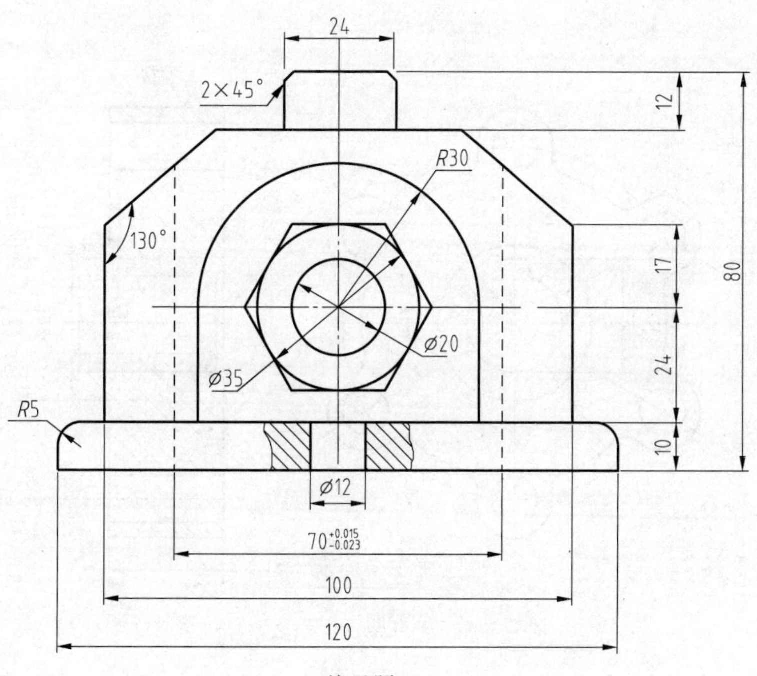
24
2×45°
12
R30
130°
17
80
Ø20
24
Ø35
R5
10
Ø12
70$^{+0.015}_{-0.023}$
100
120

练习题 7-6

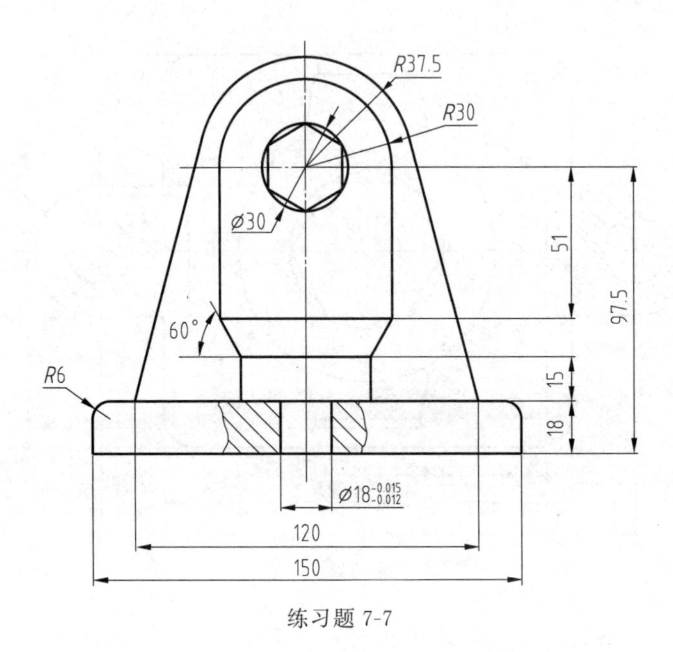
R37.5
R30
Ø30
51
97.5
60°
R6
15
18
Ø18-0.015-0.012
120
150

练习题 7-7

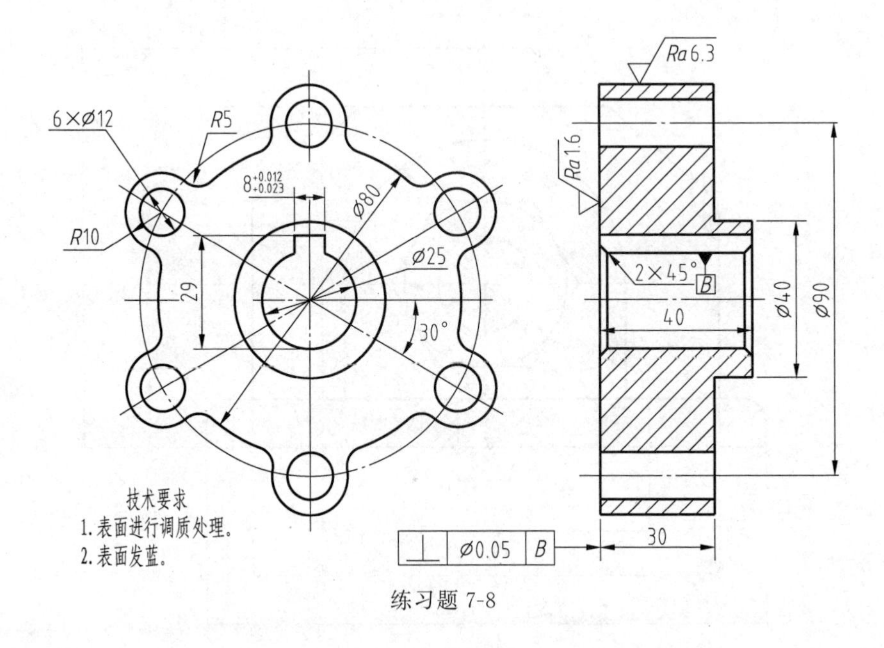
6×Ø12
R5
8+0.012+0.023
Ø80
R10
Ø25
29
30°
Ra6.3
Ra1.6
2×45°
B
40
Ø40
Ø90
技术要求
1.表面进行调质处理。
2.表面发蓝。
⊥ Ø0.05 B
30

练习题 7-8

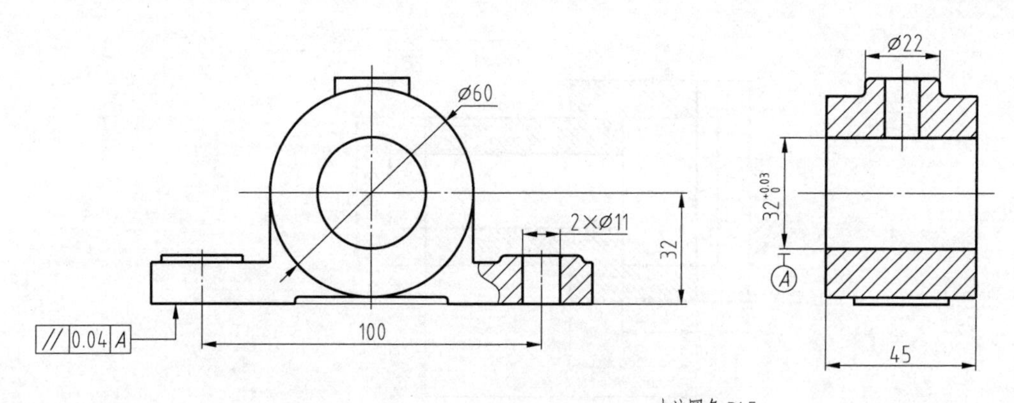

练习题 7-9

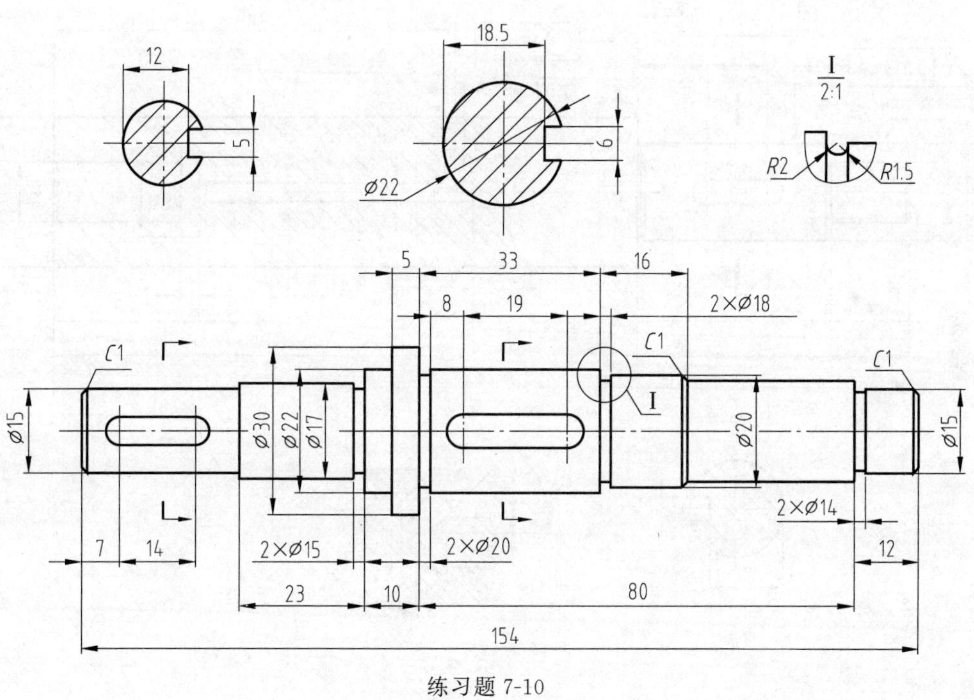

练习题 7-10

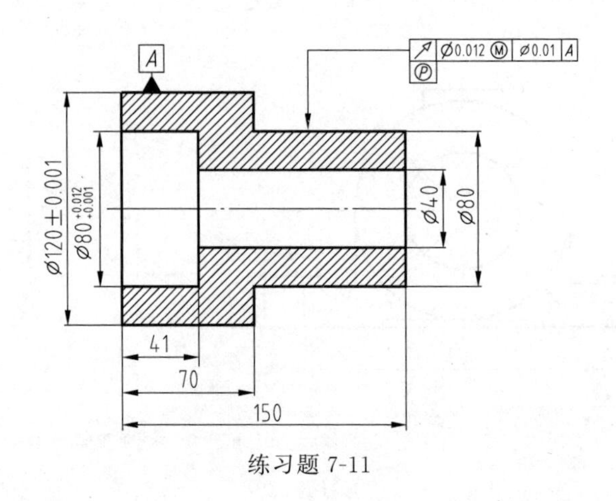

练习题 7-11

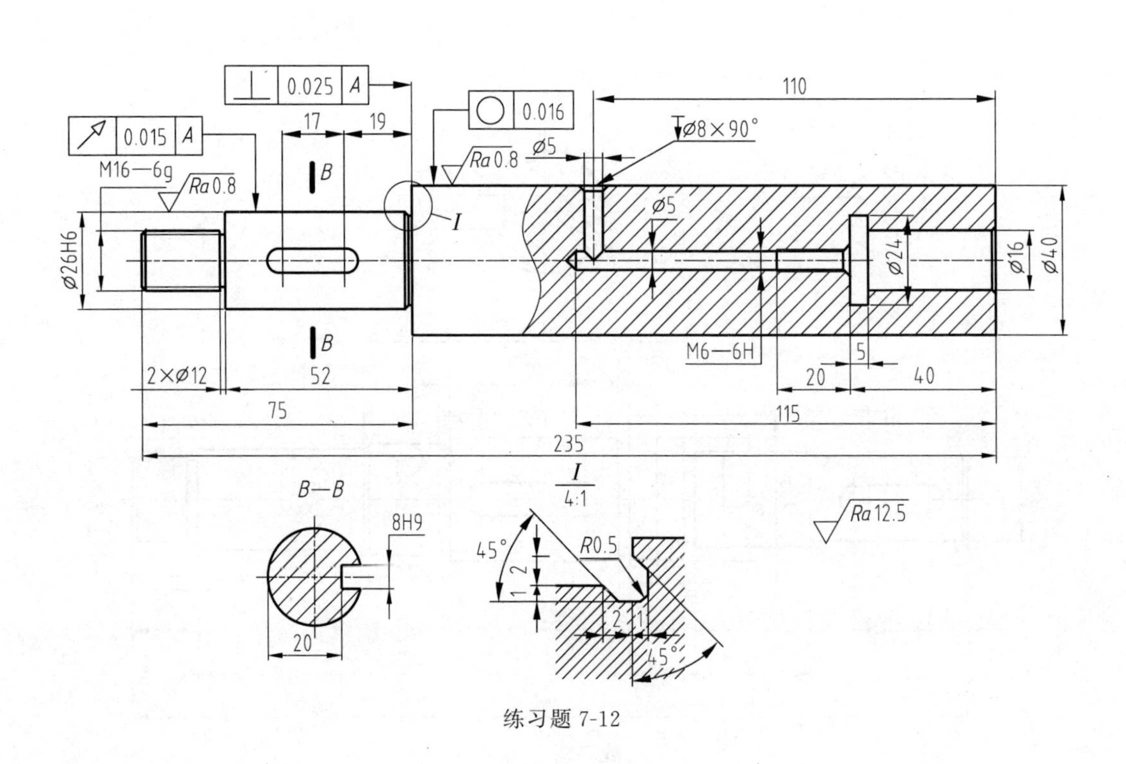

练习题 7-12

第8章 块

本章要点

在绘制图纸中，图中的粗糙度、基准符号、标题栏、标准件等都是各个图纸常用的图形对象。AutoCAD 2023 可把需要重复绘制的图形创建成“块”，加以保存，以便在后续的设计中随时调用，避免在各个图纸中反复绘制，达到提高绘图速度与工作效率的目的。

- 了解并掌握“块”的创建和插入。
- 熟练对“块”进行编辑。
- 掌握“块”的属性定义。

8.1 普通块

8.1.1 创建块

块是由一个或多个图形对象组成而作为一个图形对象使用的实体，块可以是绘制在几个图层上的不同颜色、线型和线宽特性的对象的组合。用户可以将块插入图形中的任意位置，在插入块的同时，还可以调整块的比例和旋转角度。定义块的方法有两种：一种是定义内部块，另一种是定义外部块。

1. 内部块

定义块之前，用户首先需要创建块中要包含的对象，如图 8-1(a)所示，然后指定块的名称、块中包含的对象以及块的插入点。创建块执行命令方式如下。

(1) 选择菜单栏“绘图”→“块”→“创建”命令。

(2) 输入命令：BLOCK。

执行命令后，弹出“块定义”对话框(见图 8-1(a))，可对块定义进行不同的设置。

(1) 名称：对要创建的块命名。

(2) 基点：指定插入的基点。创建的基点将作为以后插入块时的基准点。同时也是块被插入时旋转和缩放的基准点。如图 8-1(b)所示三角形下尖点。

(3) 对象：选择包括在块中的图形对象。单击“选择对象”右端的“快速选择”按钮，用户可以在绘图空间中选择对象。如图 8-1(b)中所有图形对象与文字。

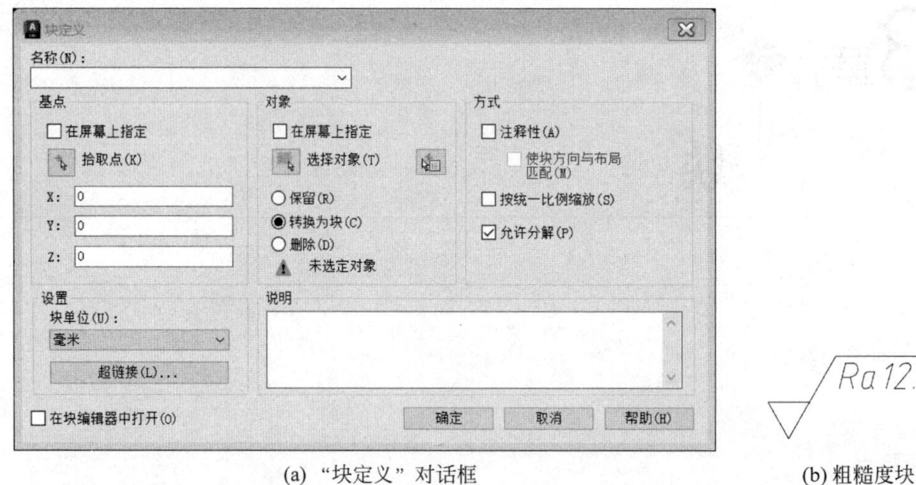

(a) “块定义”对话框

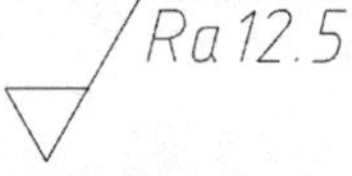

(b) 粗糙度块

图 8-1 “块定义”对话框及粗糙度块

选择的对象有以下三种处理模式。

① 保留：创建块后，用户选择的对象将作为简单对象保留下来。

② 转换为块：所选择的对象会自动转换为块，在绘图空间中保留下来。

③ 删除：创建块后，所选实体将被自动删除。

(4) 按统一比例缩放：若勾选该选项，将阻止对该图块进行不同坐标比例的缩放操作。

(5) 允许分解：指定块是否可以被分解。

(6) 说明：用户可以在该框中对块加入一些文字说明。

以上操作就绪，单击“确定”按钮退出对话框，块创建完成。

2. 外部块

上面所讲到的创建块的方法，只能在所建块的图形文件内使用，不能到其他的图形文件内使用。若想把块共享，在其他各个文件内都能使用，就要使用外部块。

命令：WBLOCK,↓

WBLOCK(写块)命令是将对象保存到文件或将块转换为文件。

输入该命令并按 Enter 键之后会弹出“写块”对话框，如图 8-2 所示，在该对话框中可以显示不同的默认设置。默认设置取决于是否选定了对象，是否选定了单个块或是否选定了非块的其他对象。

8.1.2 插入块

块定义好之后，就可以将块插入图形中使用。调用插入块执行命令方式如下。

(1) 选择菜单栏“插入”→“块选项板”命令。

(2) 选择选项面板“块”→“插入”命令。

(3) 输入命令：LNSERT。

执行“插入块”命令后，激活块“插入”对话框，如图 8-3 所示。

图 8-2 “写块”对话框

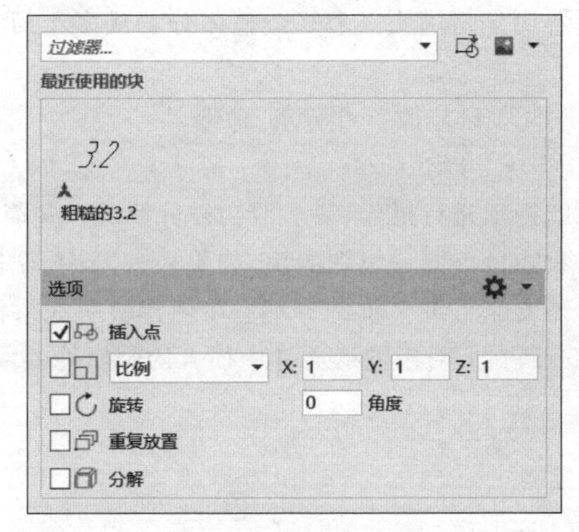

图 8-3 块“插入”对话框

图 8-3 所示的对话框中的各种参数均设定完成后，即可单击“确定”按钮或按 Enter 键，插入图块。

8.1.3 编辑块

1. 块的编辑

如果一个块在一个图形文件中插入了多次，假如在设计中只需对块进行较小的改动，在此情况下，就不必对图形文件中该块的参数进行重定义，而仅对其编辑即可。

选择选项面板“插入”→“块编辑器”命令，弹出“编辑块定义”对话框，如图 8-4 所示。选中要编辑的块，右击，在快捷菜单中选择“编辑块”，然后按照不同的需求对块进行编辑。

2. 块的分解

块是作为整体性的复杂对象被插入图形文件中的，对该对象的删除、复制等操作都是将

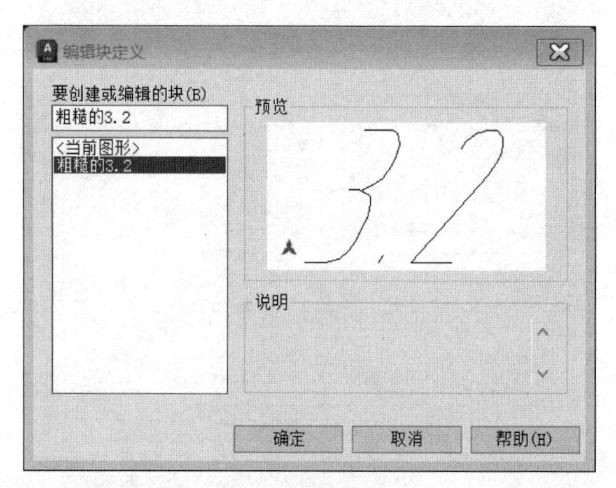

图 8-4　块编辑器

块作为一个整体进行的,而不能对组成块的某些对象进行单独操作。要对块的局部进行操作,可以首先分解块。分解块是将块从一个复杂整体分解成多个简单对象的组合。块的分解执行命令方式如下。

(1) 选择选项面板"默认"→"修改"→"分解"命令。

(2) 选择菜单栏"修改"→"分解"命令。

执行命令后,按照系统提示进行操作,块参照会被分解成一些简单图形对象。

对于块的分解,一次只能分解同一级别的块,如果块参照中有"嵌套块",要想将块中所有对象都变成简单实体,还要进行进一步的分解;在创建块时如果没有选择"允许分解"复选框,则创建的块是不能分解的;对于图形文件中插入的带属性的块,分解之后属性值会变成"标记"所定义的内容。

3. 块的颜色与线型控制

当块插入当前图形以后,块的颜色与线型跟当前图形的颜色与线型的关系通常有以下三种情况。

(1) 如果希望块的颜色、线型与线宽独立控制,不受当前图形设置的影响,那么在创建块时不要使用 BYBLOCK 或 BYLAYER 作为颜色、线型和线宽的设置。

(2) 如果希望块的颜色、线型与线宽完全受当前图形和当前图层的控制,那么在创建块时将当前图层设置为 0,将当前颜色、线型和线宽设置为 BYLAYER。

(3) 如果希望块的颜色、线型与线宽只受那些明确设置的当前颜色、线型和线宽特性的控制,而对于那些没有明确设置的则受当前图形和当前图层的控制,那么在创建块时将当前颜色、线型和线宽设置为 BYBLOCK。

8.2　属性块

在设计时,有时需要一些块带有附加信息。例如表面粗糙度有相同的表面粗糙度符号,但粗糙度值不同,基准符号表示不同的基准。这些信息可以通过定义块的属性附加到块中。

在插入块时，属性作为块的注释信息，属性从属于块，是块的组成部分，如果块被删除，属性也会被删除。块的属性与一般的文本不同，通常在定义块之前定义块的属性；插入块之前，系统会提示要求用户输入属性值；插入块后，在块上显示属性值。

定义块的属性执行命令方式如下。

(1) 选择菜单栏"绘图"→"块"→"定义属性"命令。

(2) 输入命令：ATTDEF。

执行命令后，弹出"属性定义"对话框(见图 8-5)，该对话框中有"模式""属性""插入点""文字设置"四个选项组。

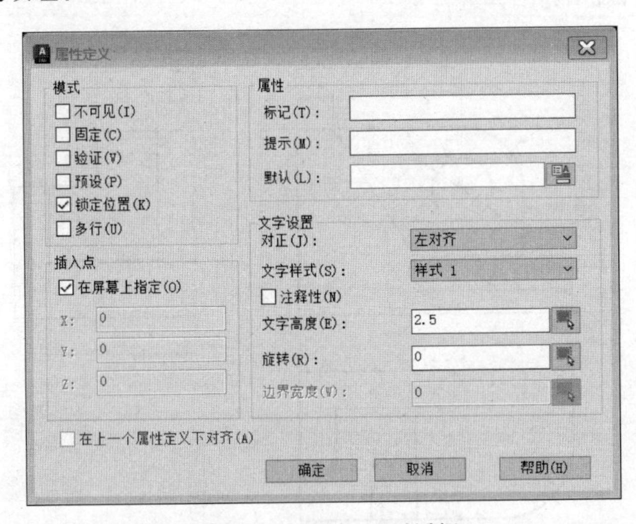

图 8-5 "属性定义"对话框

1. "模式"选项

(1) 不可见：在插入块参照时，属性是不可见的。

(2) 固定：每次插入该块时，都会使用该属性值。

(3) 验证：在插入块时要检验该属性值。

(4) 预设：在定义属性时，指定的属性值将作为默认值。

(5) 锁定位置：锁定属性在块中的位置，解锁后，属性可以相对于使用夹点编辑的块的其他部分移动，并可以调整使用多行属性的大小。

(6) 多行：可以定义带有多行文字的属性，并可以指定多行文字的宽度。

2. "属性"选项

该选项组用于设置属性数据，在文本框中输入属性标记、提示和默认值。最多可以选择 256 个字符。如果属性提示或默认值中需要以空格开始，必须在字符串前面加一个反斜杠"\"。如果用户要使第一个字符为反斜杠，则需要在字符串前面加上两个反斜杠。

(1) 标记：标识图形中每次出现的属性。用户可以使用任何字符组合(空格除外)输入属性标记，字母不分大小写，小写字母会自动转换为大写字母，如表面粗糙度。

(2) 提示：指定在插入包含该属性定义的块时显示的提示。如果不输入提示，系统会自动将属性标记用作提示。

(3) 默认：指定默认属性值，如 3.2。

如果属性模式为“验证”，则在插入该块时系统会显示属性设置过程中输入的提示，要求用户输入属性值。如果该验证模式的属性设置时没有输入提示，则系统会将属性的“标记”作为提示显示出来，要求用户输入属性值。

8.3 随堂练习

根据本章所学，对下列图样进行练习。

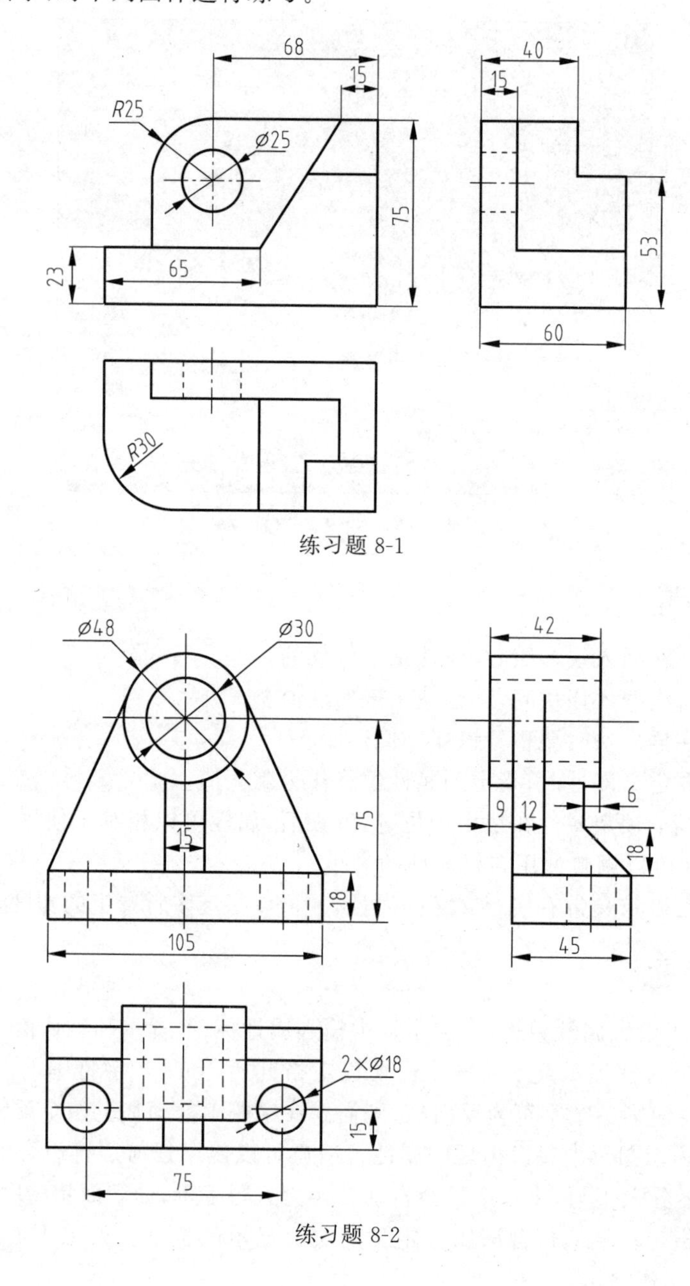

练习题 8-1

练习题 8-2

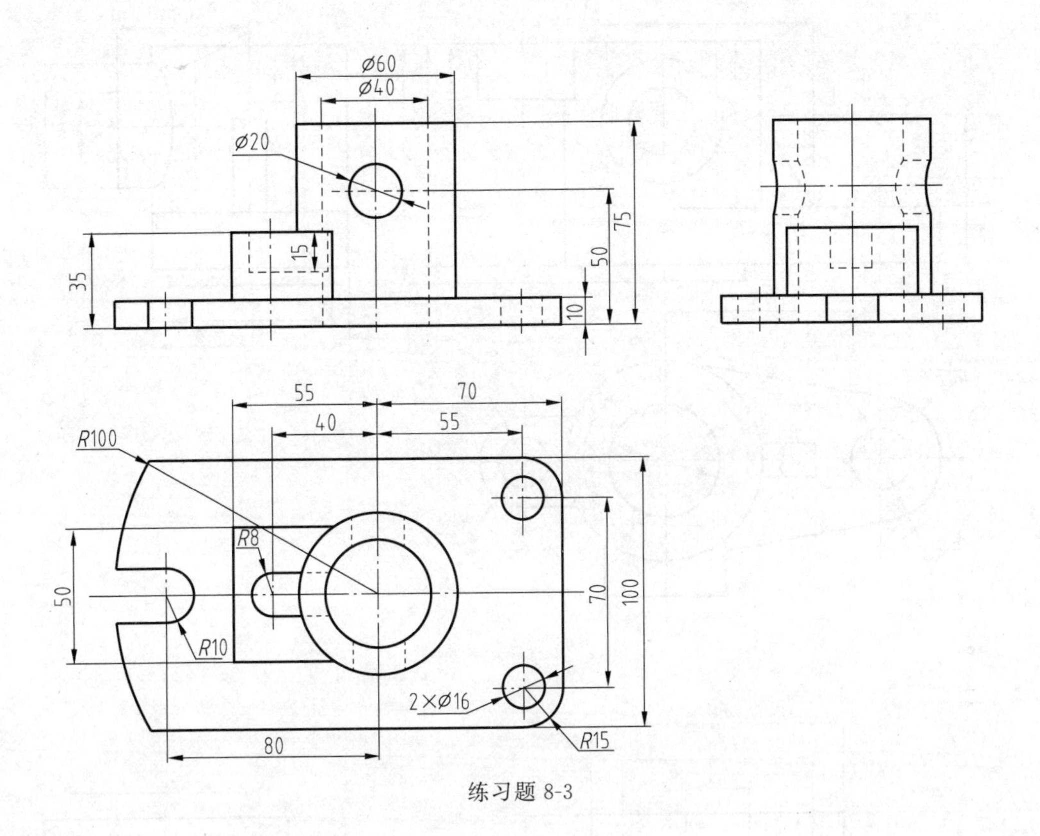
Ø60
Ø40
Ø20
75
50
15
35
10
55
70
40
55
R100
R8
50
70
100
R10
2×Ø16
R15
80

练习题 8-3

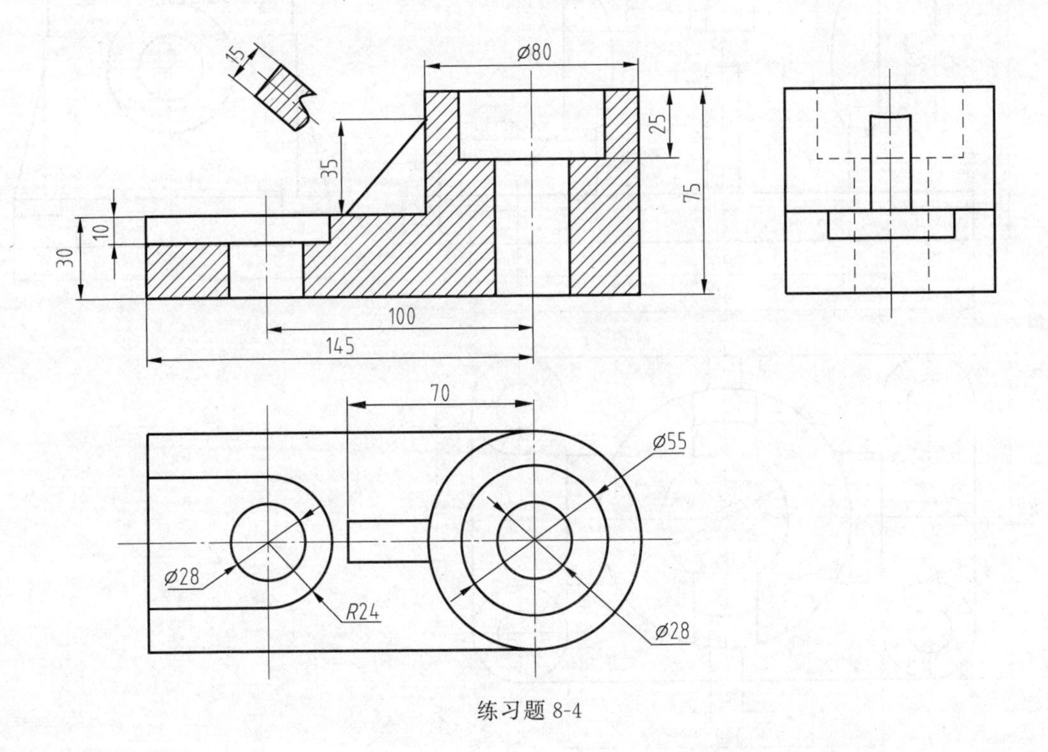
15
Ø80
25
35
75
10
30
100
145
70
Ø55
Ø28
R24
Ø28

练习题 8-4

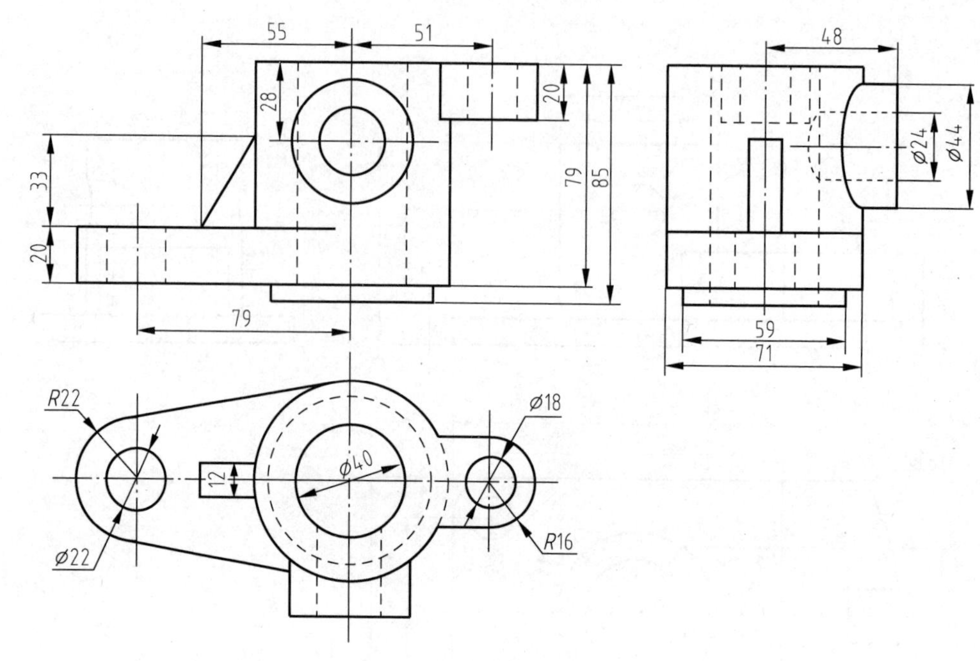
55
51
48
28
20
33
79
85
Ø24
Ø44
20
79
59
71
R22
Ø18
Ø40
12
Ø22
R16

练习题 8-5

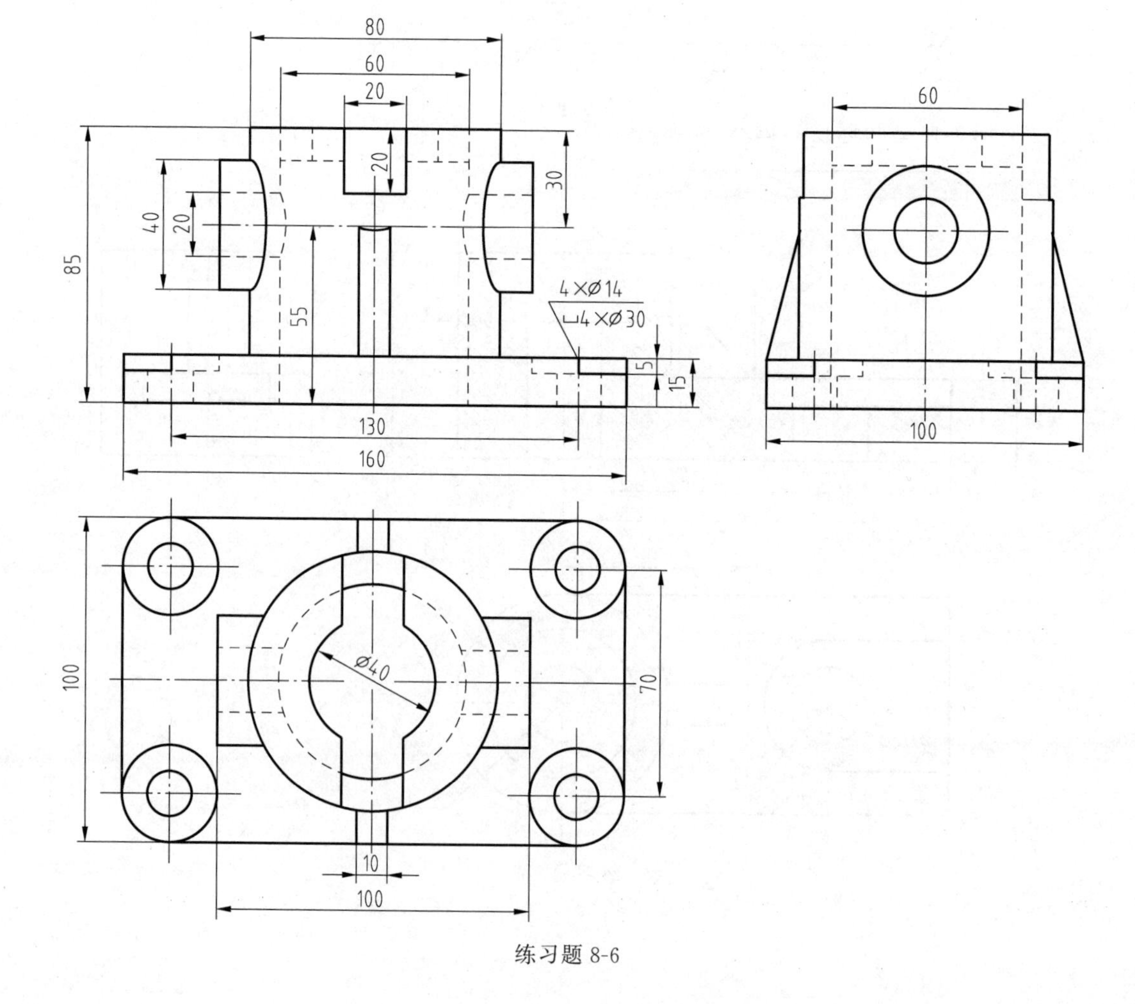
80
60
20
20
30
60
40
20
85
55
4×Ø14
⌴4×Ø30
5
15
130
160
100
100
Ø40
70
10
100

练习题 8-6

第9章 三维实体建模

本章要点

利用 AutoCAD 2023 创建的三维模型，可以构建出完整的图形信息，并且修改和编辑的过程也非常容易，在绘制出实体后，还可以根据不同的需求对其进行挖孔、倒角和布尔运算等操作。

- 了解并掌握基础三维模型的创建。
- 熟练对三维模型的编辑。
- 掌握三维建模中的布尔运算

在绘制实体模型前，需要先切换工作空间，进入“三维建模”绘制空间，操作方式为前文介绍的切换工作空间操作。进入“三维建模”工作空间后显示界面如图 9-1 所示。

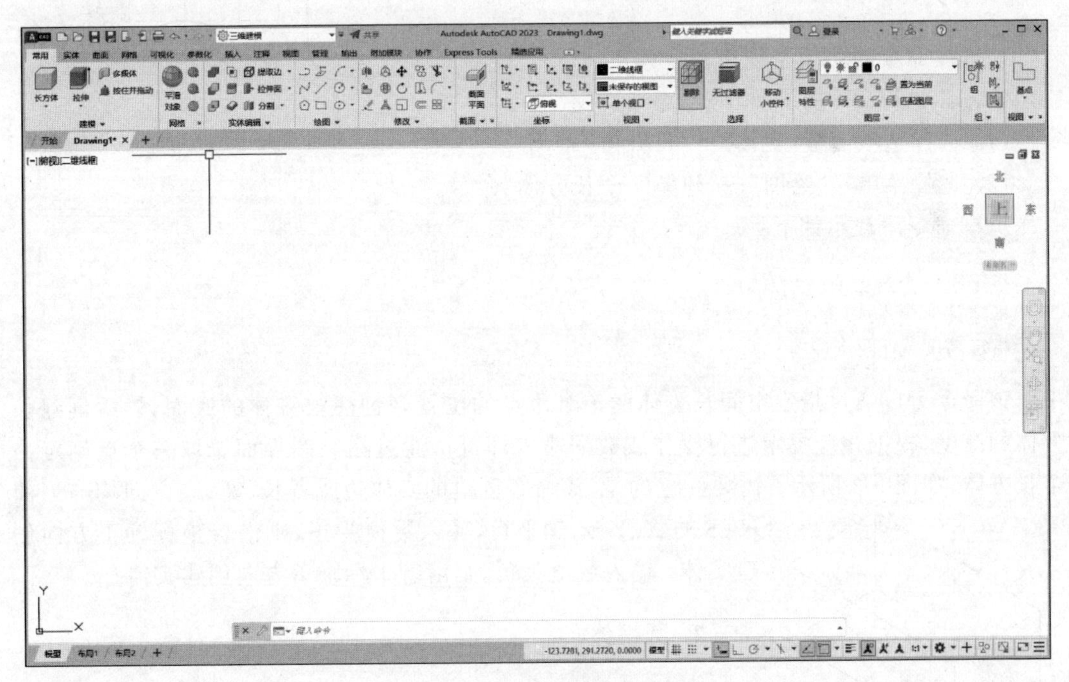

图 9-1 “三维建模”工作空间

9.1 视觉效果切换

AutoCAD 2023 为三维建模提供了快捷切换视角的按钮，在绘图工作界面的左上角有显示当前视角的标识，单击该标识按钮后，弹出新的对话框，可以在绘制过程中对视角进行切换，不同的视角将会对应三维模型的不同观看方向，如图 9-2 所示。

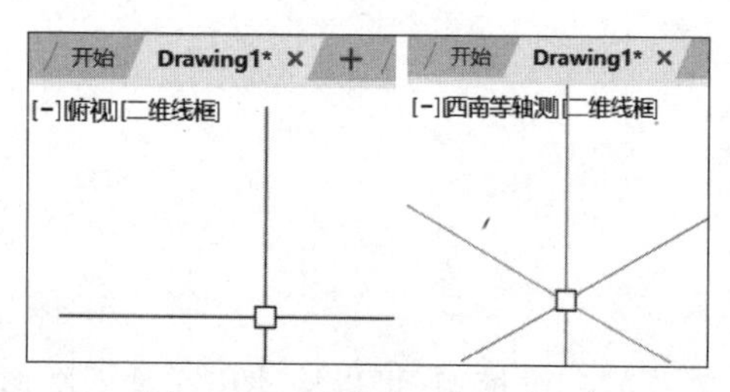

图 9-2 三维建模视角的切换

9.2 创建和编辑三维实体模型

AutoCAD 2023 可直接创建出基本实体，包括长方体、圆柱体、球体、多段体、楔体、圆锥体等。具体介绍如下。

1. 长方体

长方体命令的功能是创建长方体实体。

长方体执行命令方式如下。

(1) 选择选项面板“实体”→“长方体”命令。

(2) 选择菜单栏“绘图”→“建模”→“长方体”命令。

执行命令后提示如下：

```
指定第一个角点或[中心(C)]:
指定其他角点或[立方体(C)/长度(L)]:
指定高度或 [两点(2P)]:
```

该命令可以通过指定空间长方体两个对角点的位置来创建长方体的底面，然后创建长方体的高度，根据相应提示进行操作或数据输入即可。通过在绘图界面选取三个点确定一个长方体，如图 9-3 所示。需要注意的是，该命令创建的实体边或者长、宽、高方向均与当前 UCS 的 X、Y、Z 轴平行，输入数值为正，则沿着坐标轴正方向创建实体；输入数值为负，则沿着坐标轴负方向创建实体。

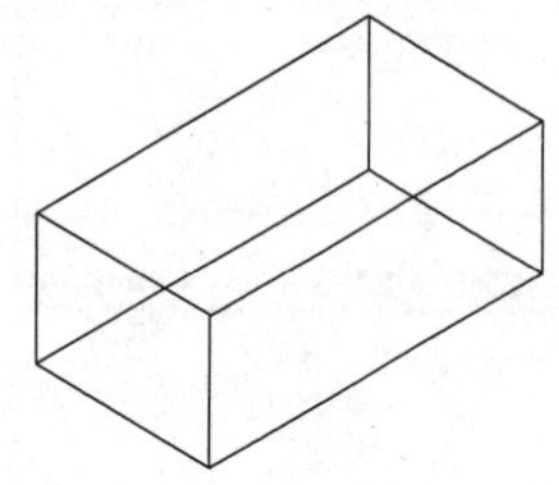

图 9-3 长方体图样

2. 圆柱体

圆柱体命令的功能是创建圆柱体或椭圆柱体实体。

圆柱体执行命令方式如下。

(1) 选择选项面板“实体”→“圆柱体”命令。

(2) 选择菜单栏"绘图"→"建模"→"圆柱体"命令。

执行命令后提示如下：

```
指定底面的中心点或 [三点(3P)/两点(2P)/切点、切点、半径(T)/椭圆(E)]:
指定底面半径或 [直径(D)]:
指定高度或 [两点(2P)/轴端点(A)]:
```

通过在绘图区域单击不同的长度作为圆柱的底面半径和高度，在绘制过程中可以输入不同的指令来变换底面圆的绘制方式以及椭圆的绘制方式。如图 9-4 所示的圆柱为二维线框视图下的圆柱，可以在切换视角中看到确实的三维实体。

3. 球体

球体的功能是创建球体实体。

球体执行命令方式如下。

(1) 选择选项面板"实体"→"球体"命令。

(2) 选择菜单栏"绘图"→"建模"→"球体"命令。

执行命令后提示如下：

```
指定中心点或 [三点(3P)/两点(2P)/切点、切点、半径(T)]:
指定半径或 [直径(D)]:
```

创建的球体在二维线框视图下显示如图 9-5 所示，如需要显示其他类型，则可根据视图进行切换。

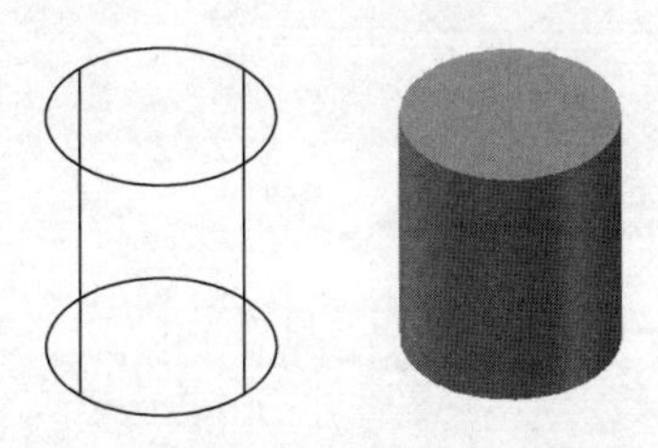

图 9-4 圆柱的二维线框和三维实体

图 9-5 二维线框视图下的球体

4. 多段体

多段体命令的功能是创建矩形轮廓的形体，也可以将现有直线、二维多段线、圆弧或圆转换为具有矩形轮廓的实体，类似建筑墙体。

多段体执行命令方式如下。

(1) 选择选项面板"实体"→"多段体"命令。

(2) 选择菜单栏"绘图"→"建模"→"多段体"命令。

执行命令后提示如下：

```
指定起点或[对象(O)/高度(H)/宽度(W)/对正(J)]<对象>:
指定下一个点或[圆弧(A)/放弃(U)]:
指定下一个点或[圆弧(A)/放弃(U)]:
指定下一个点或[圆弧(A)/闭合(C)/放弃(U)]:
```

“高度”和“宽度”选项可以指定墙体的高度和宽度,“对正”选项可以选择墙体的对正方式,“对象”选项可以将现有的直线、二维多段线、圆弧或圆转换为墙体。

5. 楔体

楔体的功能是创建楔体实体。

楔体执行命令方式如下。

(1) 选择选项面板“实体”→“楔体”命令。

(2) 选择菜单栏“绘图”→“建模”→“楔体”命令。

执行命令后提示如下:

```
指定第一个角点或[中心(C)]:
指定其他角点或[立方体(C)/长度(L)]:
指定高度或[两点(2P)]:
```

创建楔体的操作和创建长方体的操作类似,只是创建出来的对象不同,如图 9-6 所示简要绘制的楔体。选项面板中“楔体”命令隐藏在多段体下面,里面还包含了“圆锥体”“棱锥体”和“圆环体”。

6. 圆锥体

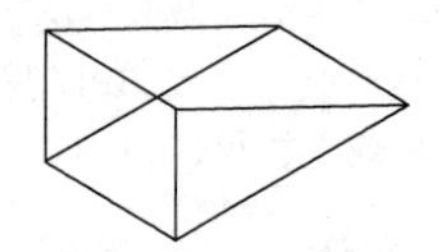

图 9-6 简要绘制的楔体二维线框

圆锥体命令的功能是创建圆锥体或椭圆形锥体实体。

圆锥体执行命令方式如下。

(1) 选择选项面板“建模”→“圆锥体”命令。

(2) 选择菜单栏“绘图”→“建模”→“圆锥体”命令。

执行命令后提示如下:

```
指定底面的中心点或[三点(3P)/两点(2P)/相切、相切、半径(T)/椭圆(E)]:
指定底面半径或[直径(D)]:
指定高度或[两点(2P)/轴端点(A)/顶面半径(T)]:
```

创建圆锥体要在 XY 平面内绘制出底圆或椭圆,然后给出高度。

7. 棱锥体

棱锥体命令的主要功能是创建棱锥体实体。

棱锥体执行命令方式如下。

(1) 选择选项面板“实体”→“棱锥体”命令。

(2) 选择菜单栏“绘图”→“建模”→“棱锥体”命令。

执行命令后提示如下:

```
4 个侧面: 外切
指定底面的中心点或[边(E)/侧面(S)]:
指定底面半径或[内接(I)]:
指定高度或[两点(2P)/轴端点(A)/顶面半径(T)]:
```

创建棱锥体命令先指定底面，此步骤和创建二维多正多边形类似，先定义棱锥体的侧面数，可以指定某一个边，也可以选择是内接还是外切于圆，不同的是最后需要指定高度。

8. 圆环体

圆环体命令的功能是创建圆环体实体。

圆环体命令的执行方式如下。

(1) 选择选项面板“实体”→“圆环体”命令。

(2) 选择菜单栏“绘图”→“建模”→“圆环体”命令。

执行命令后提示如下：

```
指定中心点或[三点(3P)/两点(2P)/相切、相切、半径(T)]:
指定半径或[直径(D)]:
指定圆管半径或[两点(2P)/直径(D)]:
```

创建圆环体首先要指定整个圆环的尺寸，然后指定圆管的尺寸。

9.3 实体布尔运算

在 AutoCAD 2023 中，用于实体的布尔运算有并集、交集和差集三种。

1. 并集运算

并集运算：能把实体组合起来，创建新的实体。该命令主要用于将多个相交或交接触的对象组合一起。

并集运算执行命令方式如下。

(1) 选择选项面板“实体”→“布尔集”→“并集”命令。

(2) 选择菜单栏“修改”→“实体编辑”→“并集”命令。

(3) 输入命令：UNION。

在使用该命令时，只需依次选择待合并的对象然后按 Enter 键即可并集运算。

2. 差集运算

差集运算：从一个实体中减去另外一个实体，从而创建新的实体。

差集运算执行命令方式如下。

(1) 选择选项面板“实体”→“布尔集”→“差集”命令。

(2) 选择菜单栏“修改”→“实体编辑”→“差集”命令。

(3) 输入命令：SUBTRACT。

执行命令后提示如下：

```
选择要从中减去的实体或面域:
选择对象: 找到 1 个
选择对象:
选择要减去的实体或面域:
选择对象: 找到 1 个
```

选中后按 Enter 键即可完成差集运算。差集命令第一个选中的实体是将要被减去的实体,请注意选择的顺序。

3. 交集运算

交集运算：利用各实体的公共部分创建实体。

交集运算执行命令方式如下。

(1) 选择选项面板“实体”→“布尔集”→“交集”命令。

(2) 选择菜单栏“修改”→“实体编辑”→“交集”命令。

(3) 输入命令：INTERSECT。

执行交集操作比较简单,只需将要求交集的实体对象一一选中即可,选中需要交集的实体后按 Enter 键,所有实体相重合的部分将被保留下来。

9.4 三维实体的编辑命令

在 AutoCAD 2023 中可以通过选择菜单栏中的“修改”→“实体编辑”命令执行拉伸面、移动面、偏移面、删除面、抽壳等操作。选择菜单栏中的“修改”→“三维操作”命令可以执行三维移动、三维旋转、三维镜像、三维阵列等操作。

1. 三维移动

“三维移动”命令可以移动三维对象。执行此命令时,首先需要指定一个基点,然后指定第二点即可移动三维对象。此“三维移动”命令与二维草图的移动命令相似。

2. 三维旋转

“三维旋转”命令用于将实体模型绕三维空间指定轴旋转一定角度。执行此命令后,指示指定旋转基点,选择旋转基点后将提示选择旋转轴,选择旋转轴后,将实体模型围绕着轴旋转,随后再指定旋转的角度,默认状态旋转的方向角度为正是逆时针,角度为负是顺时针。

3. 三维镜像

“三维镜像”命令可以在三维空间中将指定对象相对于某一平面镜像。执行该命令并选择需要进行镜像的对象,然后指定镜像面。镜像面可以通过三点确定或者是对象、*Z* 轴、*XY* 平面、*YZ* 平面和 *ZX* 平面等,其操作与二维的镜像命令类似。

4. 三维阵列

“三维阵列”命令可以在三维空间中使用环形阵列或矩形阵列方式复制对象,操作过程如下：

```
命令: _.ARRAY,↓
选择对象: 找到 1 个
选择对象: 输入阵列类型 [矩形(R)/环形(P)] <R>: _P
指定阵列的中心点或 [基点(B)]:
```

```
输入阵列中项目的数目: 6 指定填充角度 ( += 逆时针, -= 顺时针) < 360 >: 360
是否旋转阵列中的对象?[是(Y)/否(N)] < Y >: _Y
```

命令行中的阵列类型有矩形阵列和环形阵列，矩形阵列需要依次指定阵列的行数、列数、阵列的层数、行间距、列间距及层间距；环形阵列需要指定阵列的旋转轴、阵列的数目和填充角度。

本书讲解主要是 AutoCAD 2023 平面功能的应用，三维功能有其他较为成熟的应用软件可以使用，在此不多赘述。

第10章 图纸打印与导出

本章要点

设计完成后，为了方便交流、进行产品加工等，需要输出图纸，同时也需要设置所设计的图形在合适的图纸上的位置和打印比例，并加上合适的图框和标题栏。

- 学习多种幅面的应用和设置方法。
- 掌握标题栏和明细栏的设置。
- 熟练打印出图和电子档文件。

10.1 图纸幅面和格式

《技术制图 图纸幅面和格式》(GB/T 14689—2008)规定，在图纸上必须用粗实线画出图框，其格式分为不留装订边和留有装订边两种，但同一产品的图样只能采用一种格式。

每张图纸上必须画出标题栏，标题栏的位置位于图纸的右下角。标题栏的长边置于水平方向并与图纸的长边平行时，构成 X 型图纸，标题栏的长边与图纸的长边垂直时，构成 Y 型图纸，这两种图纸的格式如图 10-1 所示。绘制图样时，优先采用表 10-1 的基本幅面及图框尺寸。

表 10-1 基本幅面及图纸尺寸 单位：mm

<table>
<tr><th>幅面代号</th><th>A0</th><th>A1</th><th>A2</th><th>A3</th><th>A4</th></tr>
<tr><td>$B \times L$</td><td>841×1189</td><td>594×841</td><td>420×594</td><td>297×420</td><td>210×297</td></tr>
<tr><td>e</td><td colspan="2">20</td><td colspan="3">10</td></tr>
<tr><td>a</td><td colspan="5">25</td></tr>
<tr><td>c</td><td colspan="3">10</td><td colspan="2">5</td></tr>
</table>

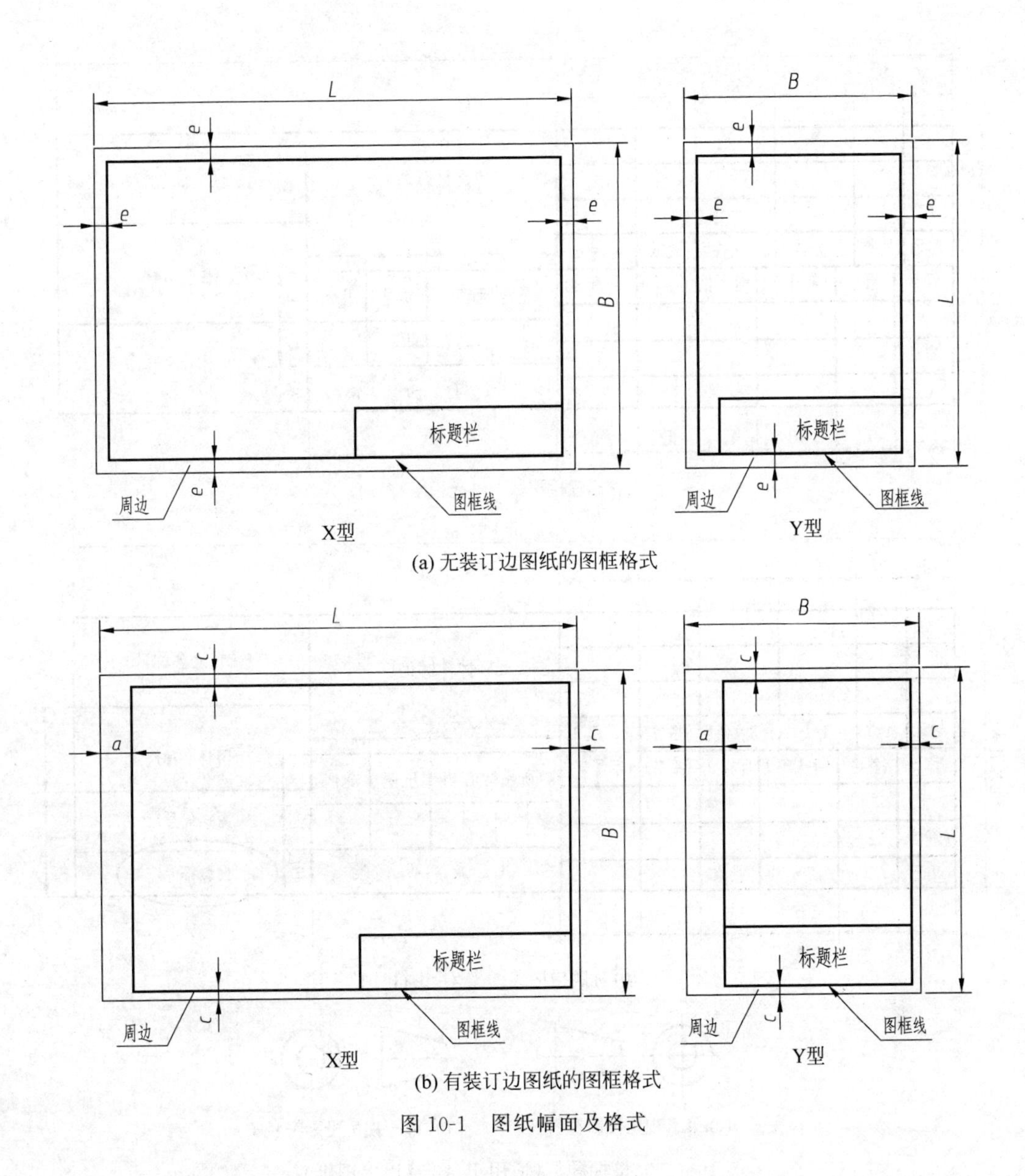

(a) 无装订边图纸的图框格式

(b) 有装订边图纸的图框格式

图 10-1 图纸幅面及格式

10.2 标题栏格式

《技术制图 标题栏》(GB/T 10609.1—2008)对标题栏的基本要求、内容、格式与尺寸等作了规定,如图 10-2 所示。

教学时若采用 A4 图纸,标题栏可适当调整,可采用图 10-3 的简化格式进行绘制,图名采用 8 号字体,其余采用 5 号字体。

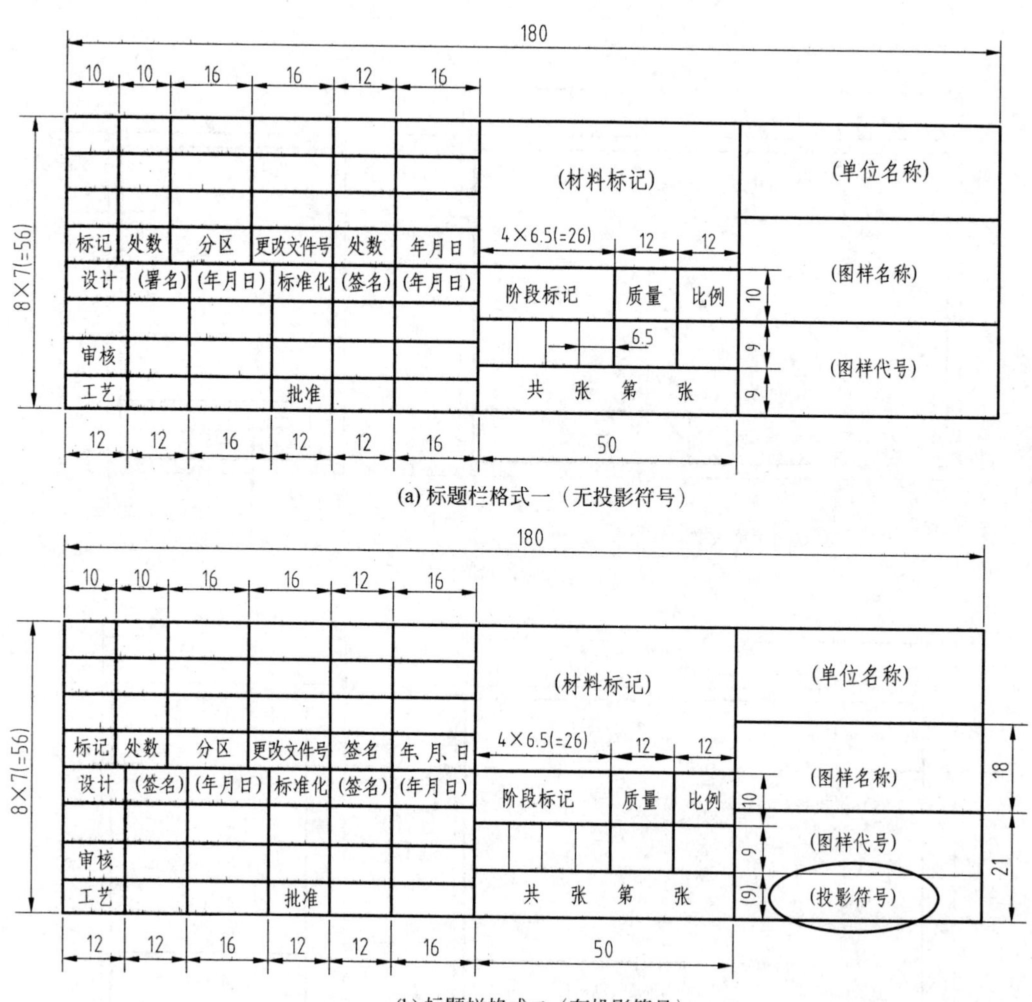

(a) 标题栏格式一（无投影符号）

(b) 标题栏格式二（有投影符号）

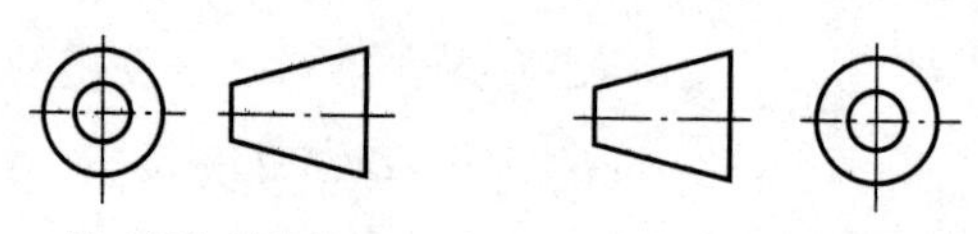

(c) 第三视角投影符号　　(d) 第一视角投影符号

图 10-2　完整标题栏(适用于 A3 及以上图纸)

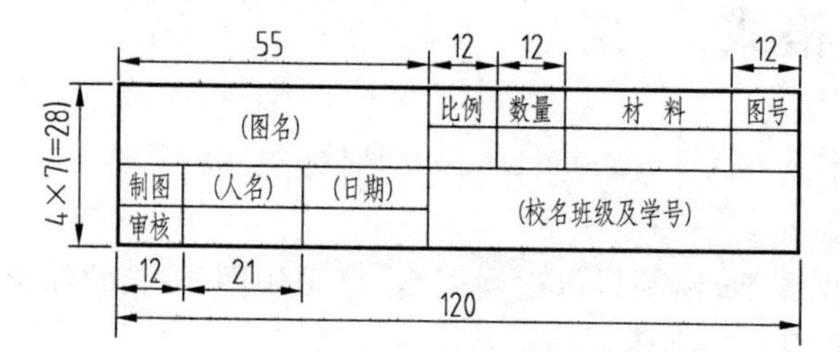

图 10-3　简化标题栏(教学用,适用于 A4 图纸)

10.3　明细栏格式

1. 适用范围

《技术制图 标题栏》(GB/T 10609.1—2008)适用于装配图中所采用的明细栏。明细栏(表)是装配体全部零部件的详细目录，一般应画在标题栏的上方，并和标题栏紧连在一起，也可单独绘制。如图10-4所示为明细栏的格式与尺寸。为便于结构改进或发现漏编零件时，可继续向上补漏。此明细栏最上面的边框线规定用细实线绘制。

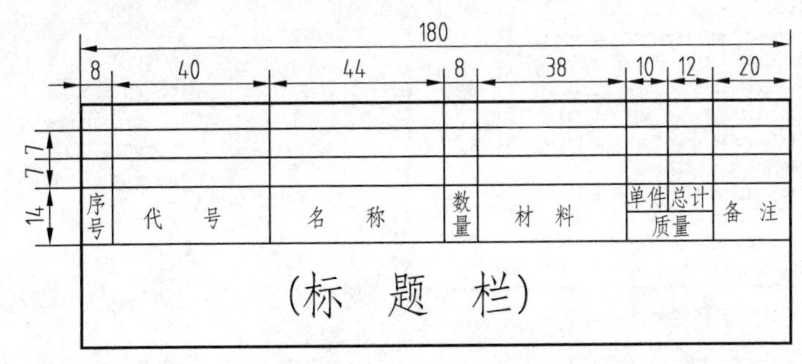

图10-4　明细栏格式

2. 基本要求

(1) 明细栏一般配置在装配图中标题栏的上方，按由下而上的顺序填写，当由下而上延伸位置不够时，可紧靠在标题栏的左边，同样自下而上延伸。

(2) 当装配图的明细栏不能配置在标题栏的上方时，可作为装配图的续页，按A4幅面单独绘制，其填写顺序是由上而下延伸，还可连续加页。在明细栏的下方配置标题栏，并在标题栏中填写与装配图一致的名称和代号。

(3) 明细栏中的字体、线型要符合国家标准所规定的有关要求。

10.4　打印出图

此处以模型空间打印A4图纸为例，进行打印出图的过程讲解。

步骤1：单击“打印”按钮或按Ctrl+P组合键，选择适用的打印机，如图10-5所示。

步骤2：在“图纸尺寸”的下拉列表中选择A4，在“打印范围”下拉列表中选择“窗口”，如图10-6所示。

步骤3：第一个“窗口”选择图形的外框线(细实线框)，左上至右下对角选择，如图10-7所示。

步骤4：在第二个“窗口”(图10-8方框所示位置)中选择图形的内框线，即图纸的图框线(粗实线框)，对角选择，如图10-9所示。

步骤5：根据图形的布局在“打印偏移”选项卡中勾选“居中打印”复选框，根据需要在“图形方向”中选“横向”或“纵向”打印，如图10-10所示。

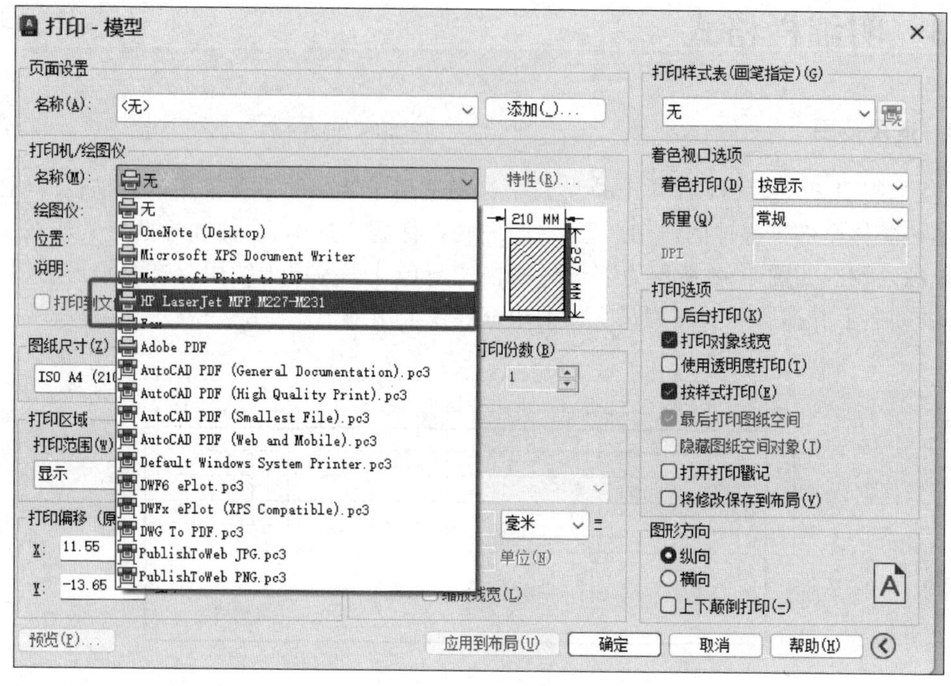

图 10-5 选择打印机

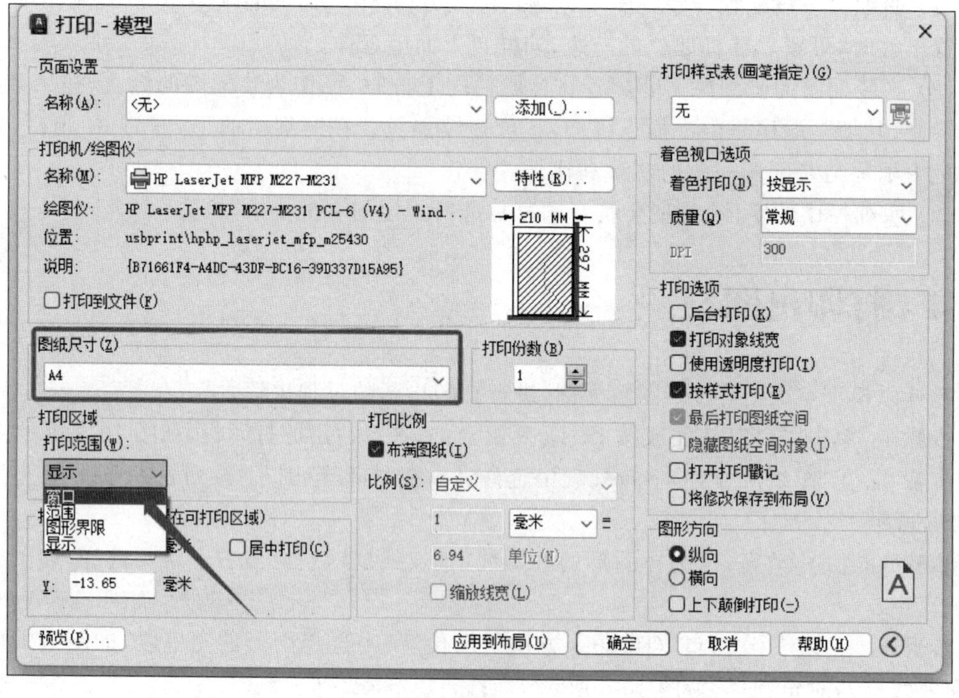

图 10-6 选择图纸尺寸及打印范围

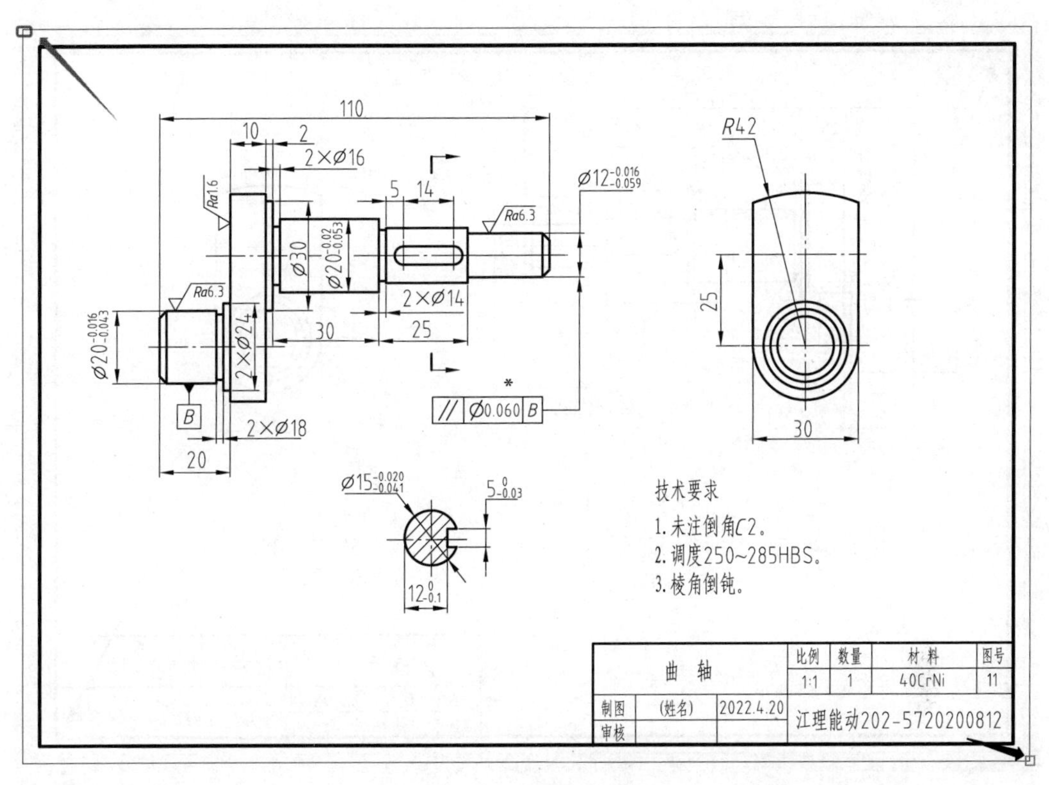

图 10-7　对角选择外框线

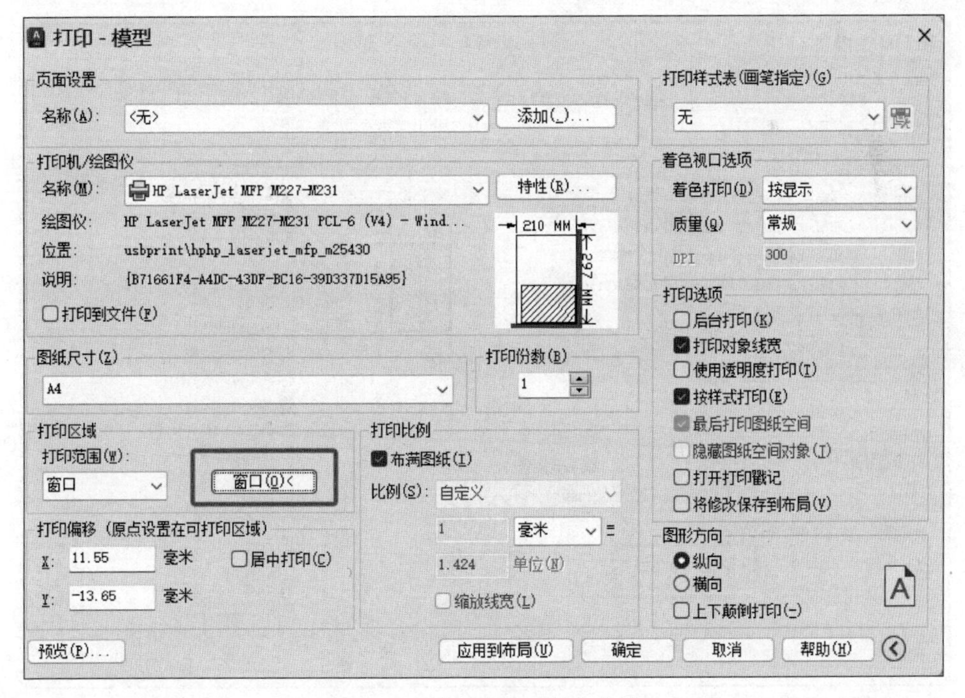

图 10-8　第二个窗口所在位置

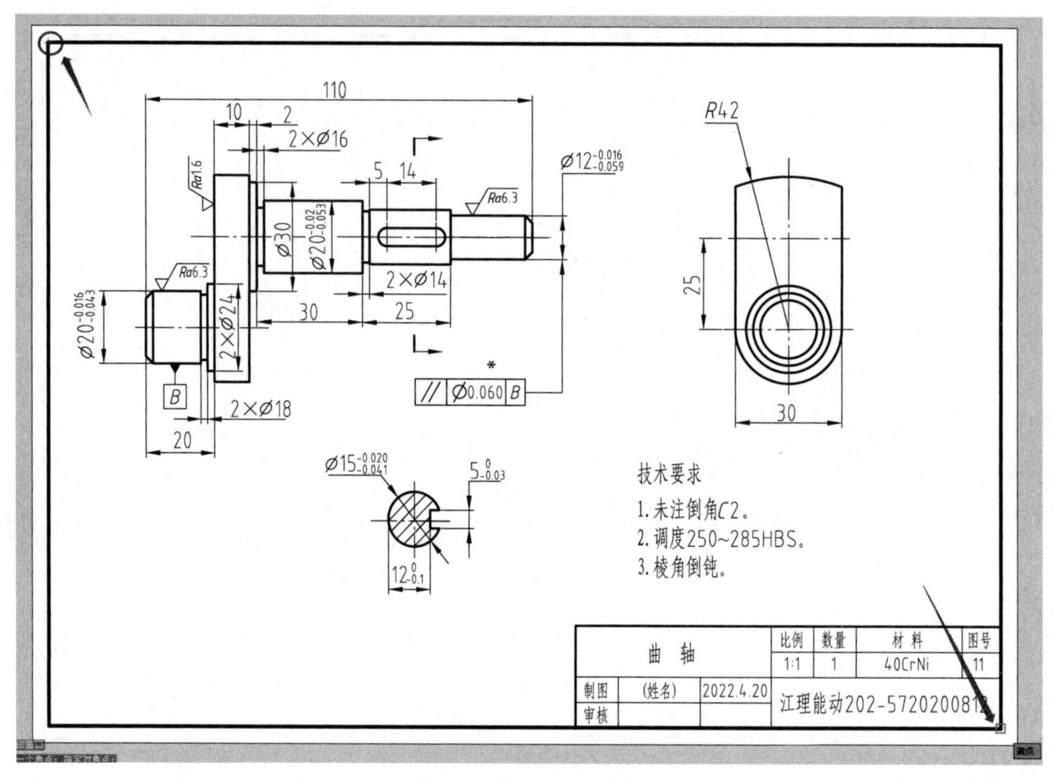

图 10-9 对角选择内框线

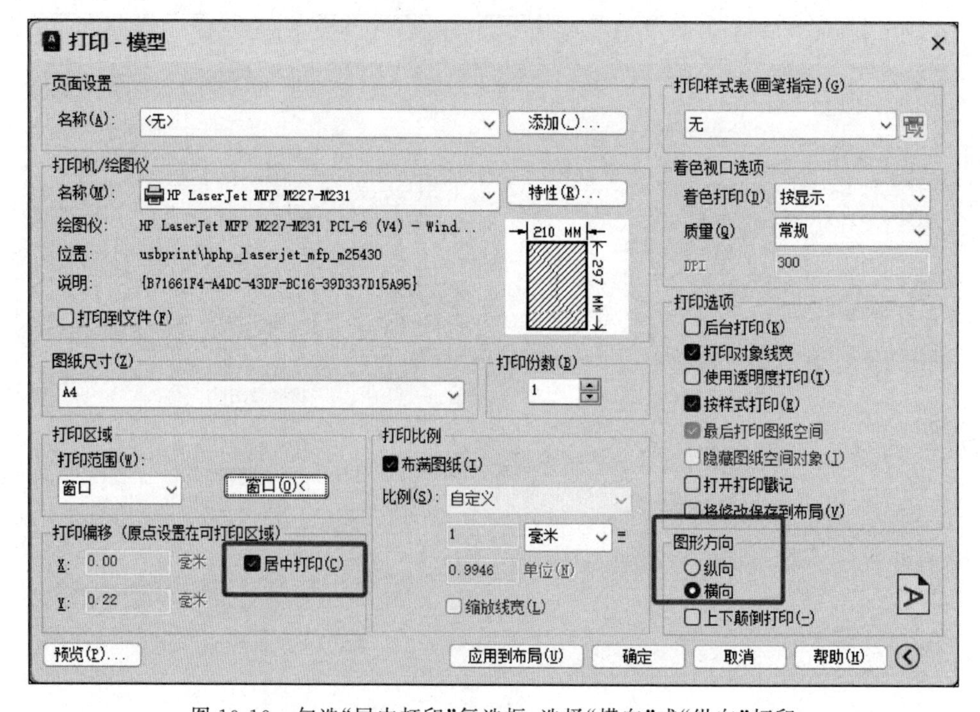

图 10-10 勾选“居中打印”复选框，选择“横向”或“纵向”打印

按照以上步骤操作完成，即可按 1∶1 打印出所需 A4 图纸。

10.5 导出 PDF 文件

此处以导出 A4 图纸 PDF 格式为例，如图 10-11 所示，进行导出 PDF 文件的过程讲解。

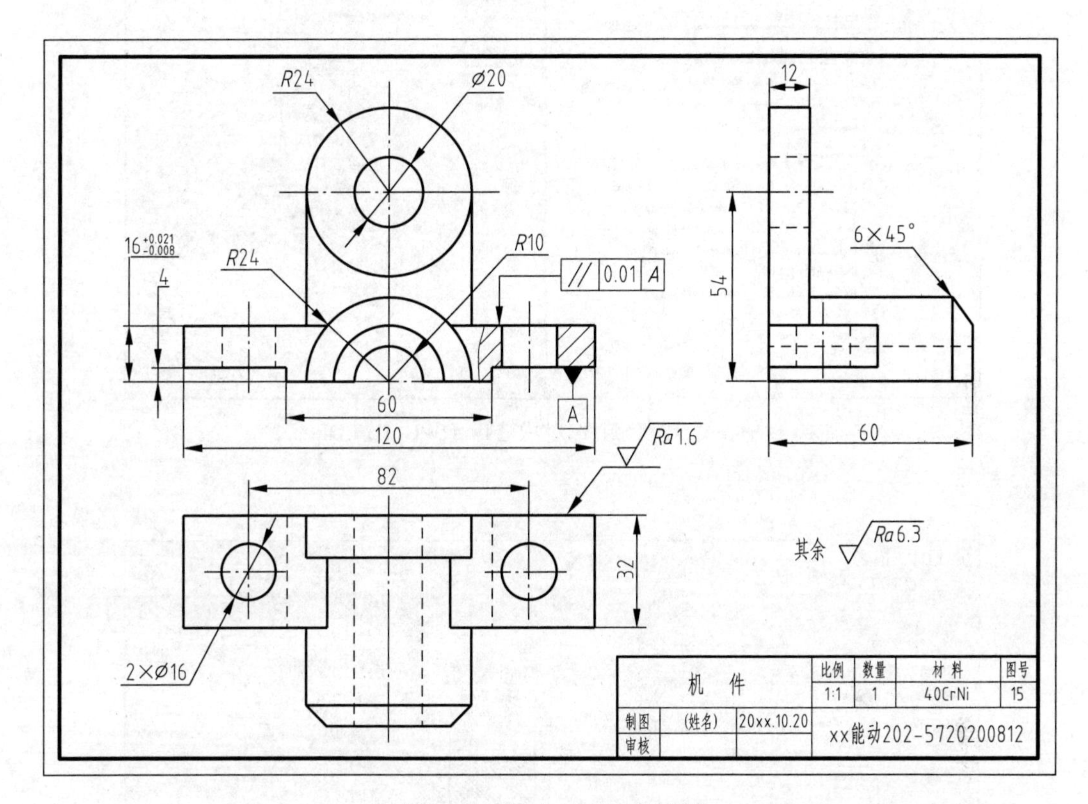

图 10-11 导出 PDF 文件图例

步骤 1：单击“打印”按钮或按 Ctrl+P 组合键，在“打印机/绘图仪”中可选择支持 PDF 格式的都行，这里选择 DWG To PDF. pc3，如图 10-12 所示。

步骤 2：图纸尺寸选择 ISO full bleed A4，横向就选择 297×210，打印区域选择“窗口”，如图 10-13 所示。

步骤 3：单击“窗口”按钮，选择图 10-11 中图的左上角至右下角（细线框的对角线），在“打印偏移”选项卡中勾选“居中打印”，在“图形方向”选项卡中选择“横向”（与图形朝向匹配），如图 10-14 所示。最后单击“确定”按钮，在弹出的对话框中命名和选择保存路径，即可导出 PDF 文件并保存到本地。

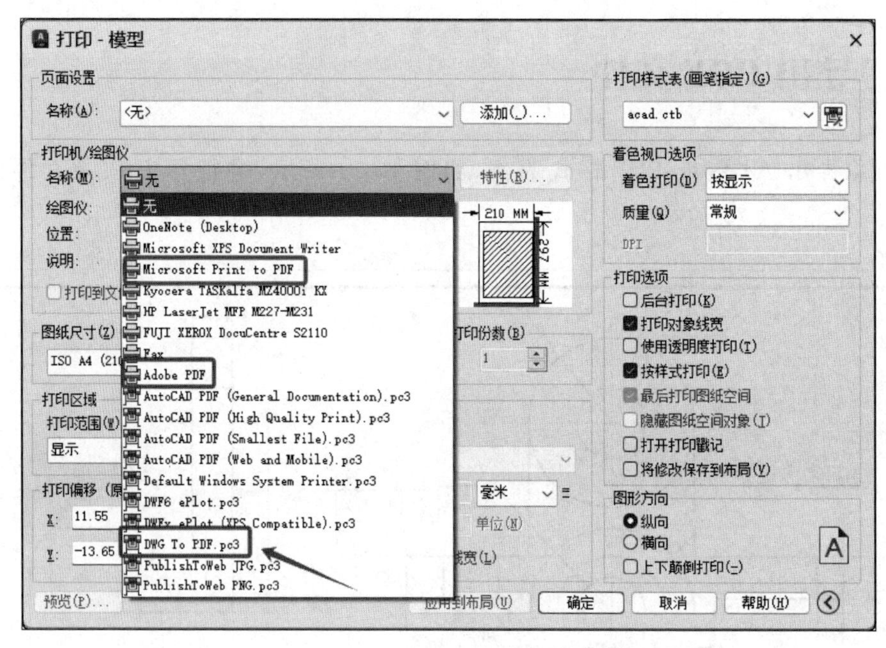

图 10-12 在"打印机/绘图仪"中选择"DWG To PDF. pc3"

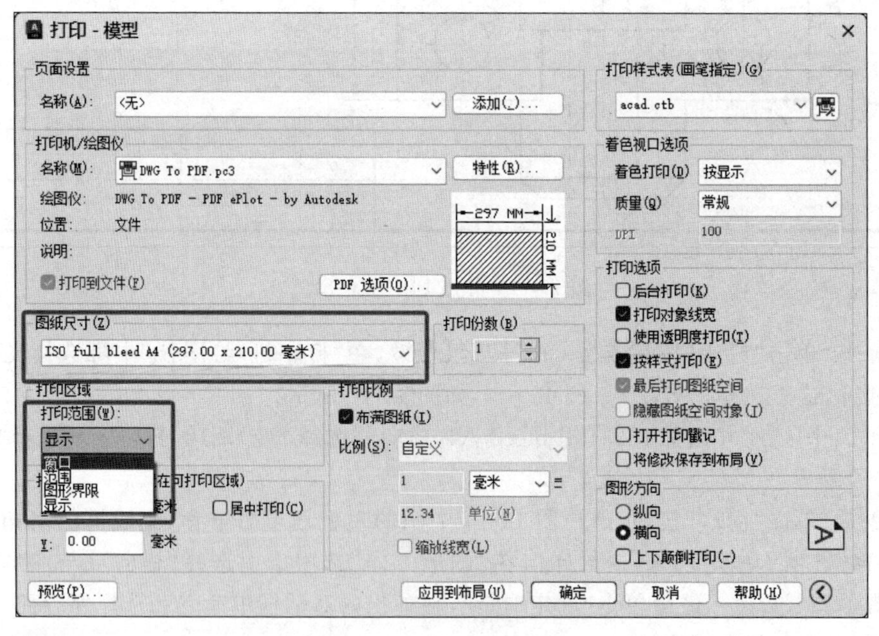

图 10-13 选择 A4 纸及窗口

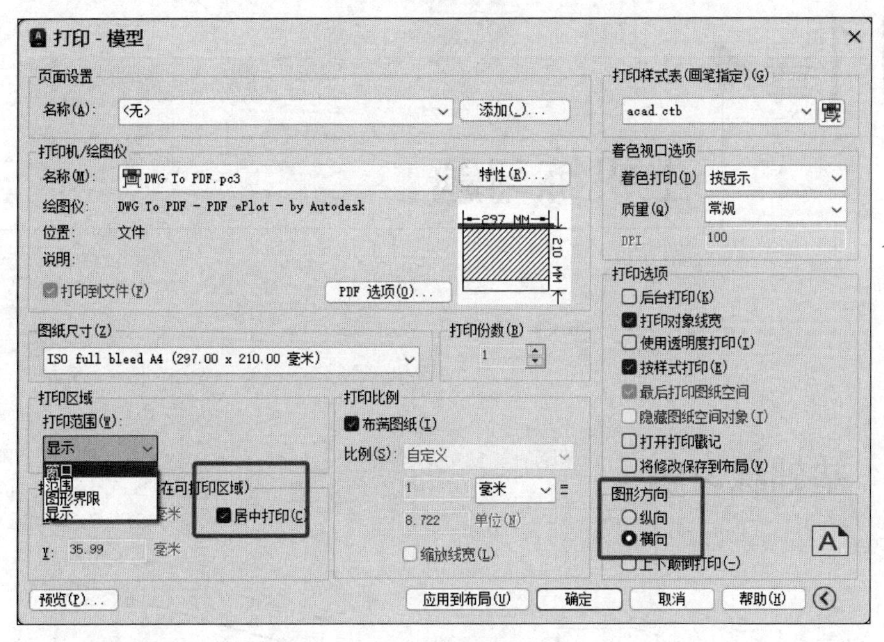
打印 - 模型
页面设置
名称(A): <无>
添加(.)...
打印样式表(画笔指定)(G)
acad.ctb
打印机/绘图仪
名称(M): DWG To PDF.pc3
特性(R)...
绘图仪: DWG To PDF - PDF ePlot - by Autodesk
位置: 文件
说明:
打印到文件(F)
PDF 选项(O)...
297 MM
210 MM
着色视口选项
着色打印(D) 按显示
质量(Q) 常规
DPI 100
打印选项
后台打印(K)
打印对象线宽
使用透明度打印(T)
按样式打印(E)
最后打印图纸空间
隐藏图纸空间对象(J)
打开打印戳记
将修改保存到布局(V)
图纸尺寸(Z)
ISO full bleed A4 (297.00 x 210.00 毫米)
打印份数(B)
1
打印区域
打印范围(W):
显示
窗口
范围
图形界限
显示
在可打印区域)
居中打印(C)
毫米
Y: 35.99 毫米
打印比例
布满图纸(I)
比例(S): 自定义
1 毫米
8.722 单位(N)
缩放线宽(L)
图形方向
纵向
横向
上下颠倒打印(-)
预览(P)...
应用到布局(U)
确定
取消
帮助(H)

图 10-14 选择设置

第11章 上机练习题

11.1 基础练习题

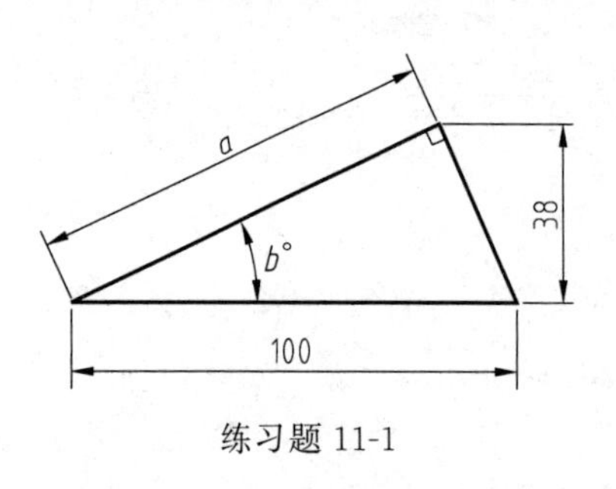

练习题 11-1

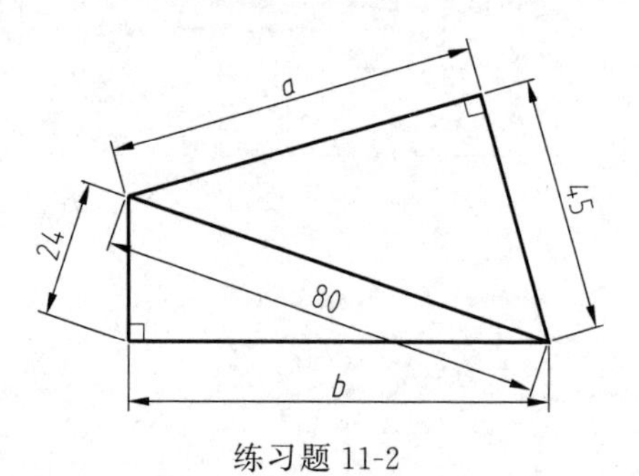

练习题 11-2

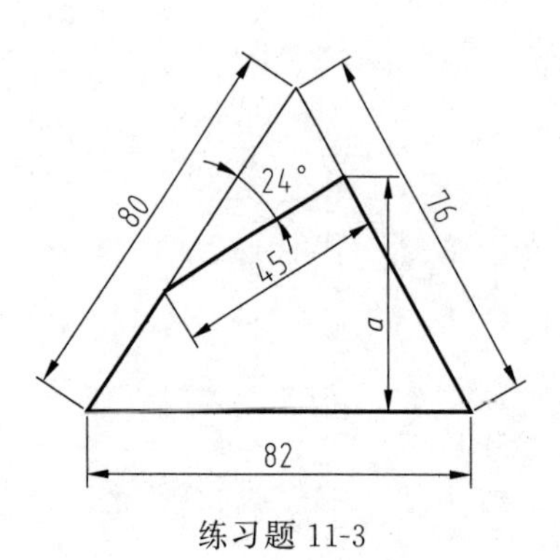

练习题 11-3

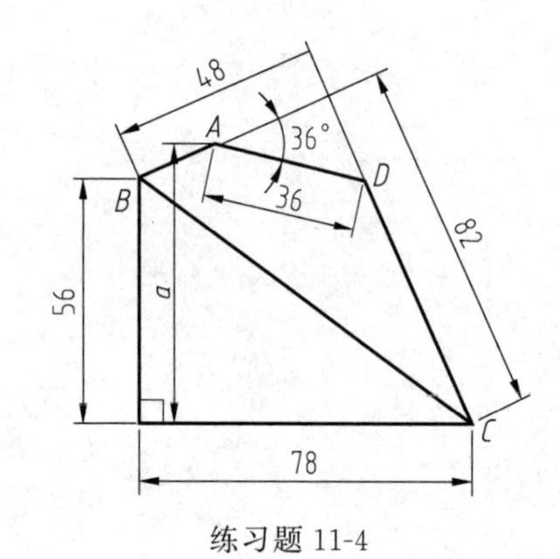

练习题 11-4

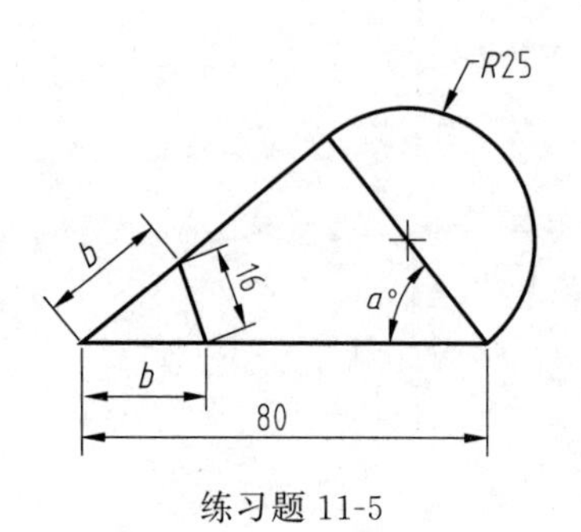

练习题 11-5

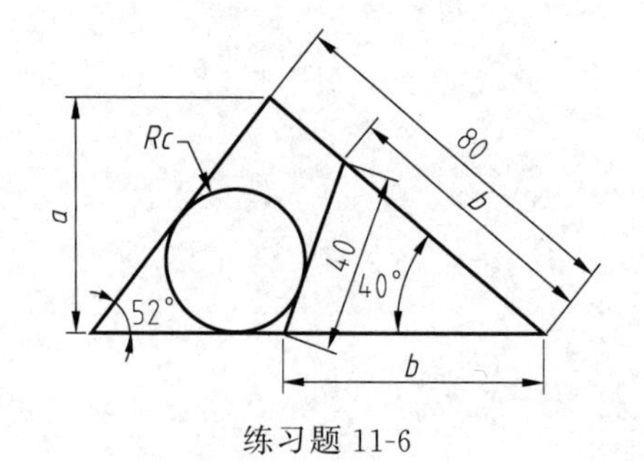

练习题 11-6

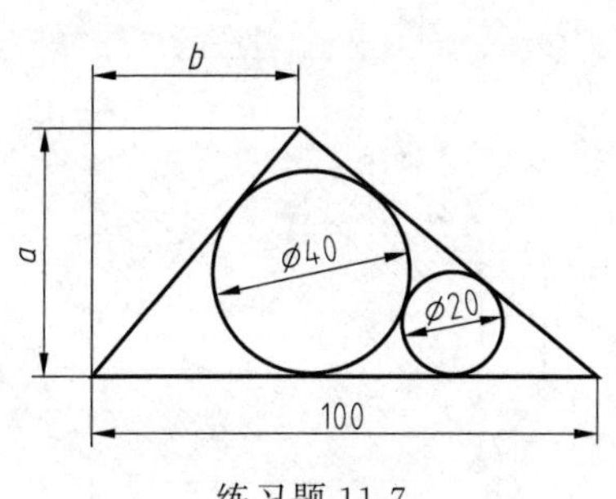

练习题 11-7

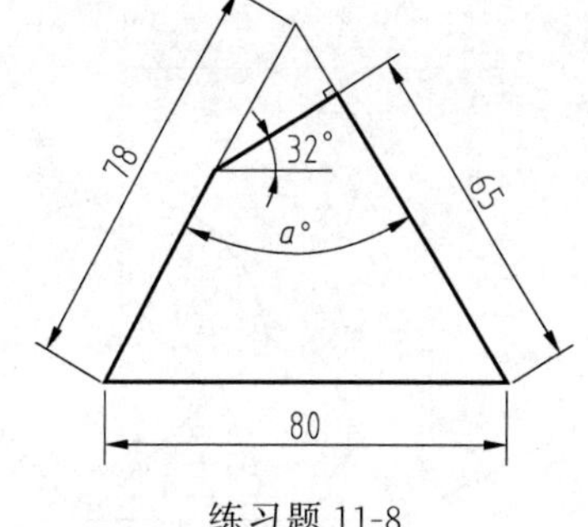

练习题 11-8

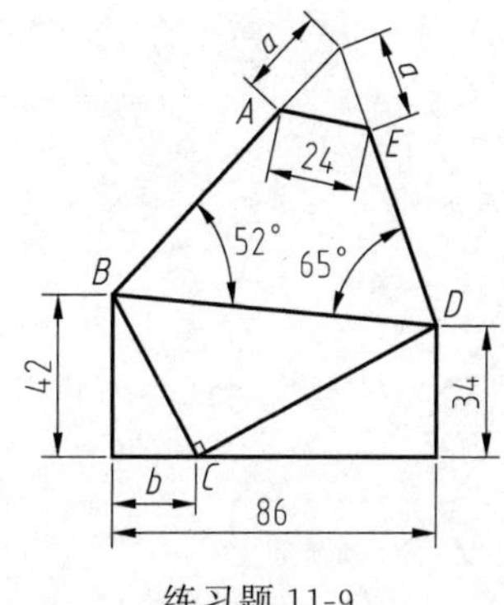

练习题 11-9

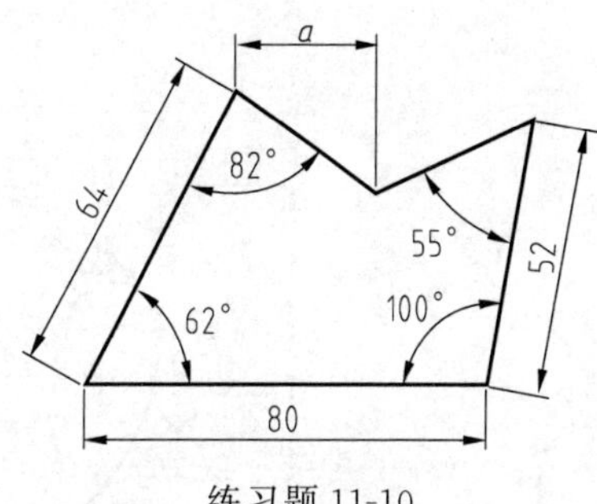

练习题 11-10

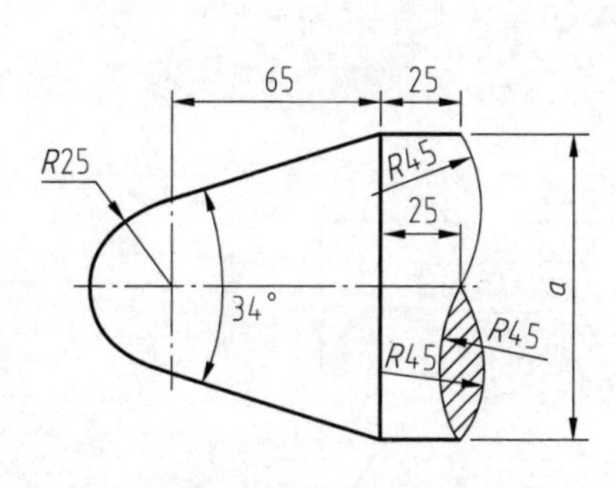

练习题 11-11

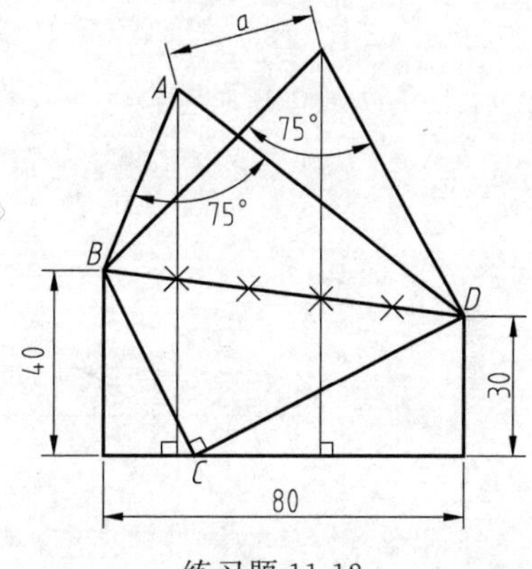

练习题 11-12

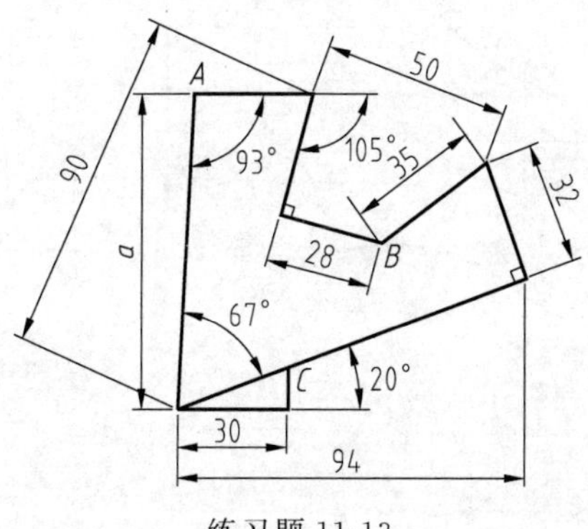

练习题 11-13

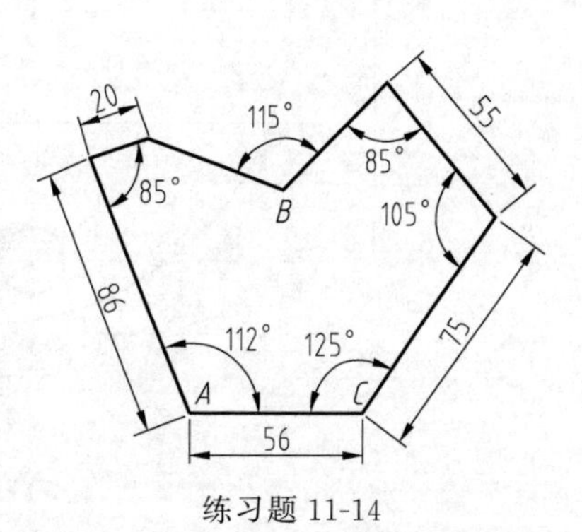

练习题 11-14

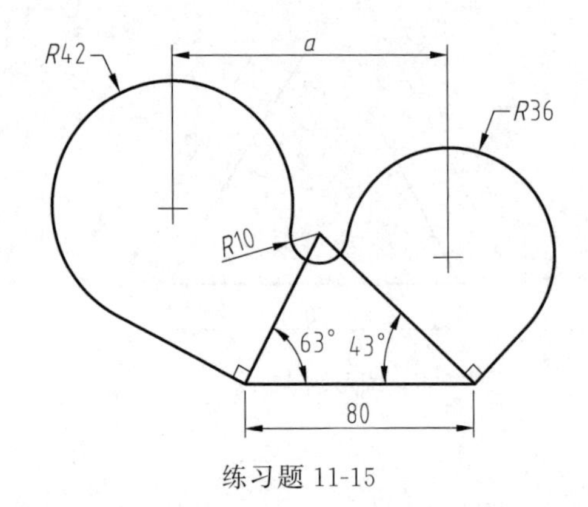

练习题 11-15

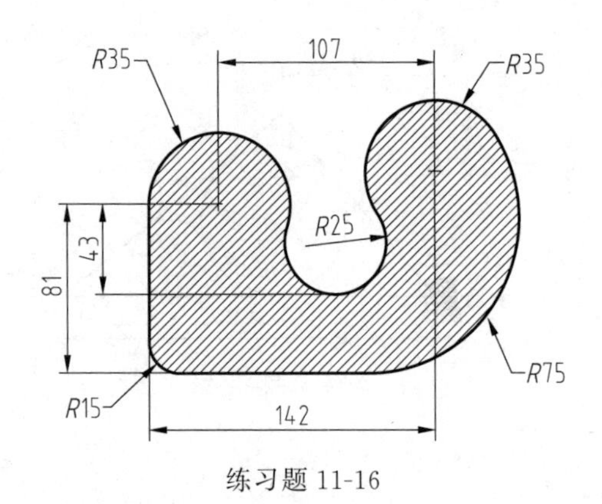

练习题 11-16

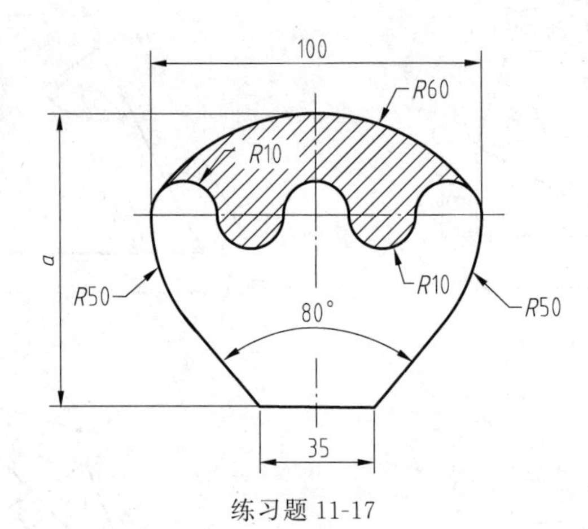

练习题 11-17

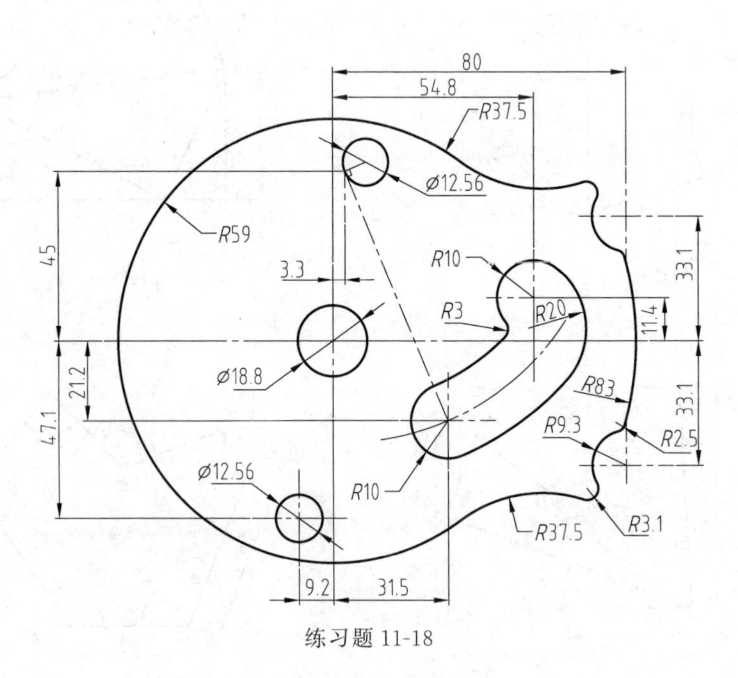

练习题 11-18

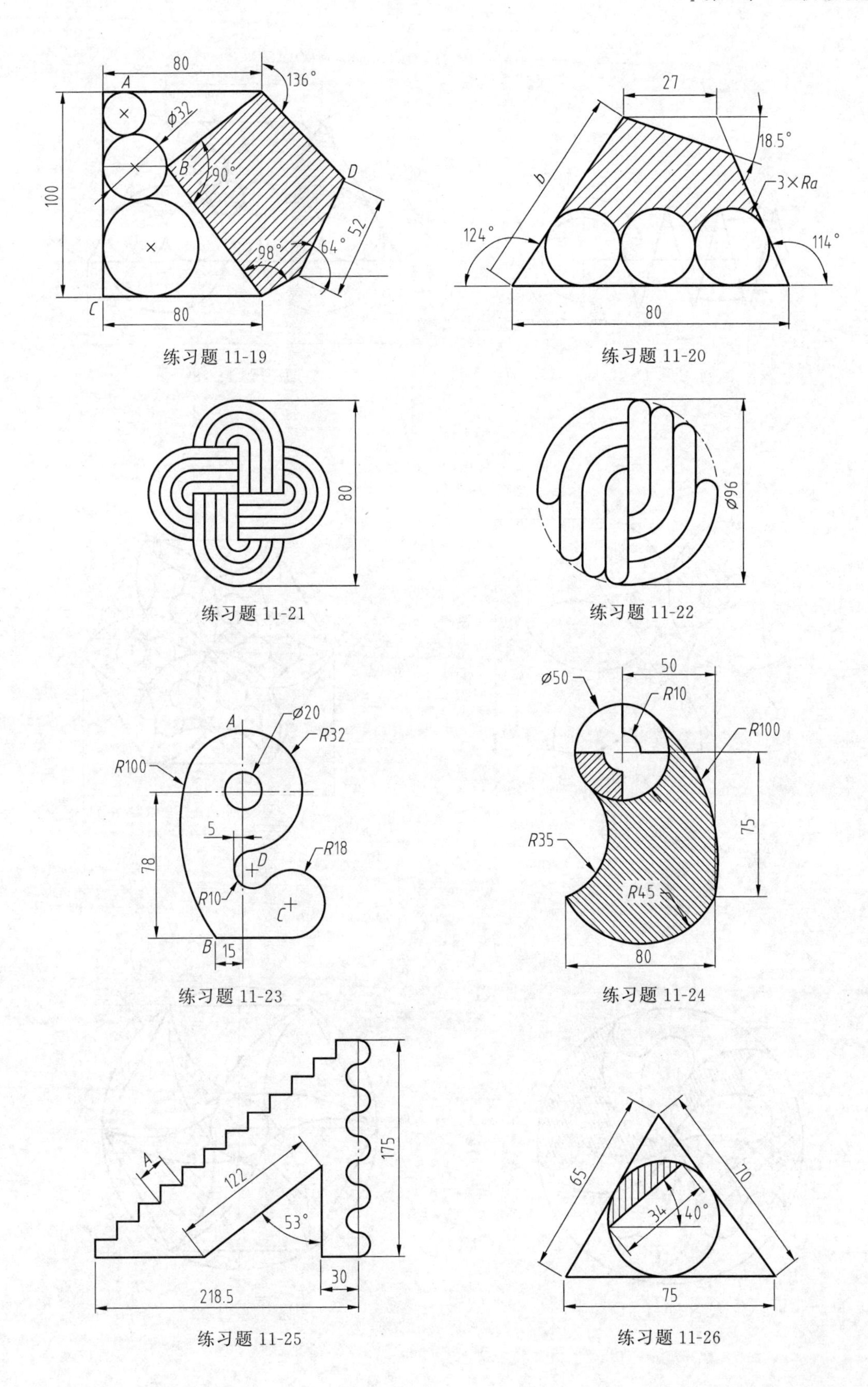

练习题 11-19

练习题 11-20

练习题 11-21

练习题 11-22

练习题 11-23

练习题 11-24

练习题 11-25

练习题 11-26

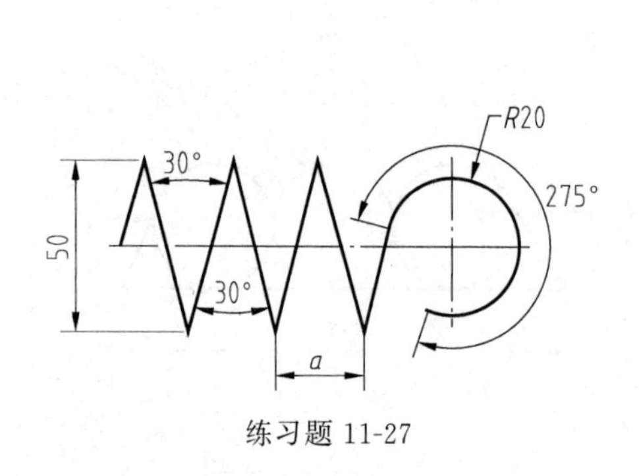

练习题 11-27

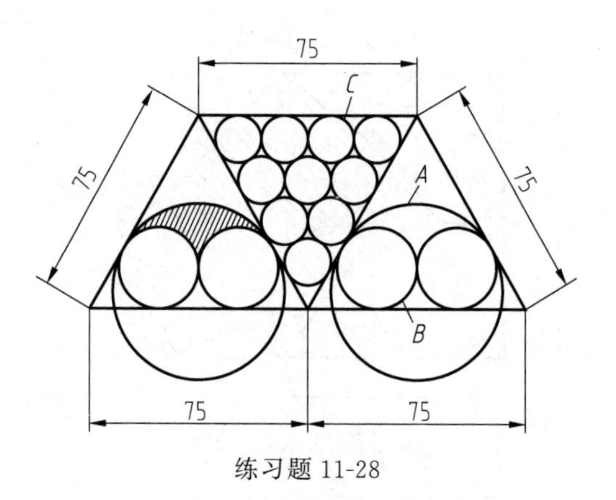

练习题 11-28

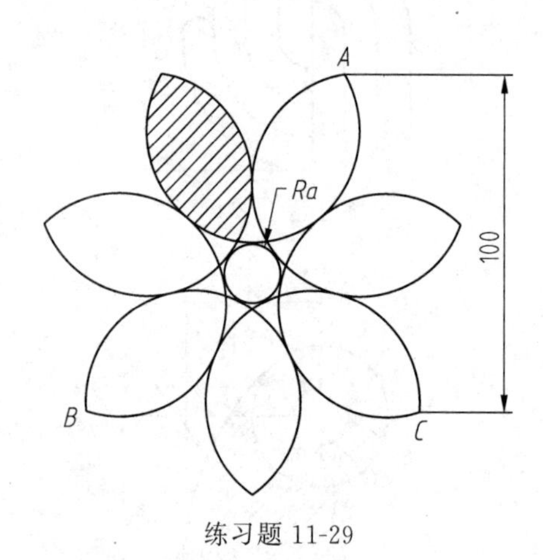

练习题 11-29

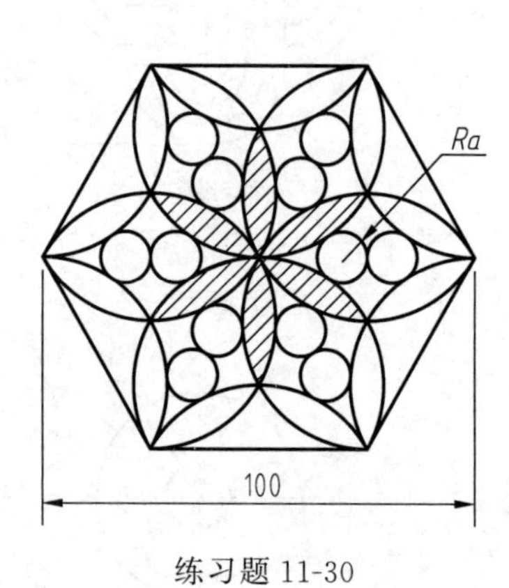

练习题 11-30

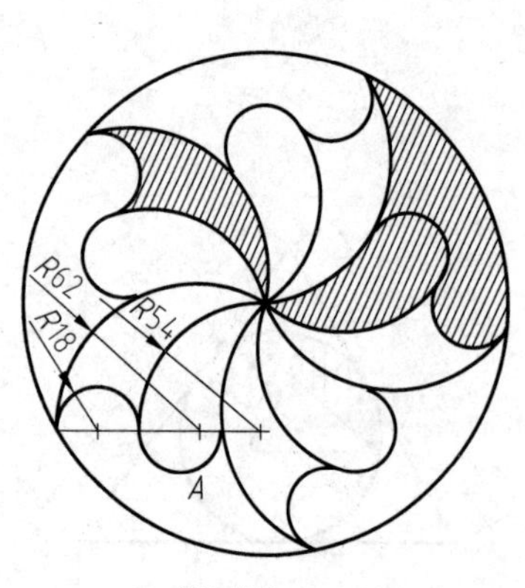

练习题 11-31

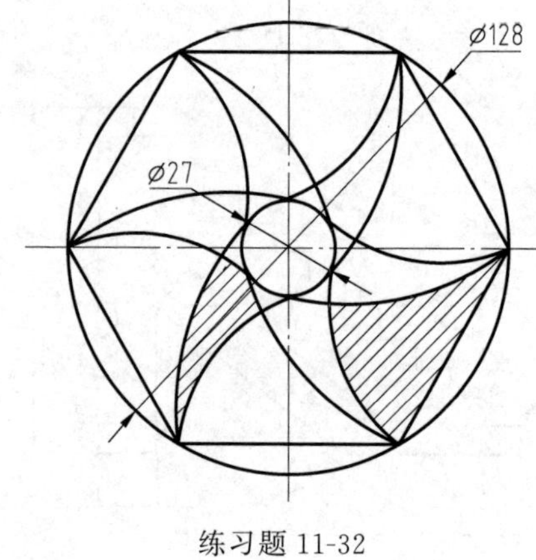

练习题 11-32

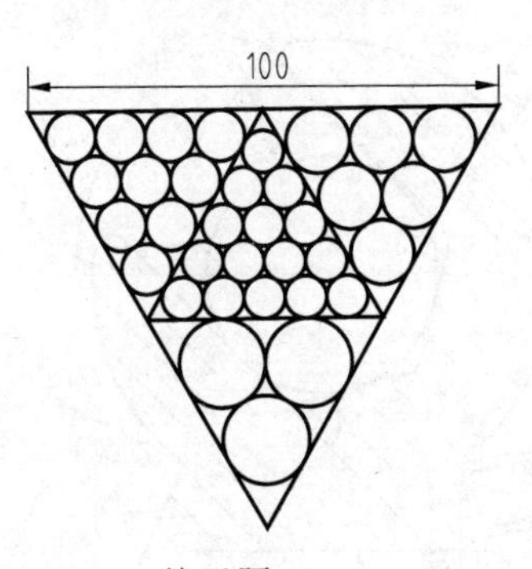

练习题 11-33

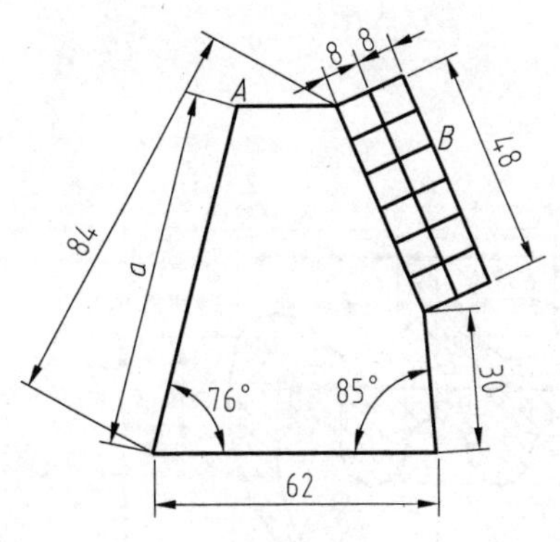

练习题 11-34

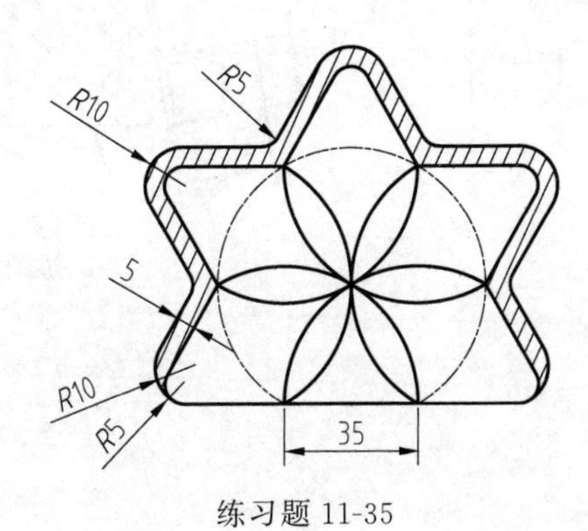

练习题 11-35

练习题 11-36

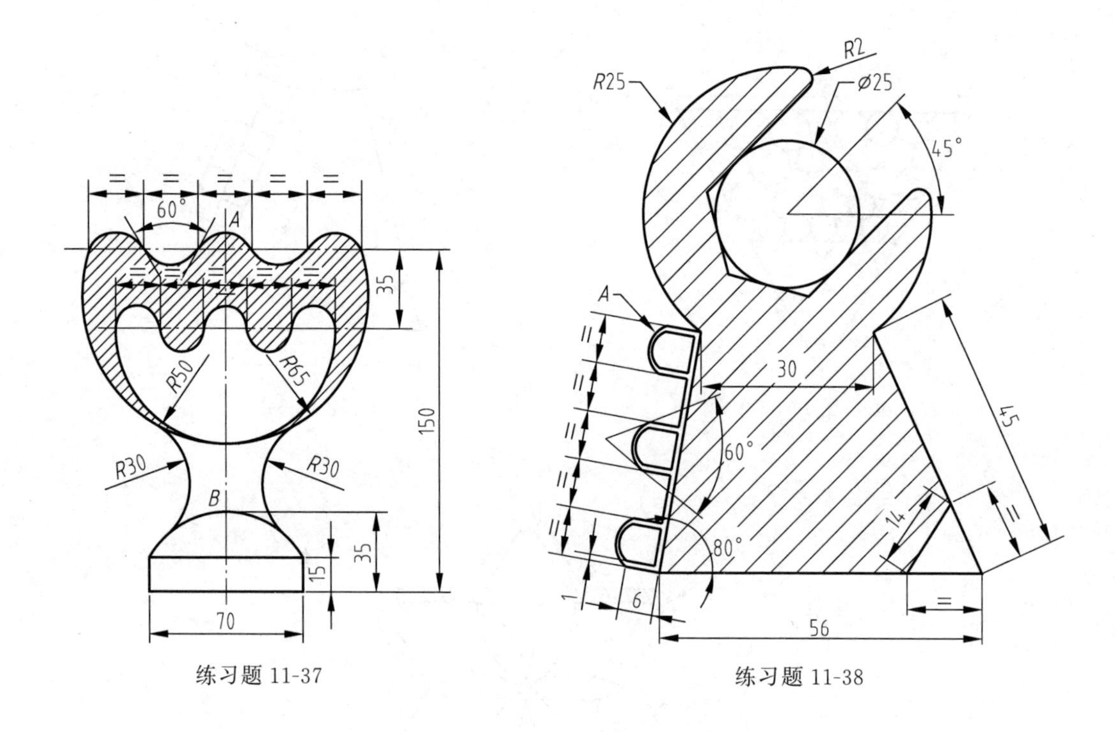

练习题 11-37　　　　练习题 11-38

11.2 进阶练习题

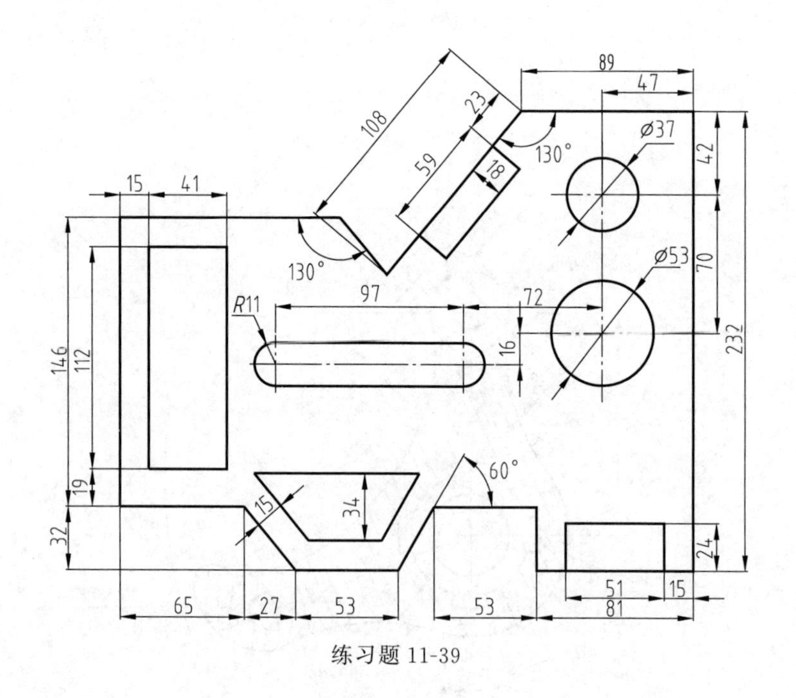

练习题 11-39

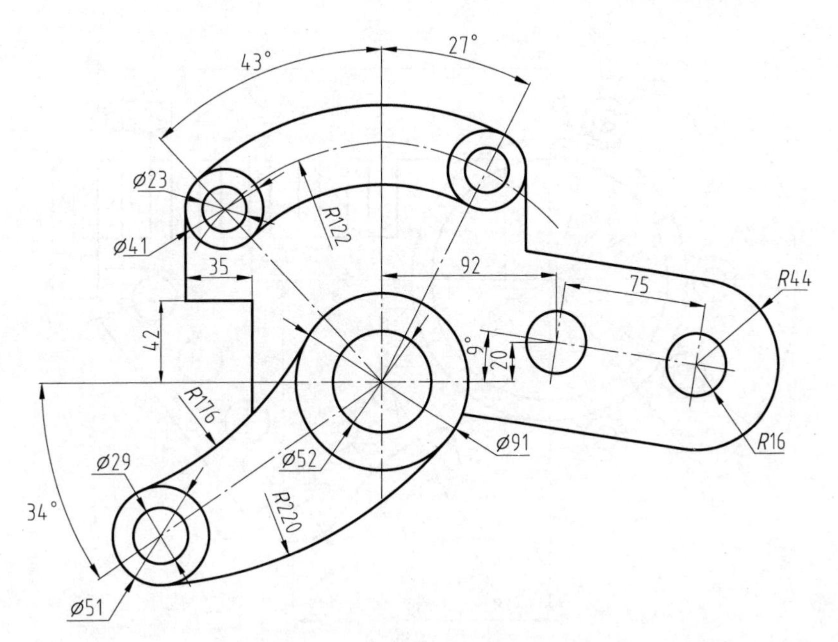

练习题 11-40

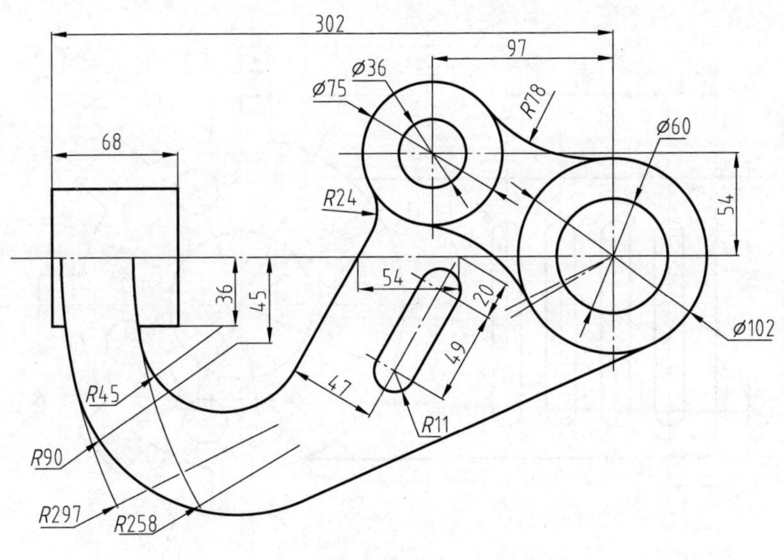

练习题 11-41

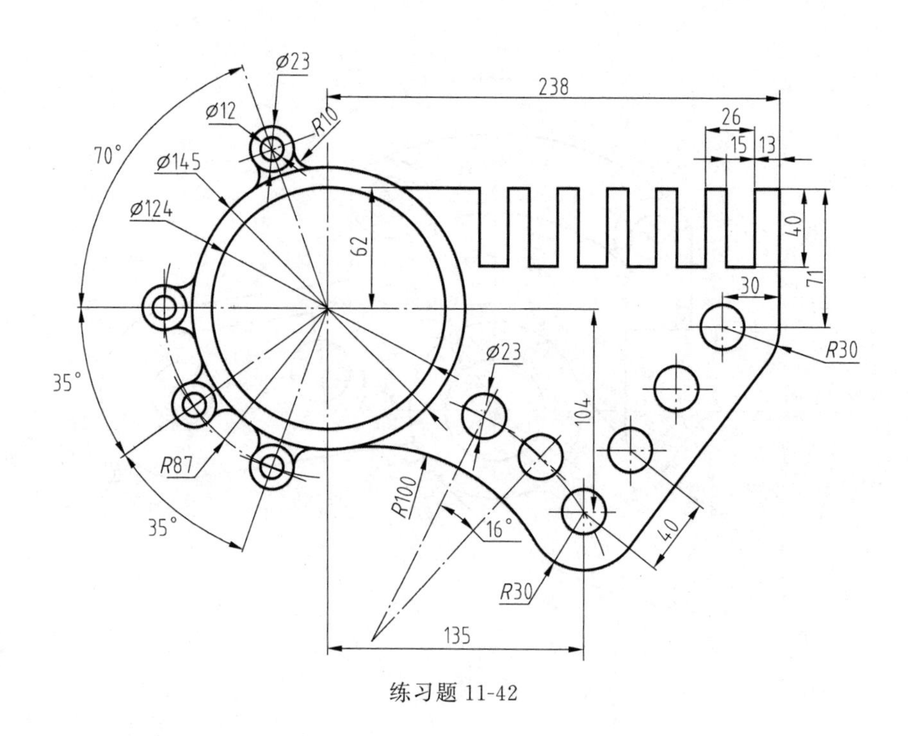

练习题 11-42

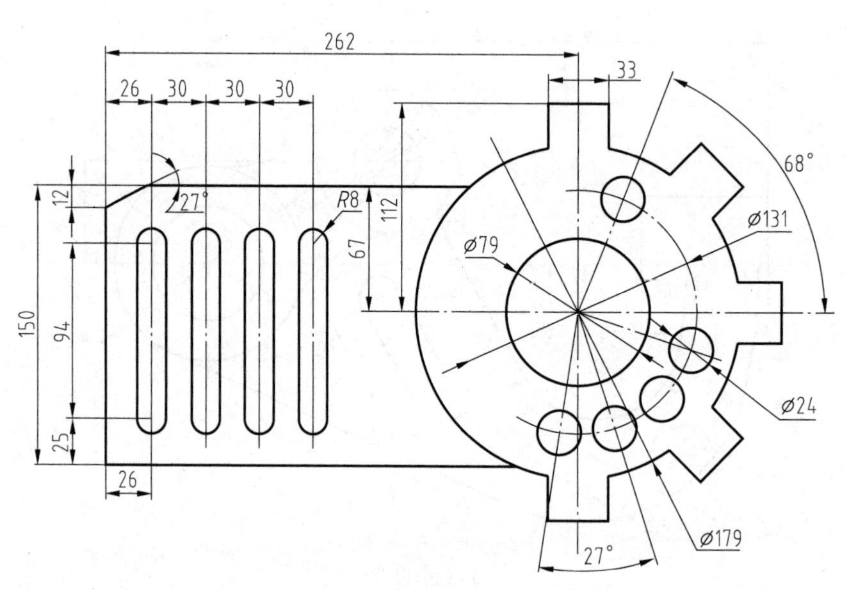

练习题 11-43

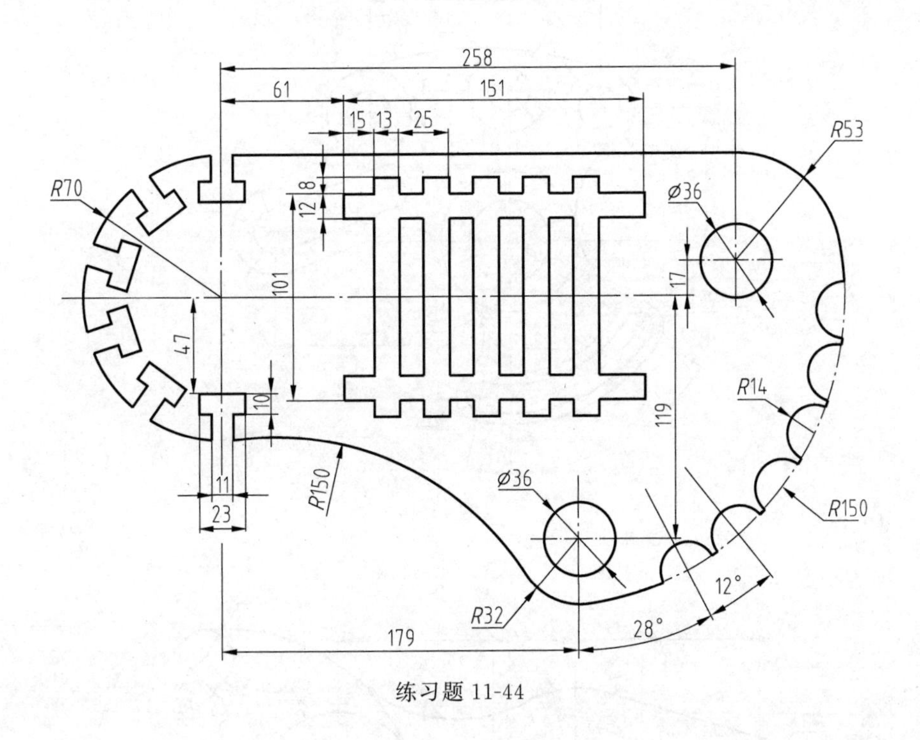

练习题 11-44

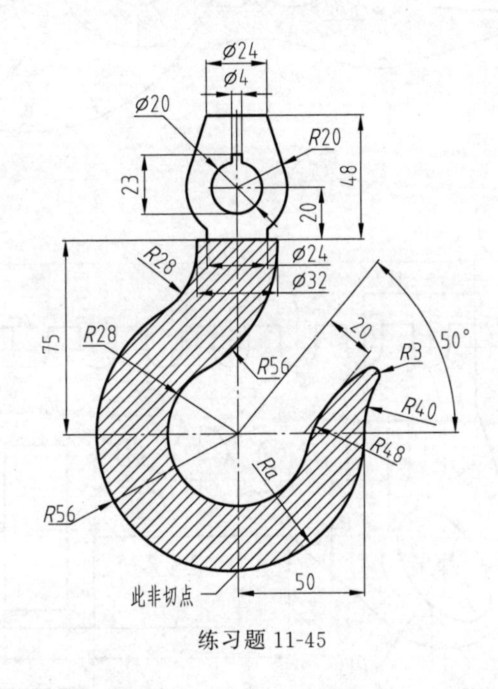

练习题 11-45

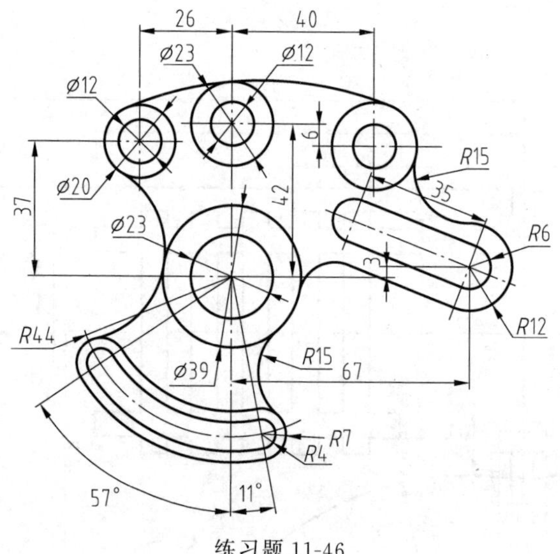

练习题 11-46

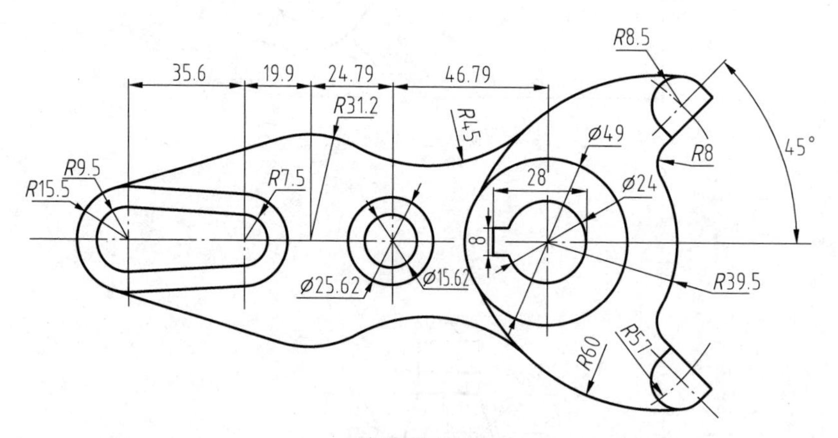

练习题 11-47

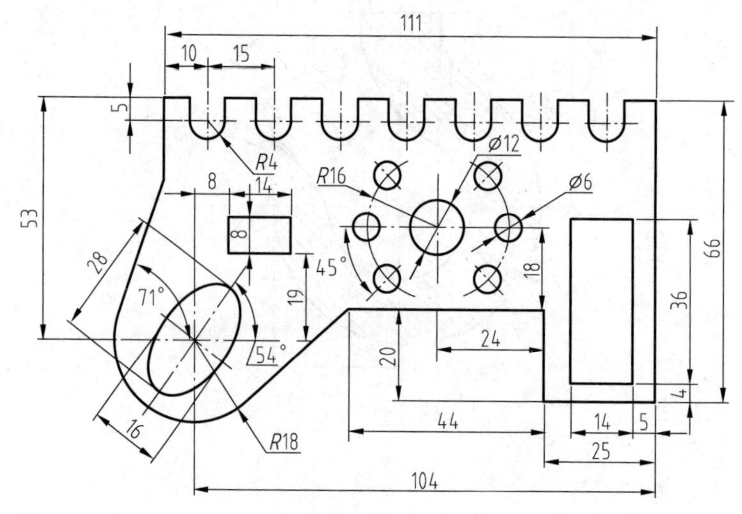

练习题 11-48

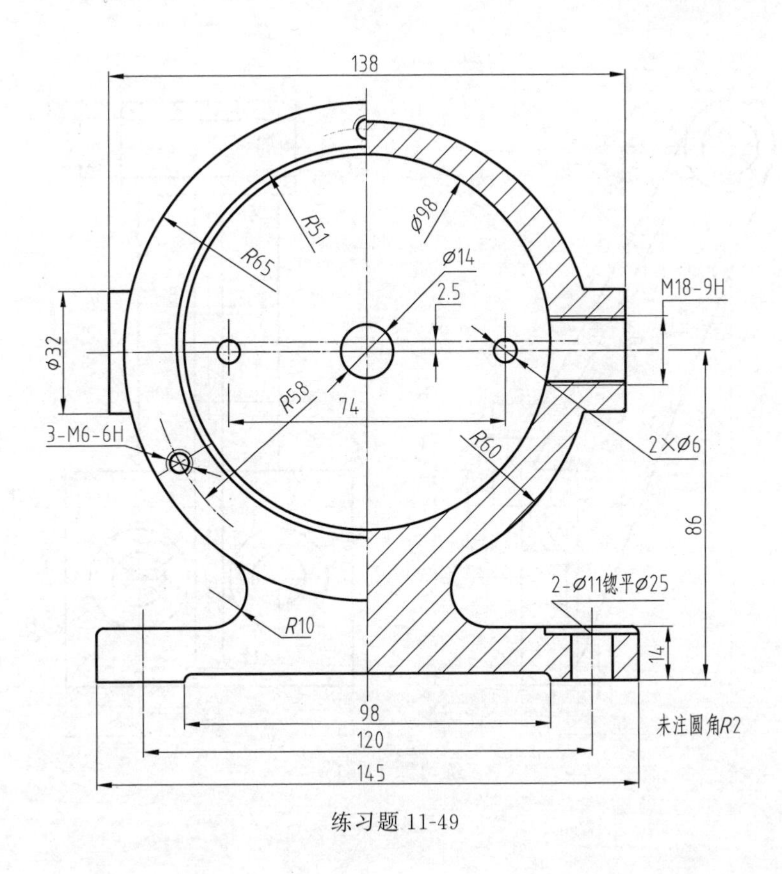

练习题 11-49

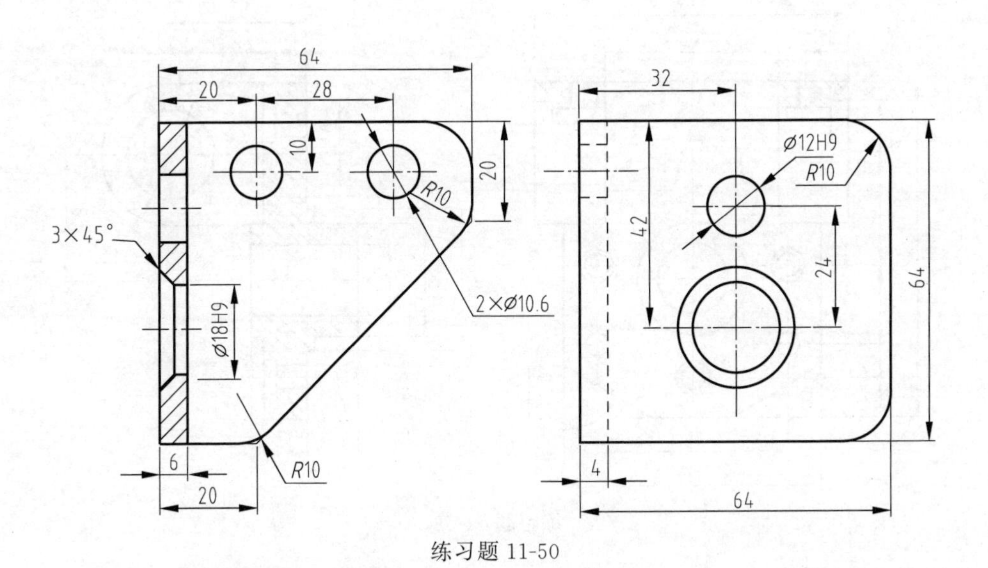

练习题 11-50

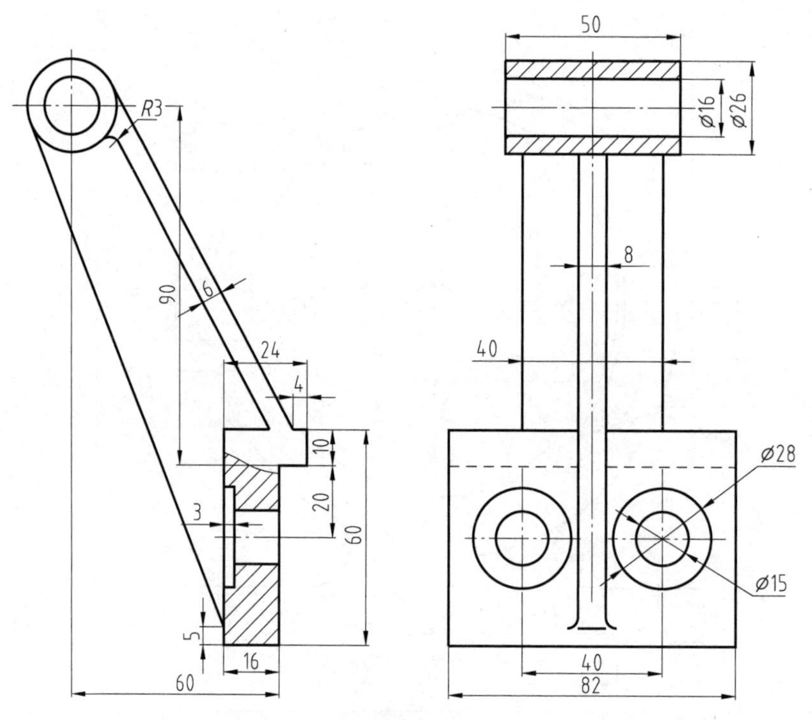

练习题 11-51

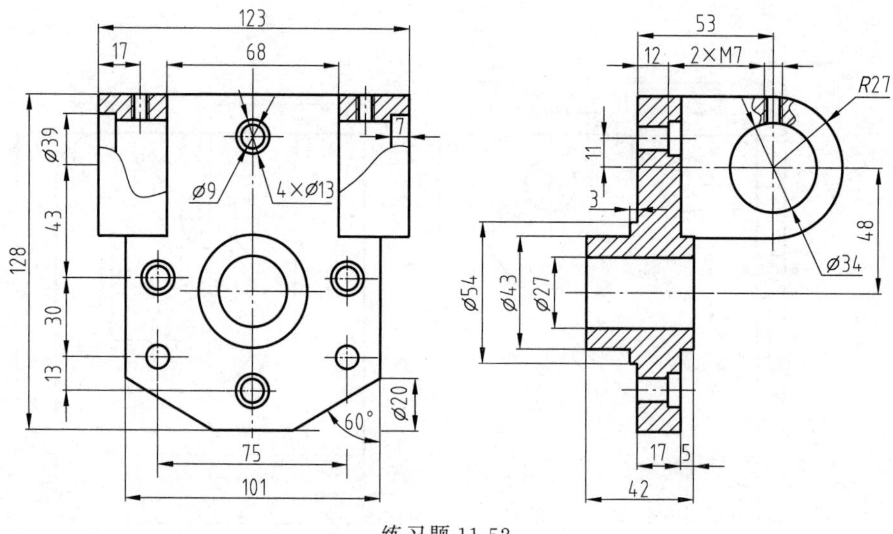

练习题 11-52

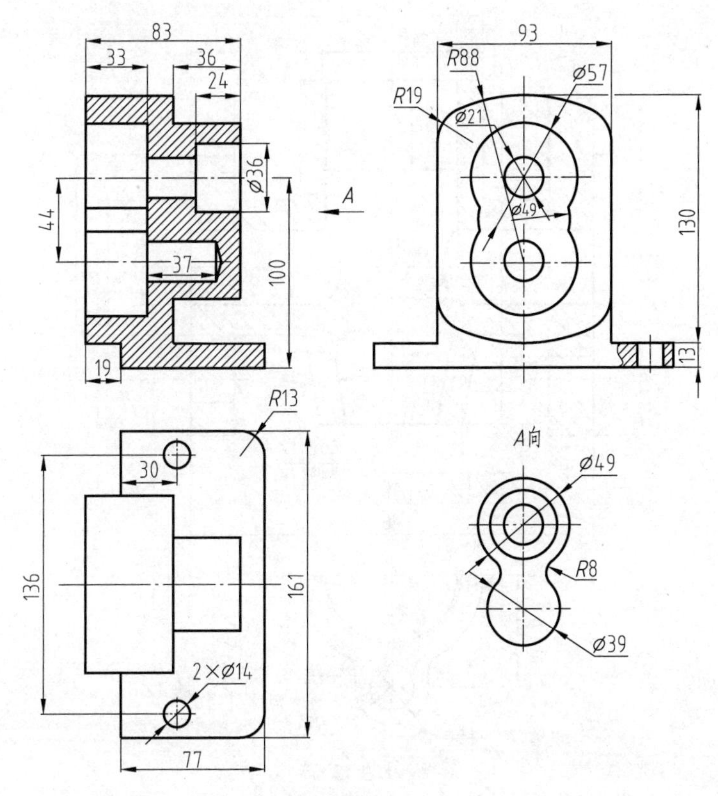

练习题 11-53

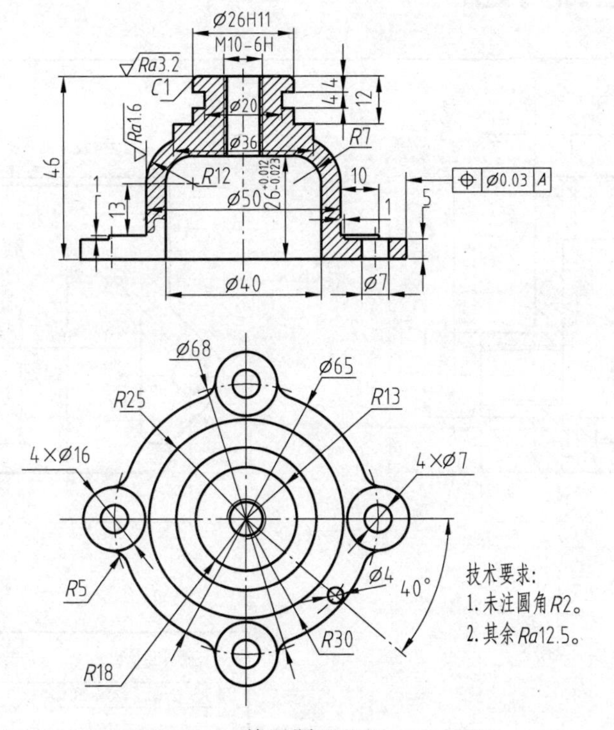

练习题 11-54

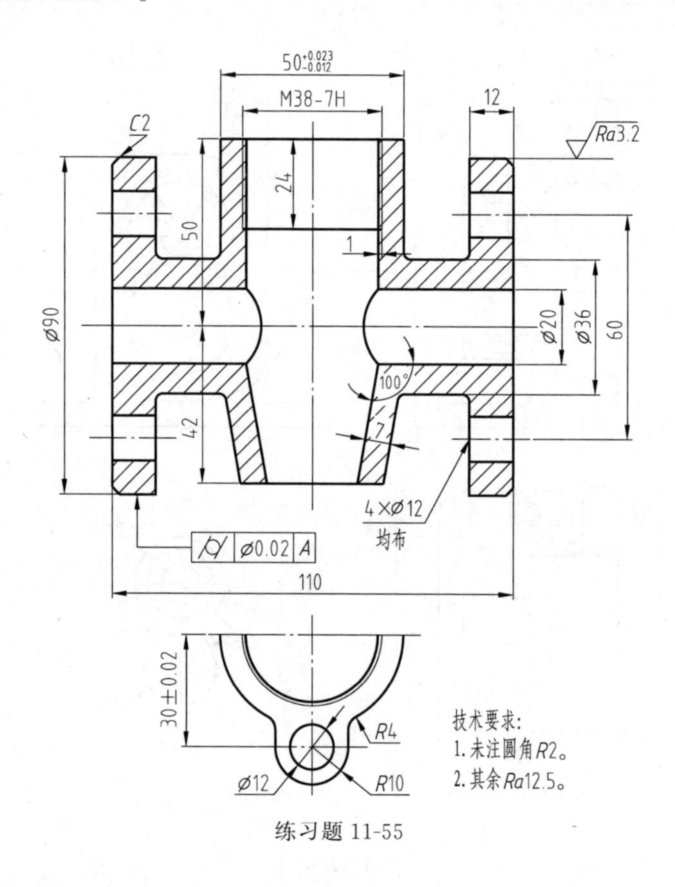

练习题 11-55

11.3 带图框练习题

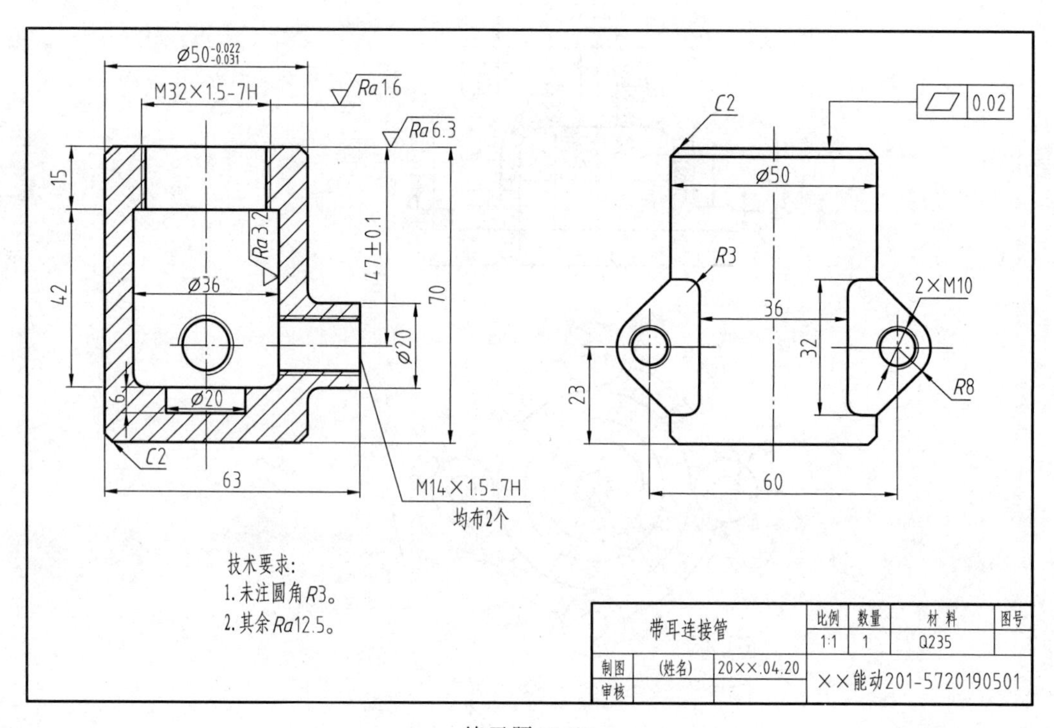

带耳连接管		比例	数量	材料	图号
		1:1	1	Q235	
制图	(姓名)	20××.04.20	××能动201-5720190501		
审核					

练习题 11-56

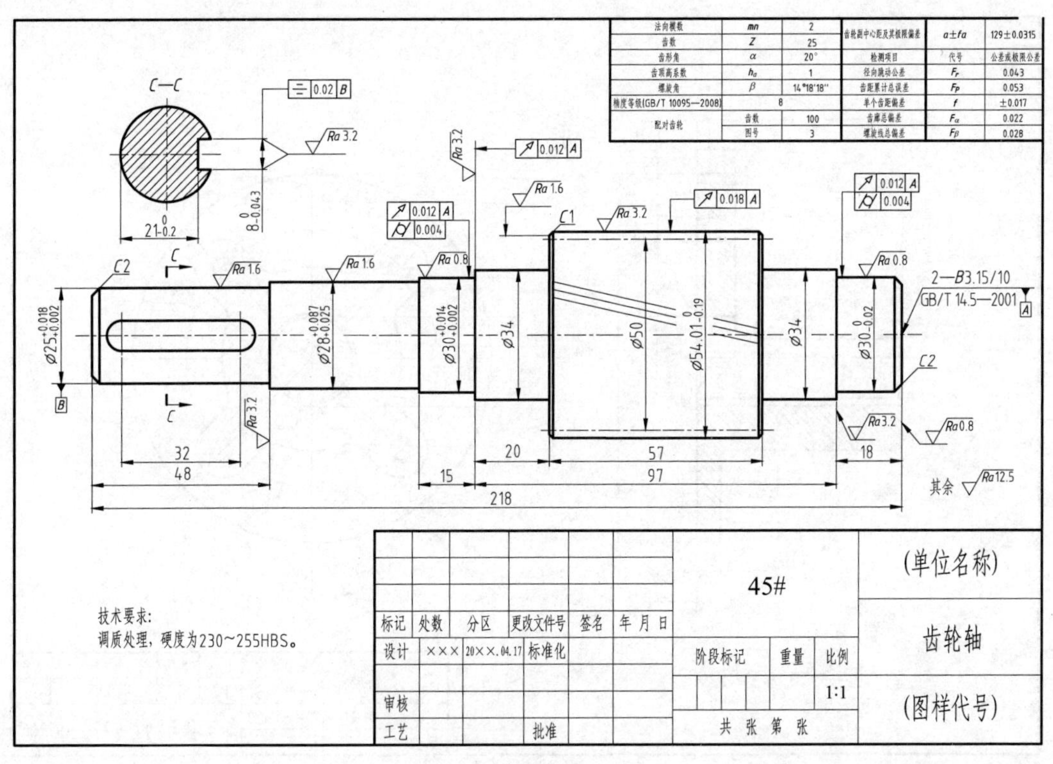

练习题 11-57

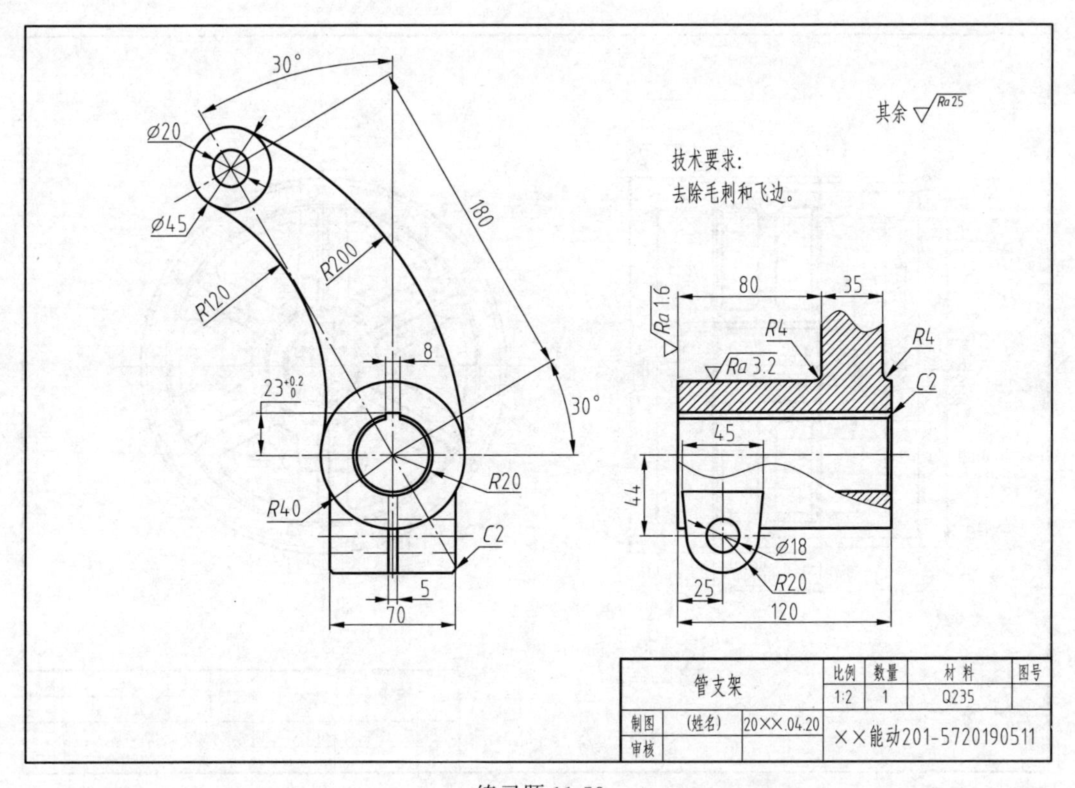

练习题 11-58

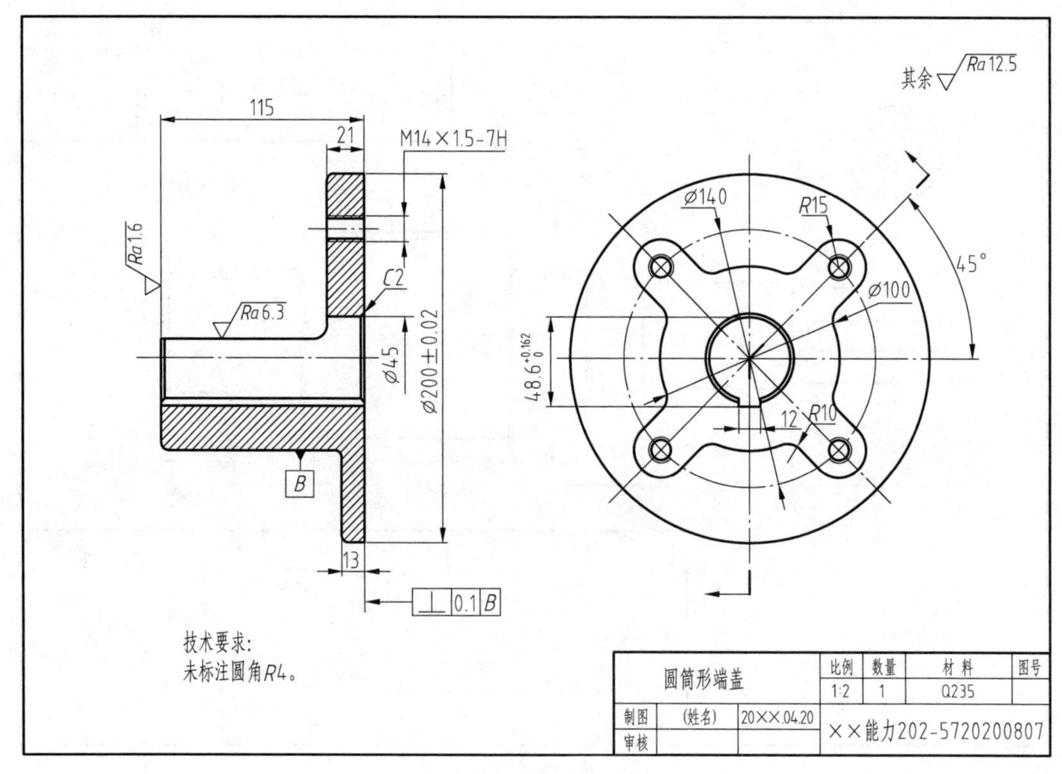

练习题 11-59

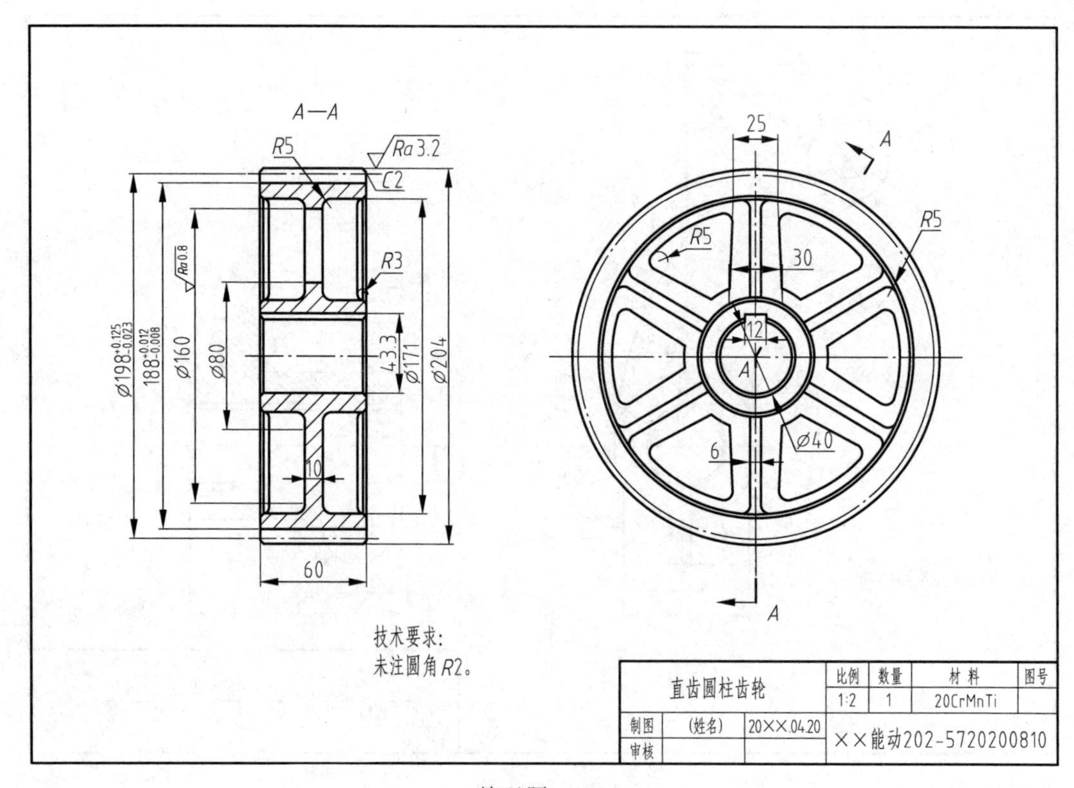

练习题 11-60

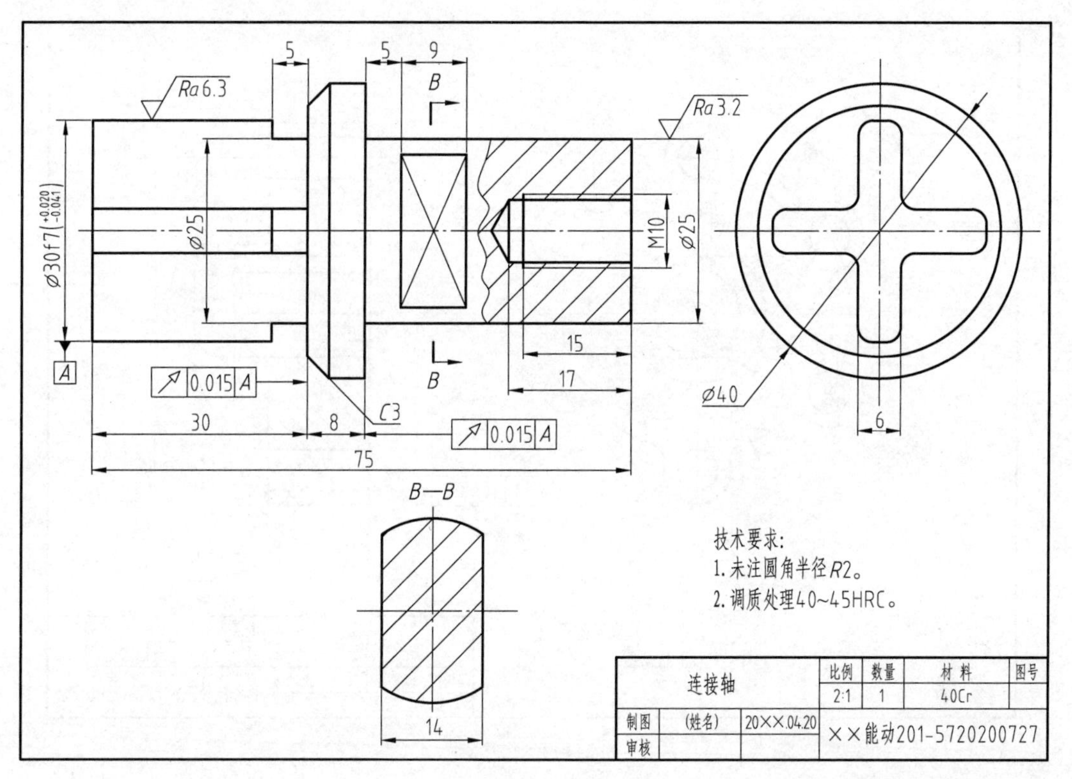

练习题 11-61

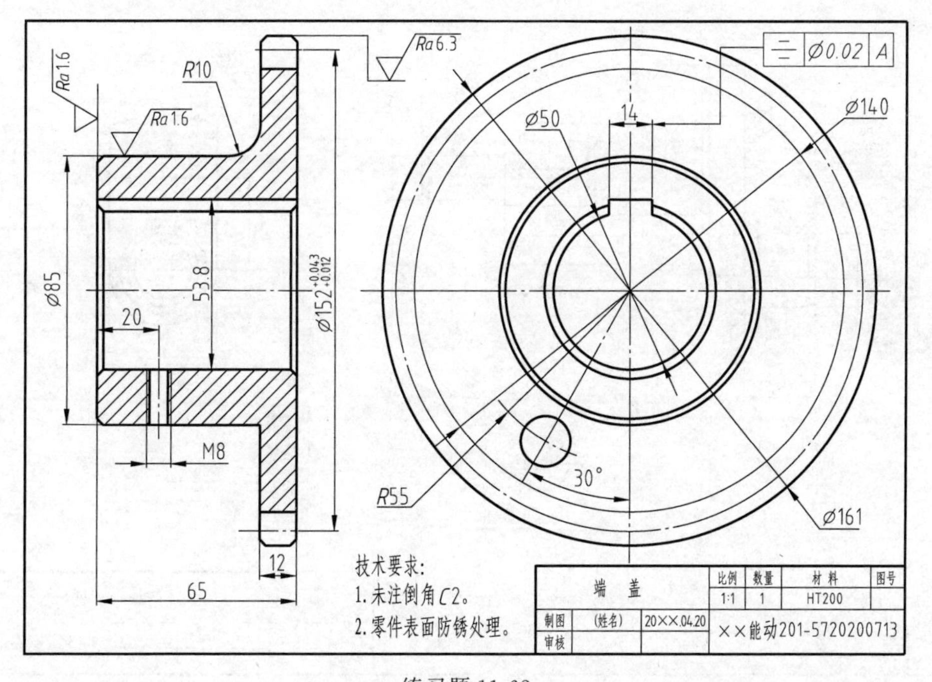

练习题 11-62

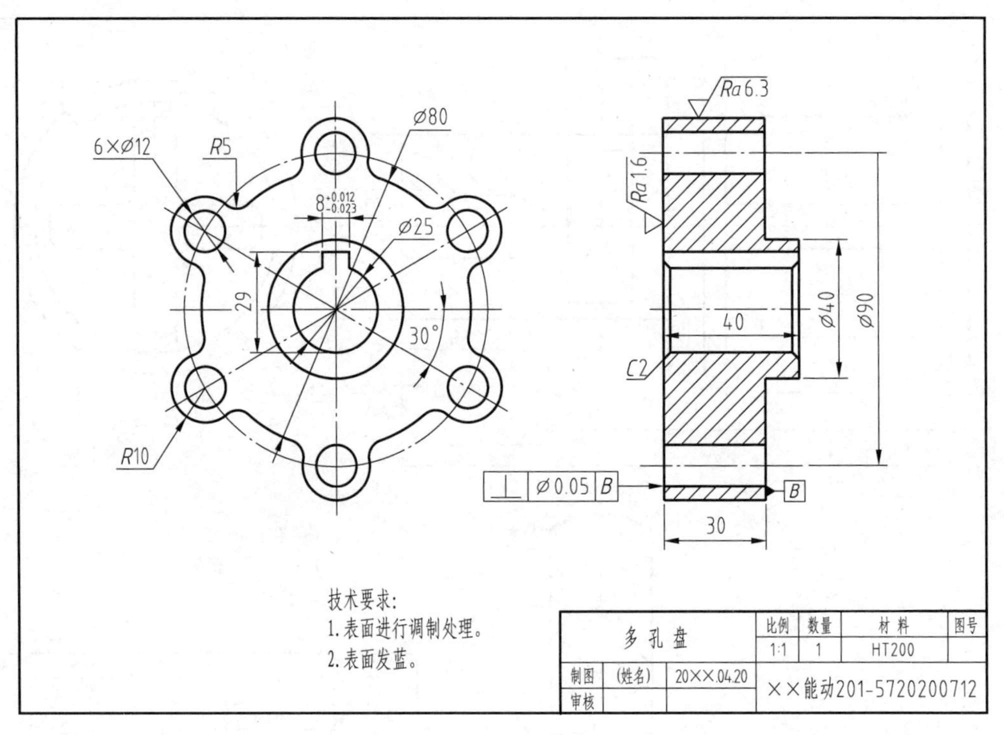

练习题 11-63

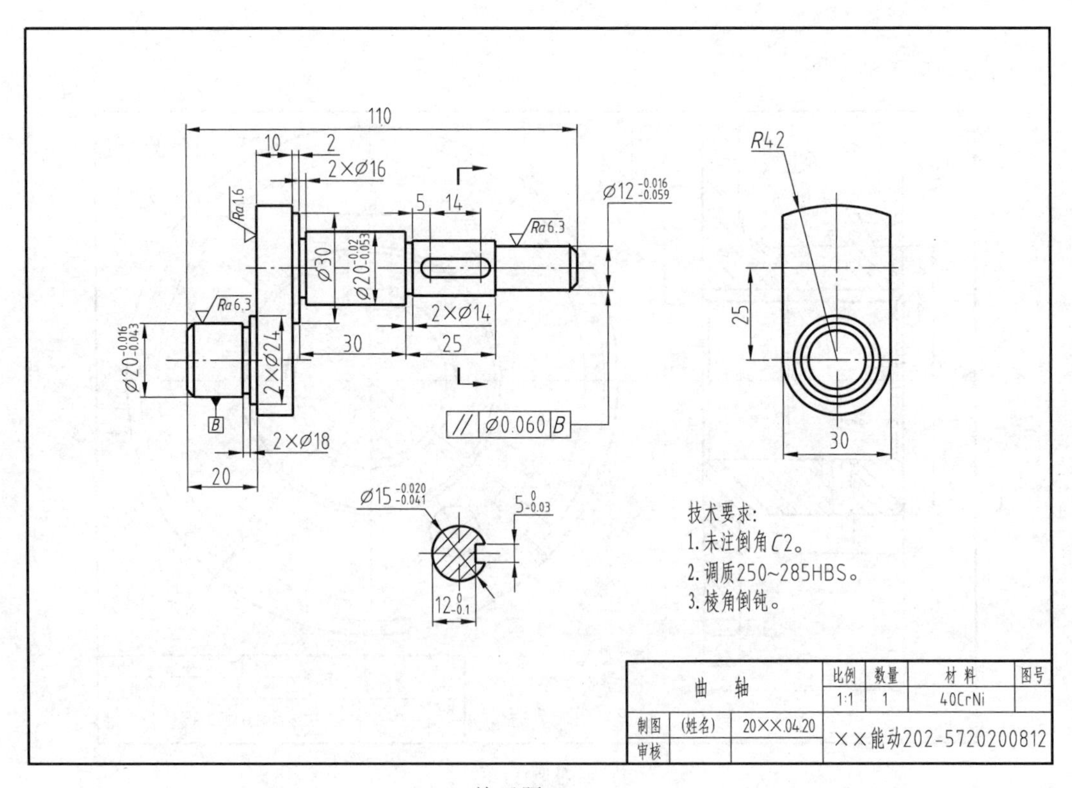

练习题 11-64

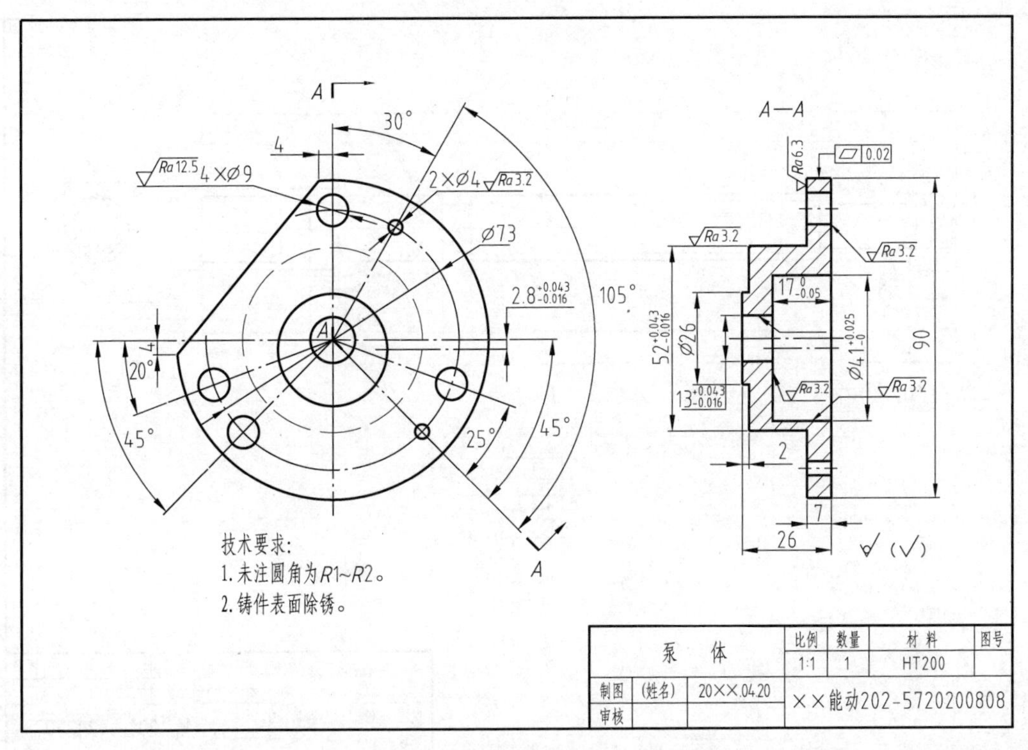

练习题 11-65

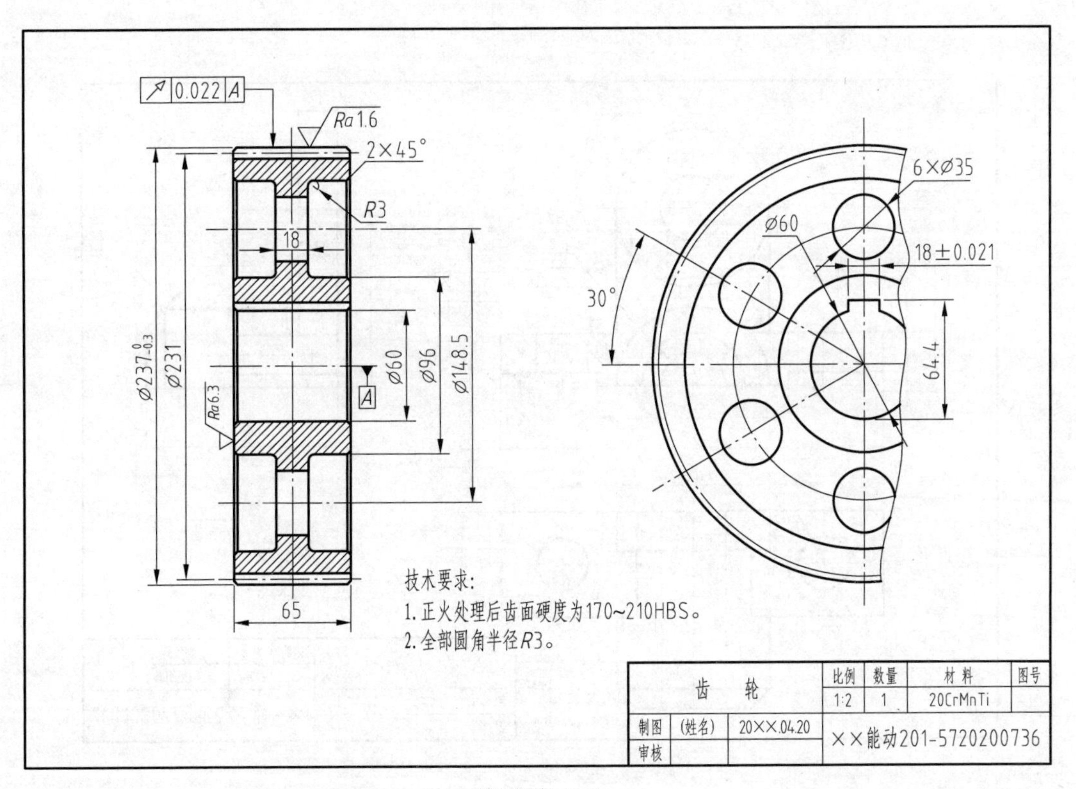

练习题 11-66

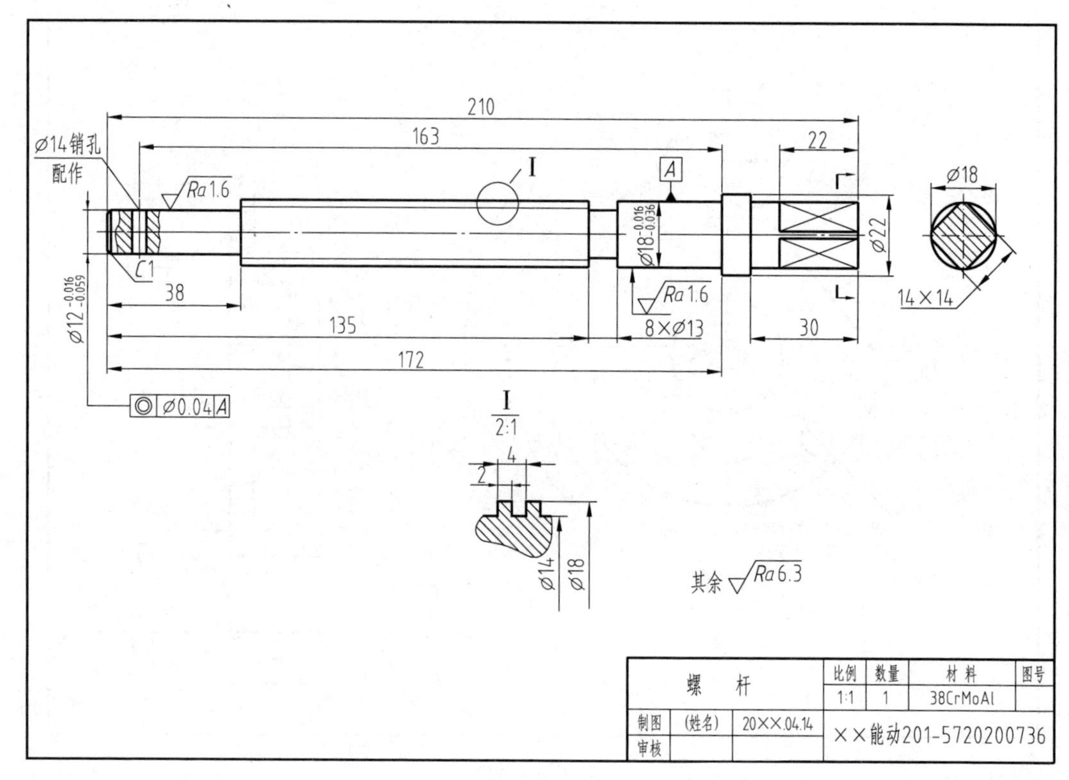

练习题 11-67

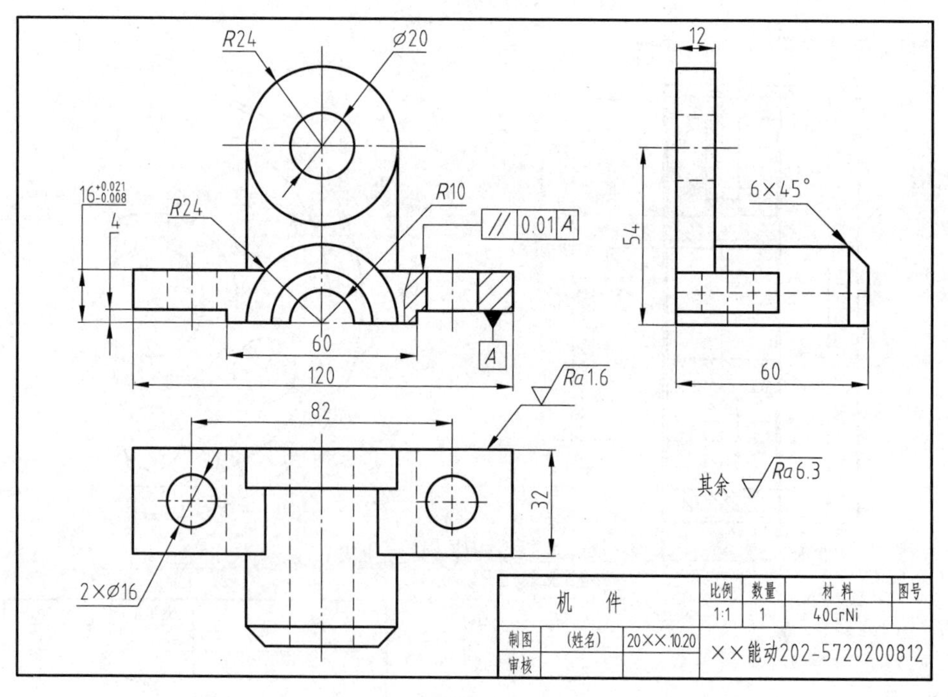

练习题 11-68

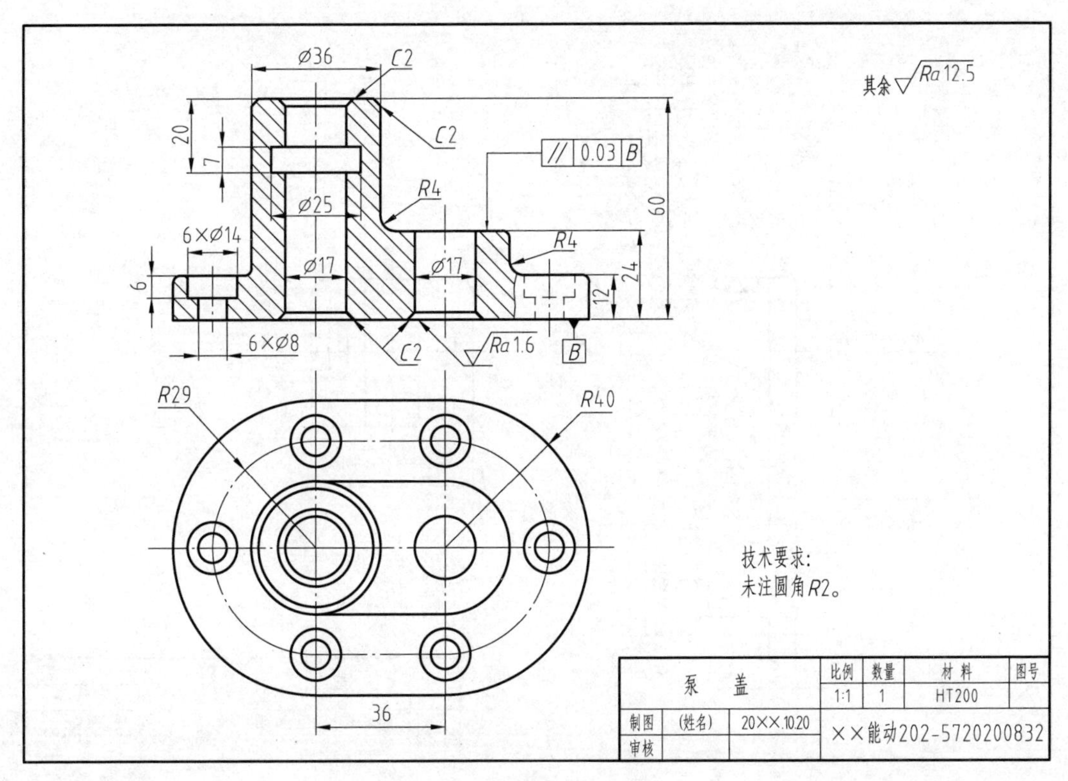

练习题 11-69

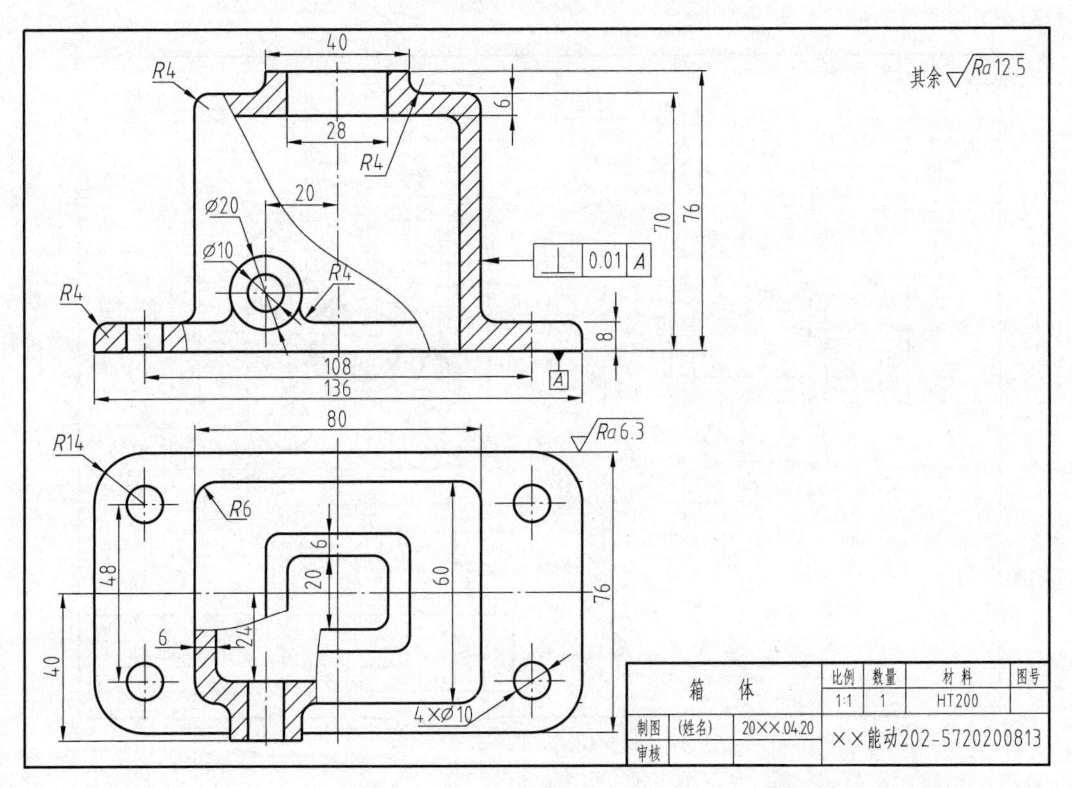

练习题 11-70

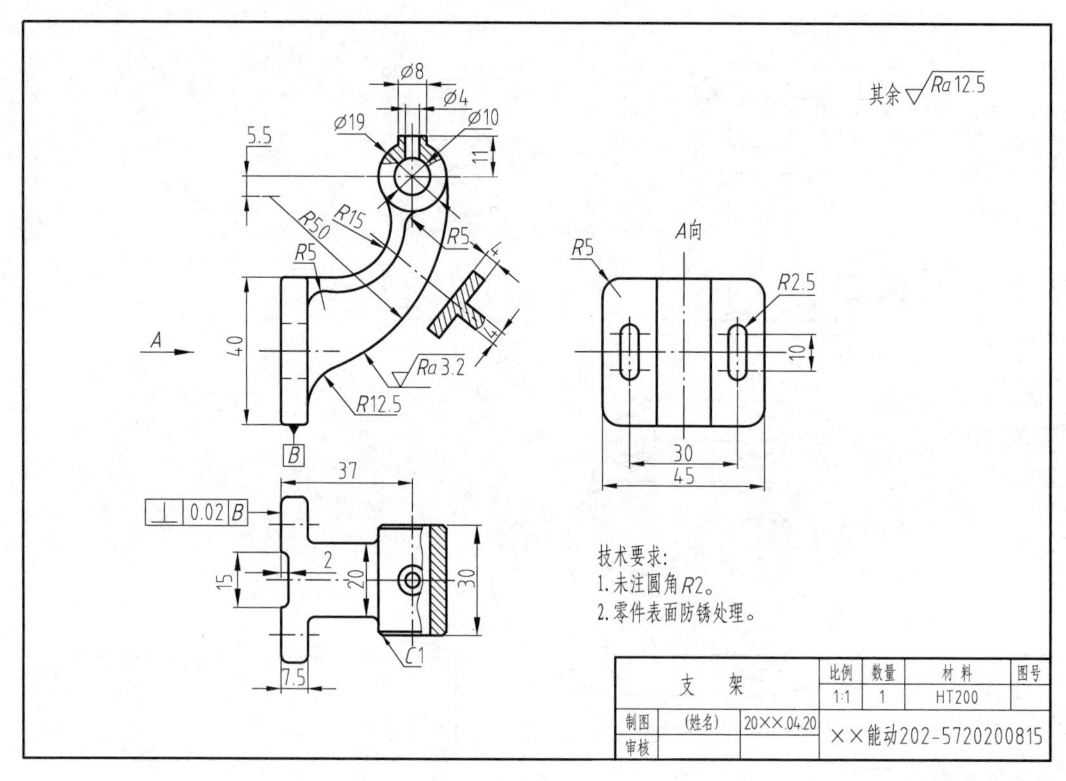

练习题 11-71

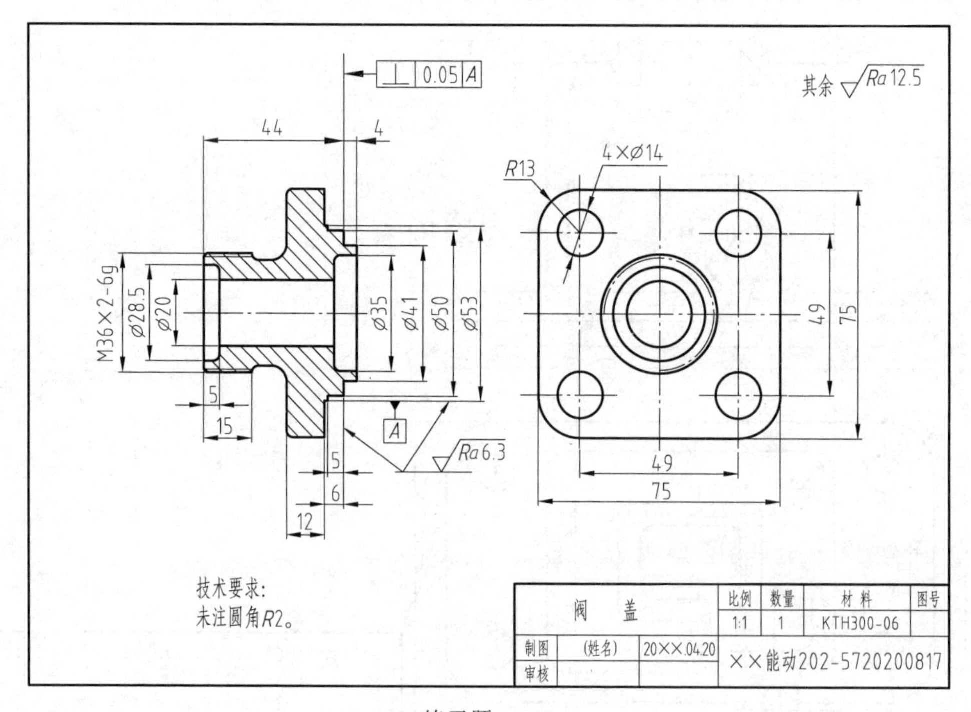

练习题 11-72

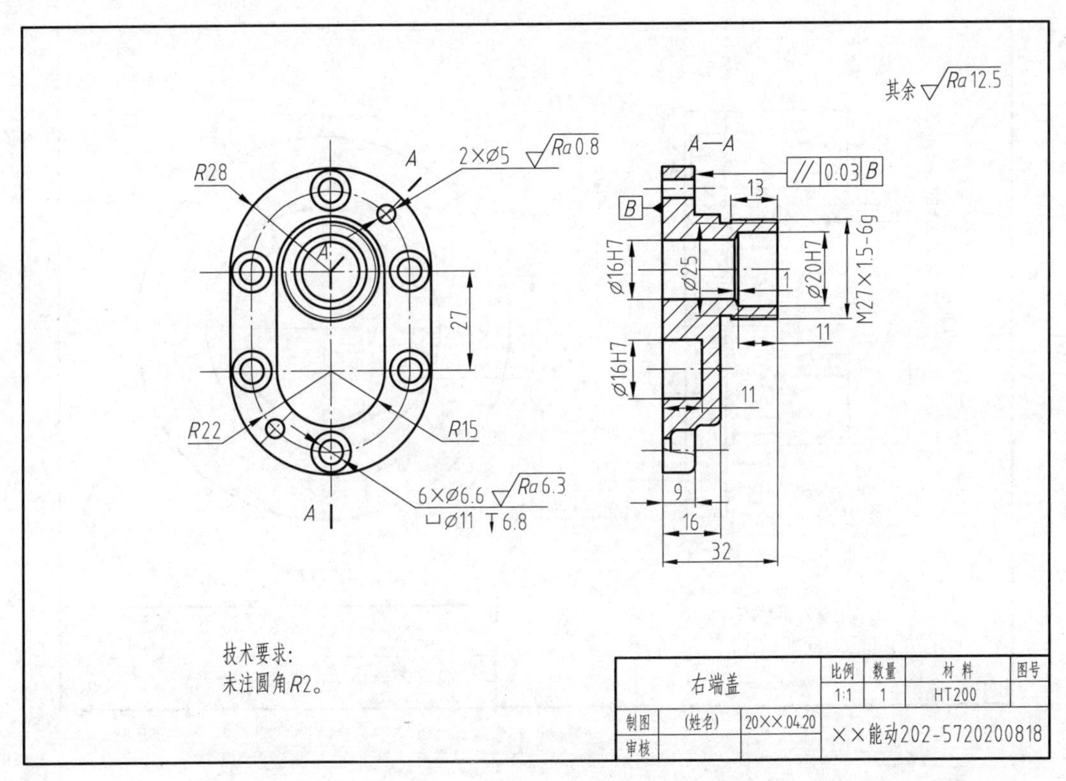

练习题 11-73

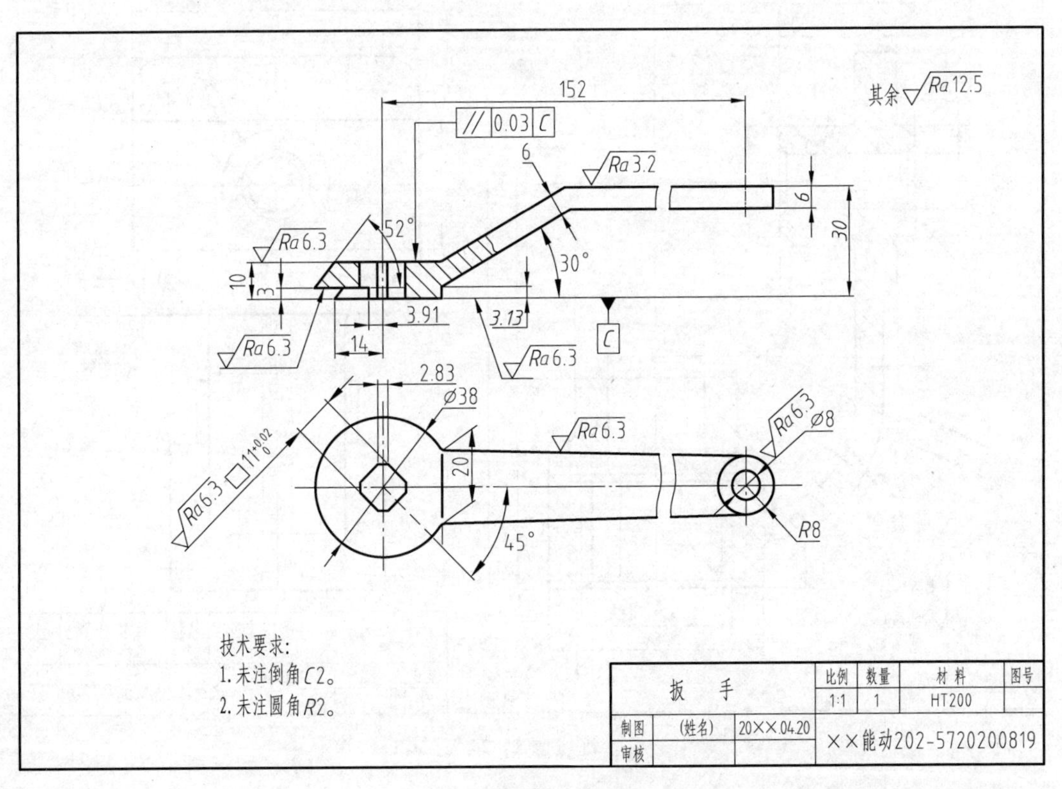

练习题 11-74

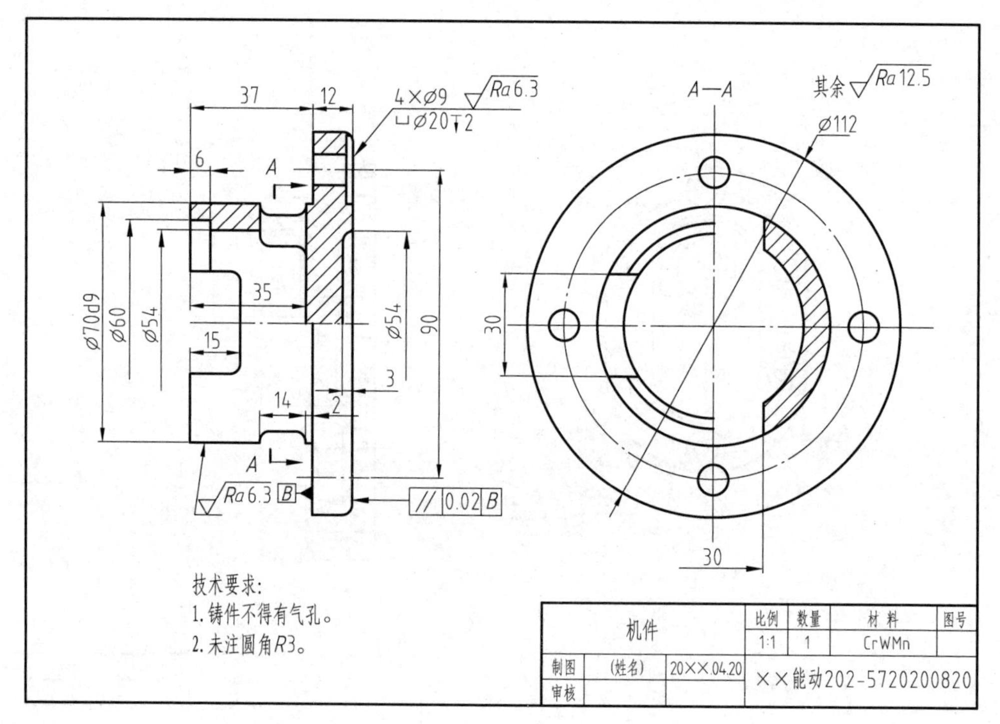

练习题 11-75

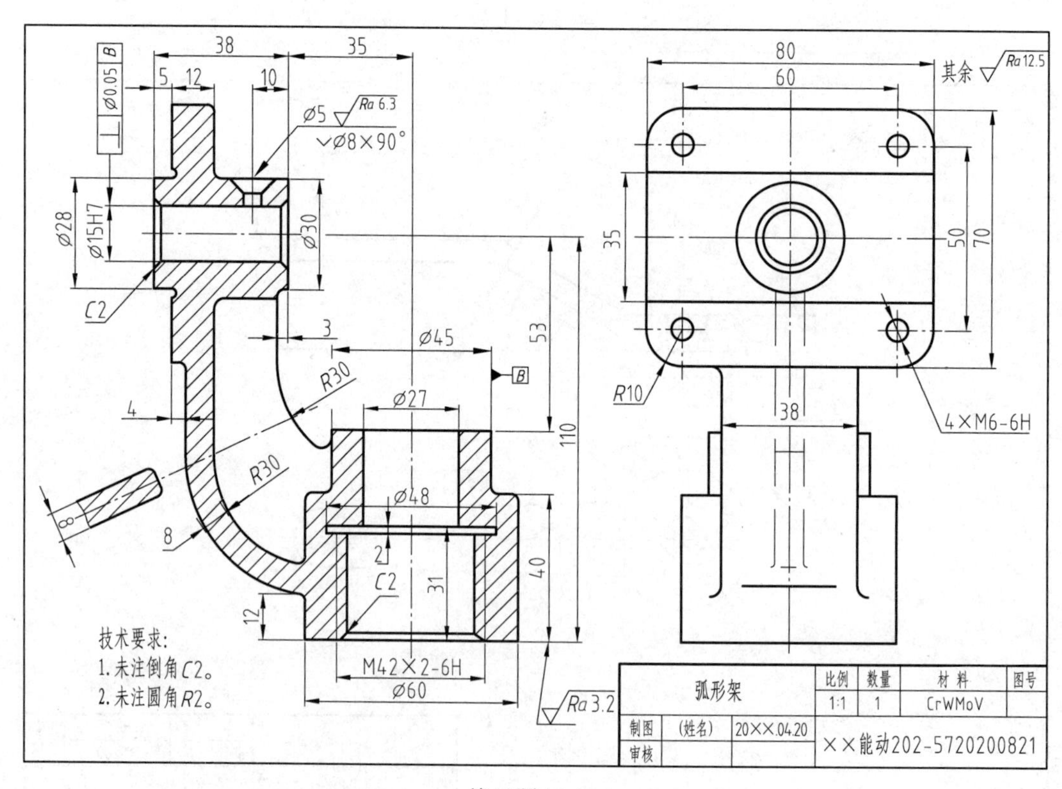

练习题 11-76

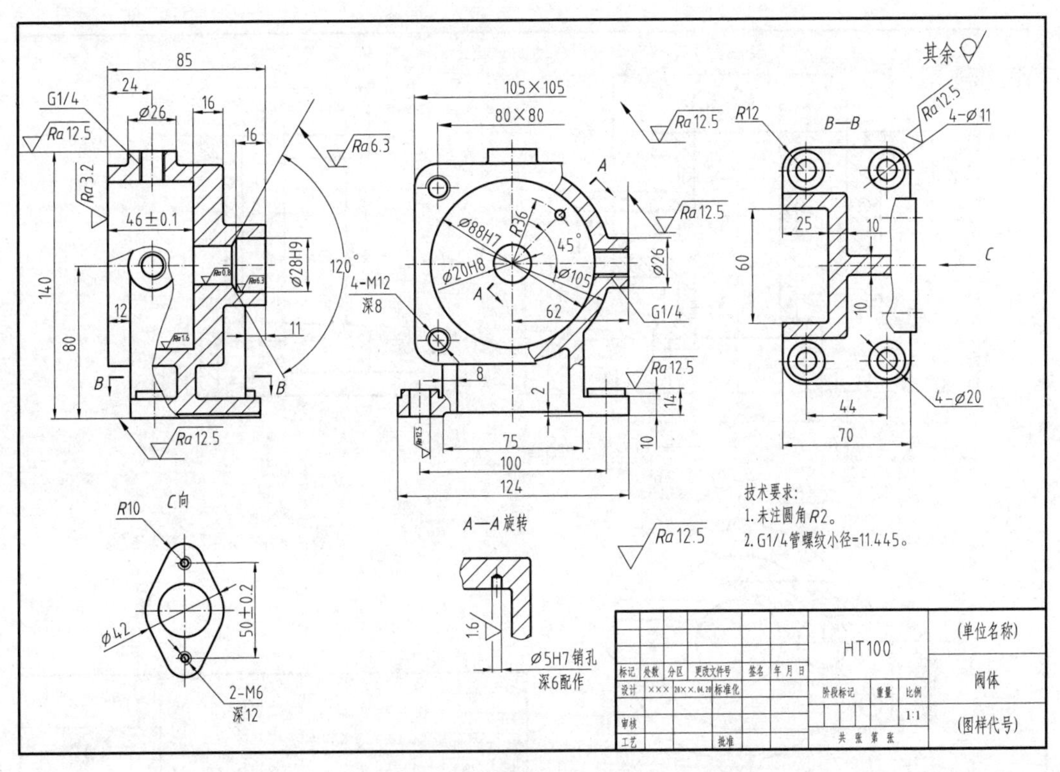

练习题 11-77

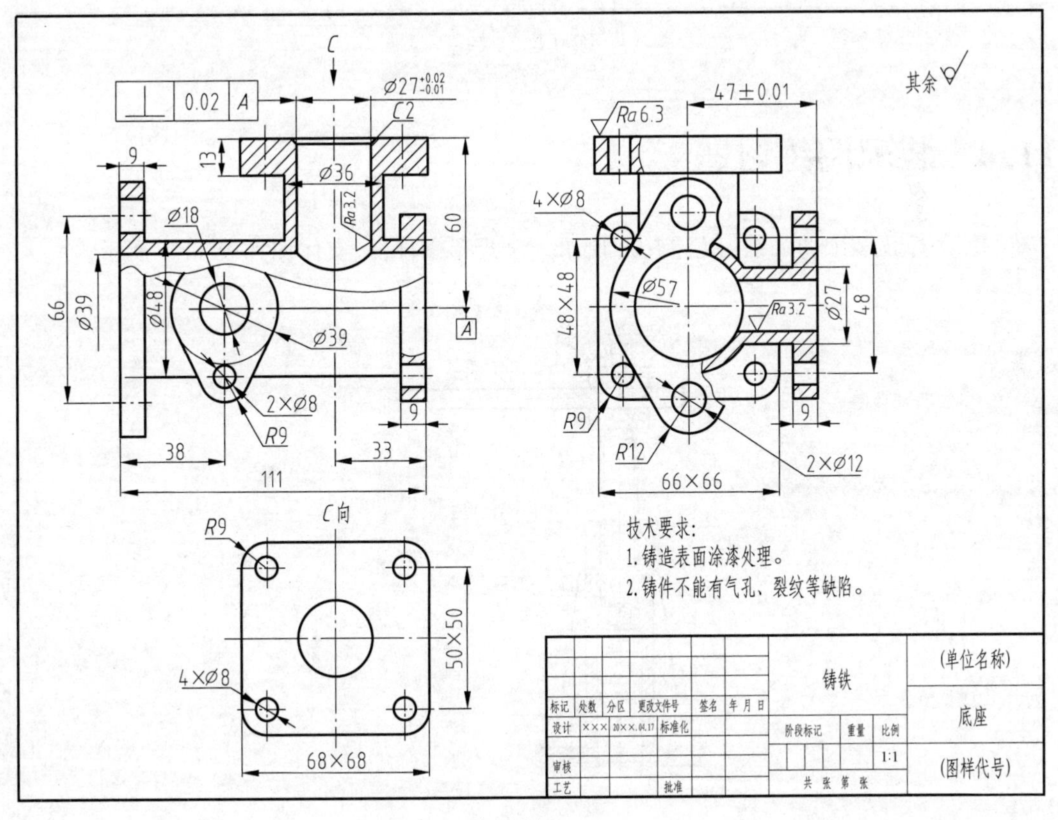

练习题 11-78

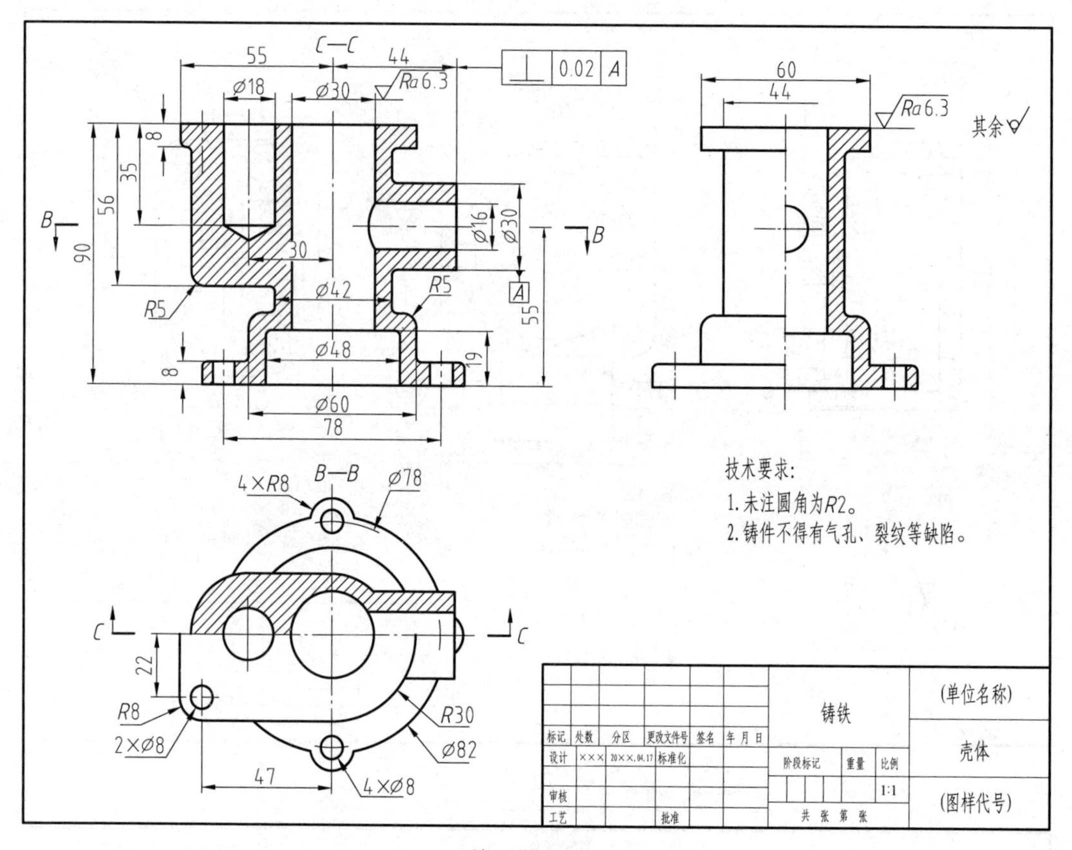

练习题 11-79

11.4 装配图练习题

(1) 千斤顶装配图如练习题 11-80 所示。千斤顶零件图、实体图如表 11-1 所示。

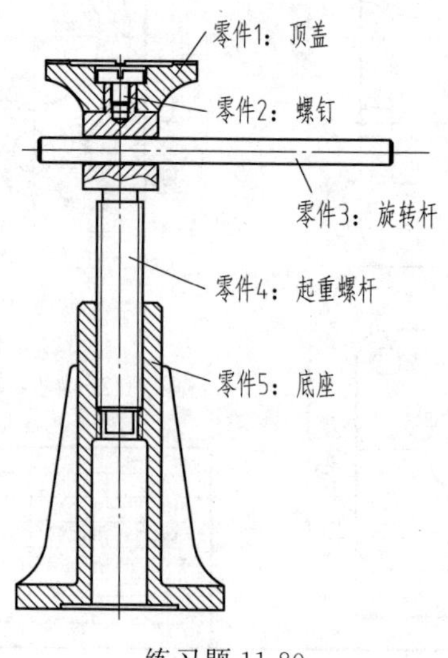

练习题 11-80

表 11-1　千斤顶零件及实体图

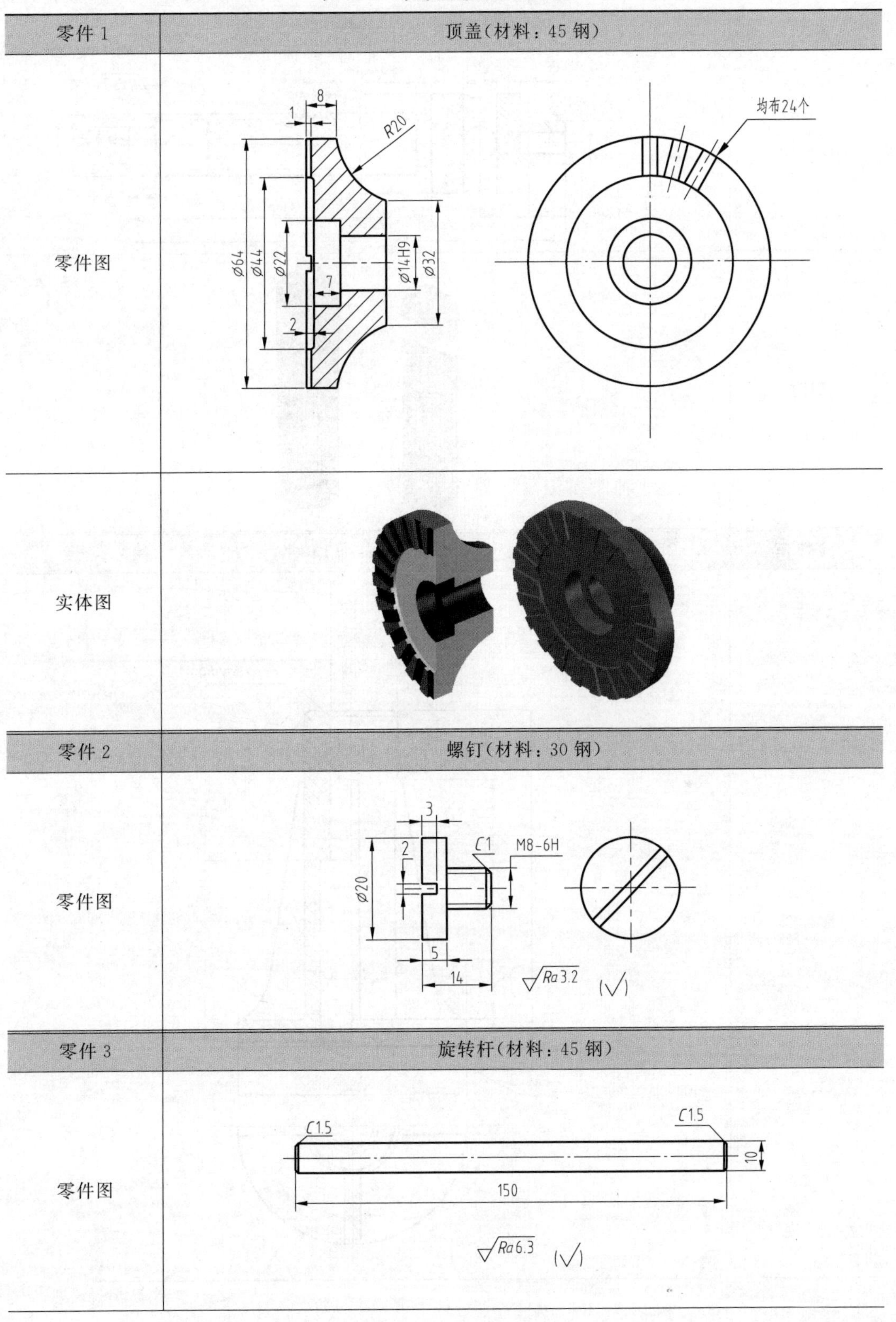

零件 1	顶盖(材料：45 钢)
零件图	
实体图	
零件 2	**螺钉(材料：30 钢)**
零件图	
零件 3	**旋转杆(材料：45 钢)**
零件图	

续表

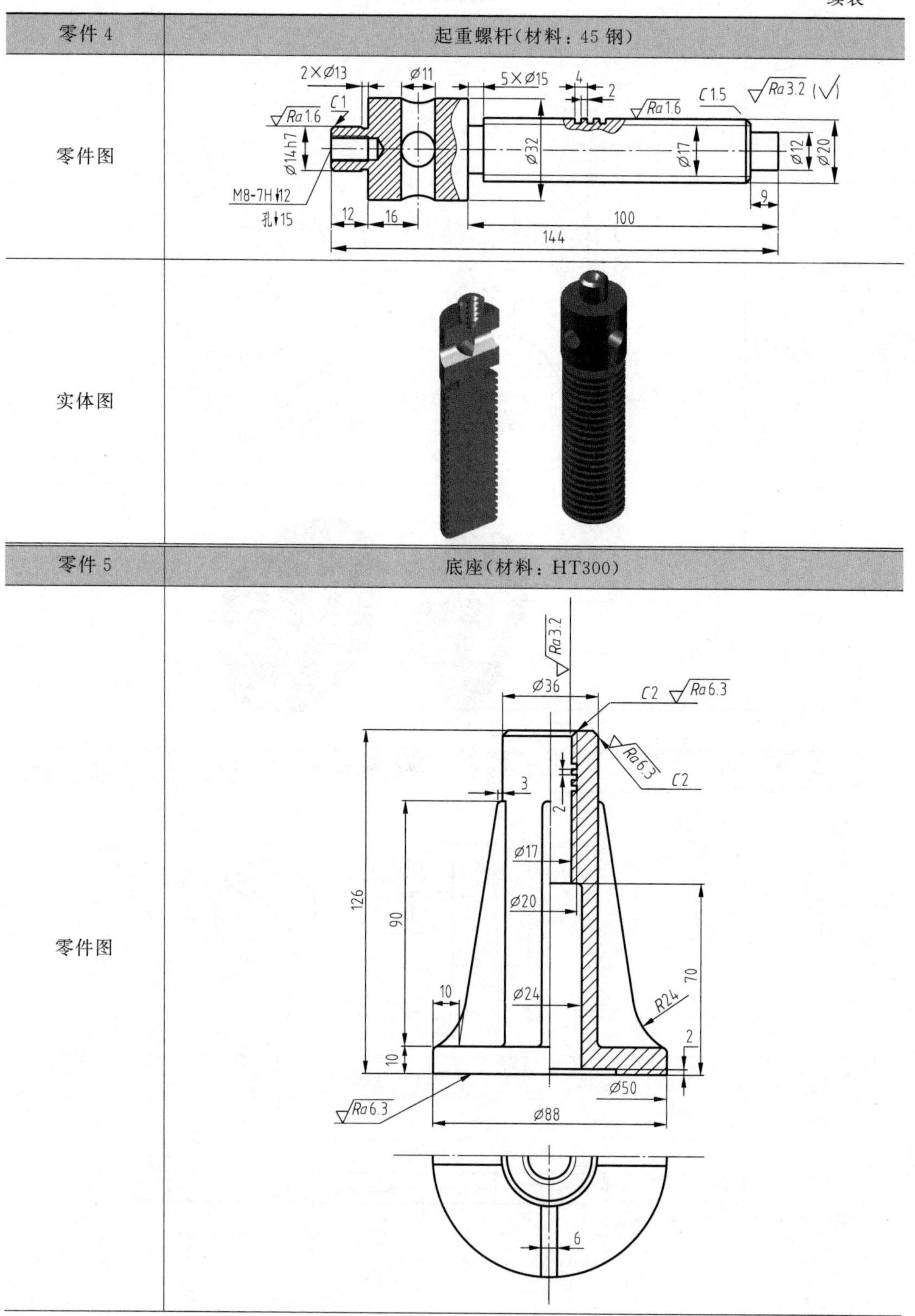

零件 4	起重螺杆（材料：45 钢）
零件图	
实体图	
零件 5	底座（材料：HT300）
零件图	

续表

零件 5	底座(材料：HT300)
实体图	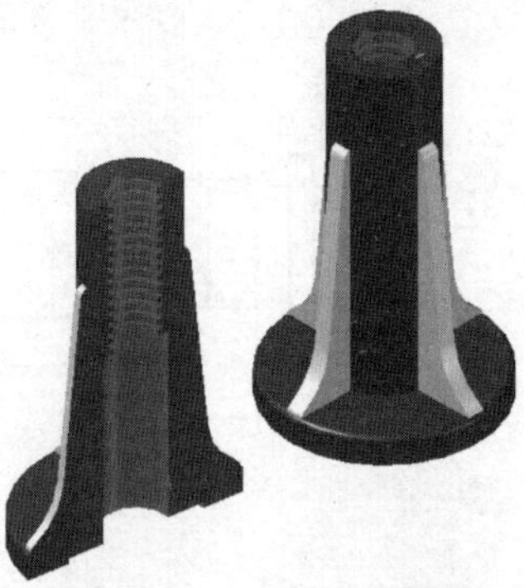
千斤顶实体装配图	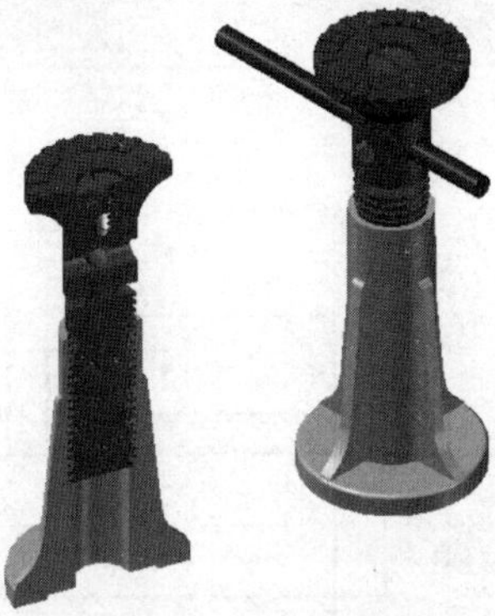

(2) 行程阀零件图、实体图如表 11-2 所示,行程阀装配图如练习题 11-81 所示。

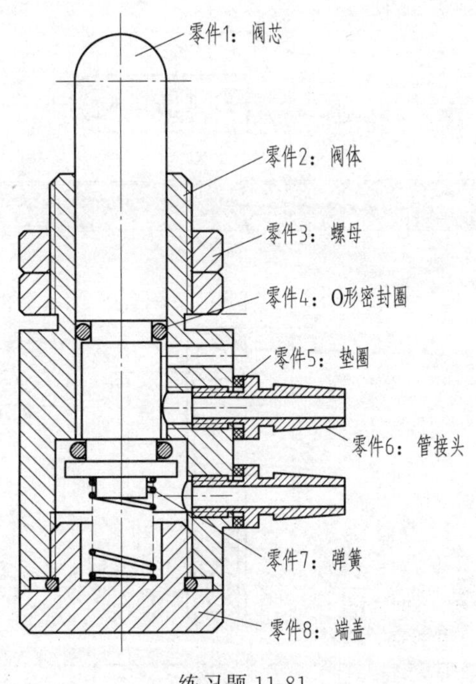

练习题 11-81

表 11-2　行程阀零件图及实体图

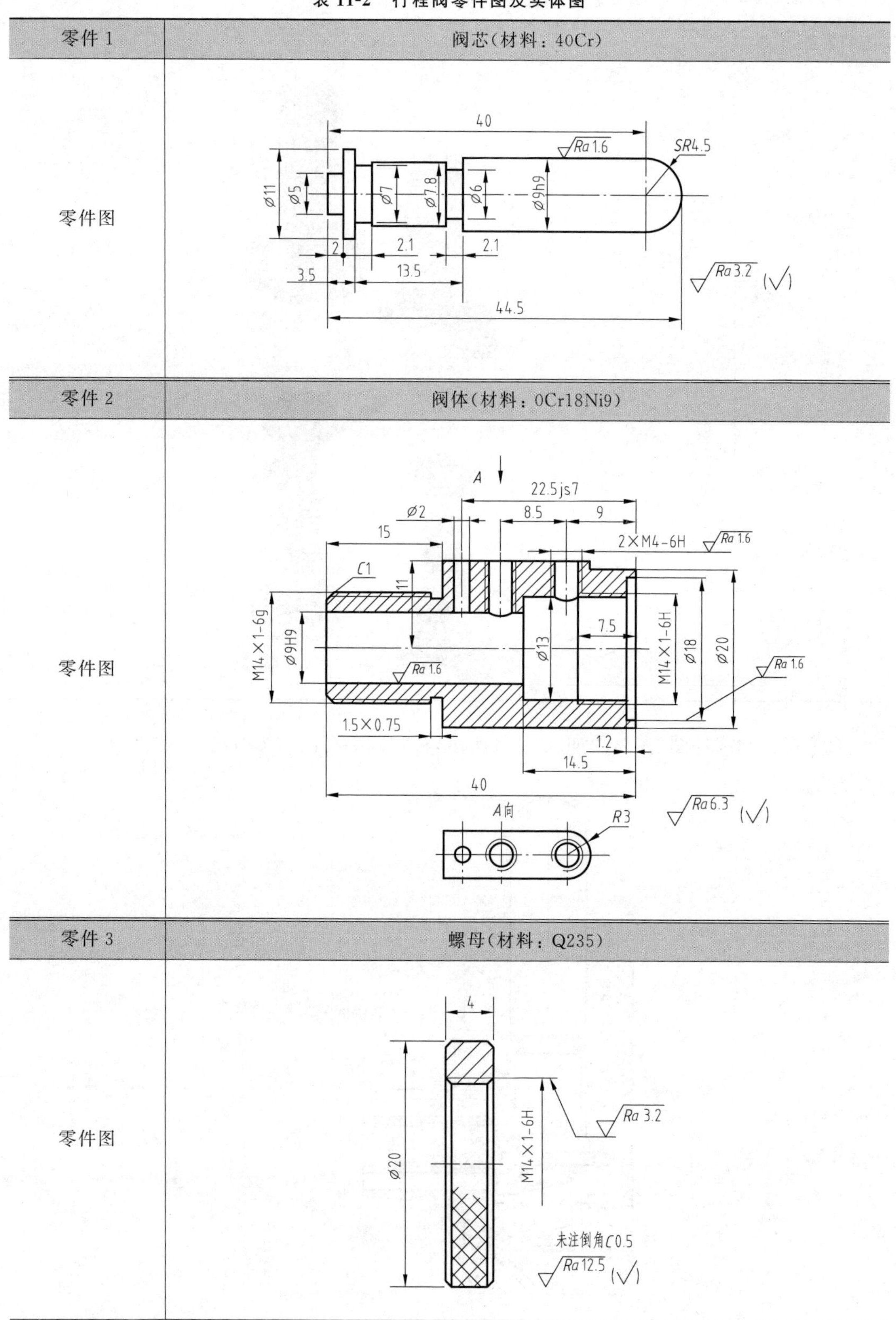

零件 1	阀芯(材料：40Cr)
零件图	
零件 2	阀体(材料：0Cr18Ni9)
零件图	
零件 3	螺母(材料：Q235)
零件图	

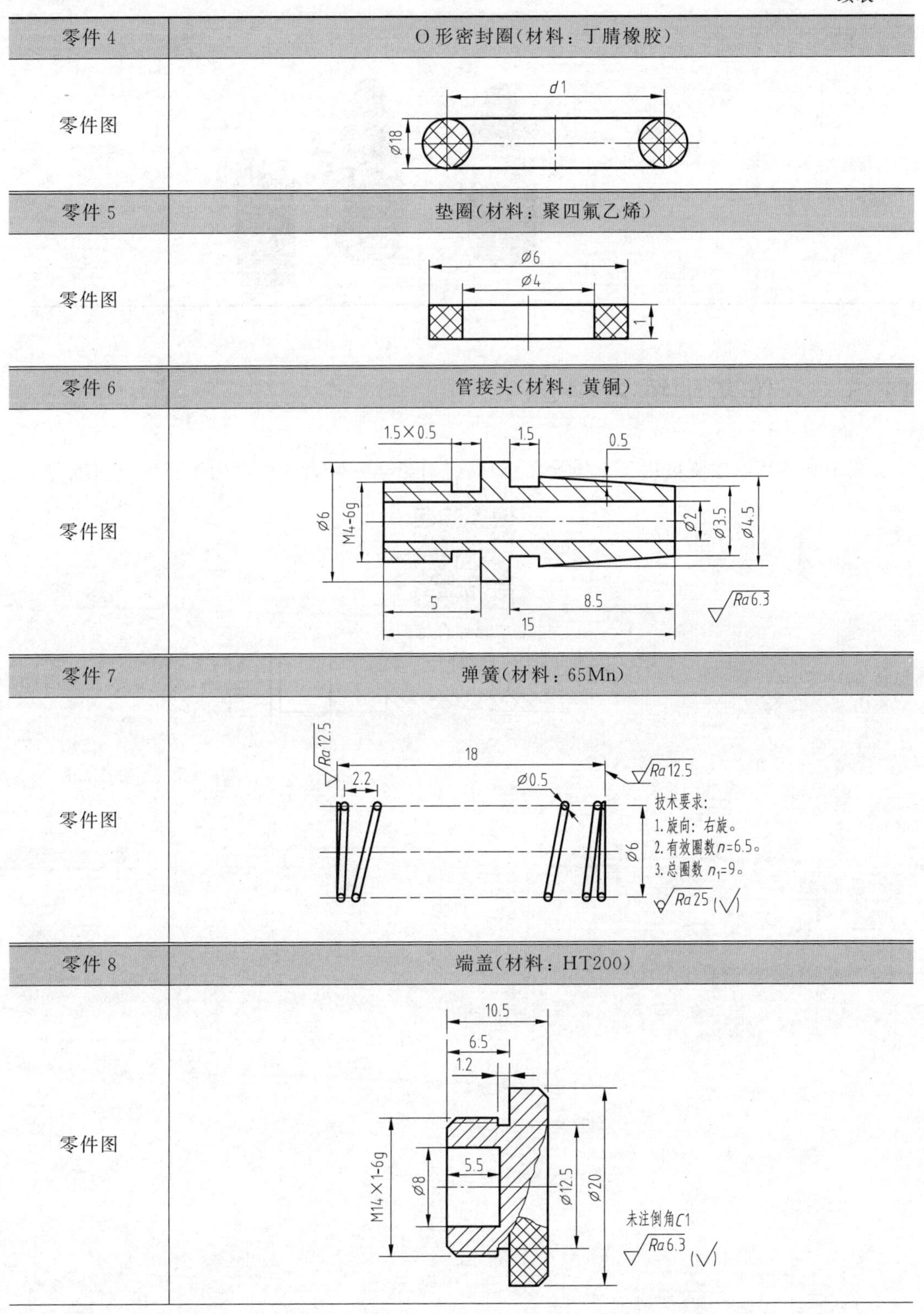

续表

零件 4	O 形密封圈（材料：丁腈橡胶）
零件图	
零件 5	**垫圈（材料：聚四氟乙烯）**
零件图	
零件 6	**管接头（材料：黄铜）**
零件图	
零件 7	**弹簧（材料：65Mn）**
零件图	
零件 8	**端盖（材料：HT200）**
零件图	

续表

零件 8	端盖（材料：HT200）
行程阀实体装配图	

11.5 三维基础练习题

三维基础练习题既可用于二维绘图练习，也可给学有余力的读者用于三维绘图练习。

三维基础综合练习题

参考文献

[1] 何铭新,钱可强,徐祖茂.机械制图[M].7版.北京:高等教育出版社,2016.

[2] 赵国增.计算机辅助绘图与设计——AutoCAD 2012上机指导[M].4版.北京:机械工业出版社,2015.

[3] 宋玲,鄢来祥,蔺绍江.AutoCAD计算机绘图[M].武汉:华中科技大学出版社,2017.

[4] 骆驼在线课堂.中文版AutoCAD 2020实用教程(微课视频版)[M].北京:中国水利水电出版社,2020.